普通高等教育"十二五"规划教材

油气储运节能技术概论

吕爱华　赵会军　编著

U0264519

中国石化出版社

·北京·

内 容 提 要

　　本书阐述了油气储运设备与系统的节能基本原理和应用技术。全书共分9章，内容包括：能量与能源基础知识，油气储运系统节能分析方法，油气储运常用设备泵和加热炉的节能技术，油气集输系统节能技术，长距离管输节能工艺及技术，供热管网系统节能技术以及储运系统优化技术。

　　本书可作为油气储运专业本科教材，也可供从事油气储运系统节能管理、设计和科研的工程技术人员参考。

图书在版编目(CIP)数据

油气储运节能技术概论/吕爱华,赵会军编著.
—北京:中国石化出版社,2012.9(2023.12重印)
普通高等教育"十二五"规划教材
ISBN 978 - 7 - 5114 - 1767 - 1

Ⅰ.①油… Ⅱ.①吕… Ⅲ.①石油与天然气
储运 - 节能 - 高等学校 - 教材 Ⅳ.①TE89

中国版本图书馆 CIP 数据核字(2012)第 224747 号

中国石化出版社出版发行
地址:北京市东城区安定门外大街58号
邮编:100011　电话:(010)57512500
发行部电话:(010)57512575
http://www.sinopec-press.com
E-mail:press@sinopec.com
北京柏力行彩印有限公司印刷
全国各地新华书店经销
*
787 毫米×1092 毫米 16 开本 11.75 印张 293 千字
2012 年 10 月第 1 版　2023 年 12 月第 2 次印刷
定价:24.00 元

前　　言

　　能源工业作为基础产业，对于社会进步、经济发展和提高人民生活水平都至关重要。石油工业是能源工业中的重要组成部分之一。目前，我国石油企业面临经济增长与环境保护的双重压力。一方面要求能源工业与经济的迅速发展相适应，另一方面又要求能源工业的发展必须兼顾到环境保护的要求。同时，石油企业既是能源生产企业，又是能源消耗大户，能源消费在企业成本中占有相当比重，如：油气生产能源消耗费用占油气生产成本的20%左右，原油加工能源消耗费用占加工成本的30%左右，输油生产能源消耗费用约占生产成本的50%。除此之外，随着改革开放的不断深入，我国能源价格正以每年15%～20%的上涨速度逐步向国际市场靠拢，用能企业的低价优势正在消失，成本压力明显增大。降低能耗不仅可以减少工业污染，具有明显的社会效益，而且可以降低企业治理工业污染的费用，对企业自身也有着直接经济效益。再次，节能工作有利于石油企业降低产品的生产成本，优化企业的成本结构，从而提高企业在市场经济中的竞争能力。

　　《油气储运节能技术概论》一书就是针对储运行业涉及到的生产工艺中的主要节能问题而编写的。全书共分9章，在给出节能分析方法的基础之上，分别对油气储运行业中的加热环节、集输环节、长输管道系统、蒸气供热系统等设计的能耗问题进行分析，提出相应的节能方法和措施。本书在编写过程中参考了许多文献资料，在本书出版之际，也向各位文献作者和关心支持本书编写的领导和老师们表示衷心的感谢！

　　由于编者水平有限，难免有错误和疏漏之处，敬请读者批评指正！

编　者

目　　录

第一章 绪 论

能源是国民经济发展和社会进步的最基本的物质基础。能源的开发和合理利用是社会发展的源泉和战略依据，并标志和决定着一个国家的竞争实力和综合国力。油气储运系统所属单位虽然是能源生产与运输单位，但也是能源消耗大户，即在石油和天然气的储存和运输过程中，消耗的各种能源在油气储运单位运营成本中占到较大比例。

本章论述节能的含义，介绍当前国内外节能的基本方法，概括行业内节能技术的应用现状，展望储运行业中节能技术的发展方向。

第一节 节能的含义

人类发现和使用化石能源如石油、煤炭等，标志着人类对能源的认识和使用有了新的突破。新能源的开发应用促进了工业突飞猛进的发展，极大地提高了劳动生产效率，使人类获得了更多的财富。然而，大量的开采及消耗石油、煤炭等不可再生资源，造成了1973年的能源危机，至此人们才意识到能源资源是有限的，于是提出了节约能源的理念，即在利用能源的同时，必须注重节约能源，同时开发新的可再生能源。但在全球范围内，开发和利用新能源的技术研究尚无重大突破。

什么是节能？日本在其节能法中对节能的阐述是：围绕经济、社会、环境的需要，确保燃料资源在各领域的合理使用，采取必要的措施推进能源的合理使用，保证国民经济的健全发展。因此，节能的含义是指在满足相等需要或达到相同目的的条件下，通过加强用能管理，采取技术上可行，经济上合理以及环境和社会可以接受的各种措施，减少从能源生产到消费各个环节中的损失和浪费，提高能源利用率和能源利用的经济效果。但是节能不是单纯地限制能源消费，以至影响正常的生产与生活水平的提高，其根本目的是节约资源，杜绝浪费；同时保护环境，改善生活条件。节能要兼顾效率和效益。对企业而言，节能以效益为主，包括效率和替代问题；对宏观全局，更主要的是节约能源资源问题，同时减少温室气体和污染气体的排放。

1990年6月，联合国"世界环境与发展大会"针对人类当前面临的三大社会问题：人口、资源、环境，提出了"可持续发展"新概念。它主张人口、资源、环境相互协调、综合发展。三大问题中，资源问题是可持续发展战略的核心问题。从现阶段看，人类的发展还离不开传统能源，要想减少传统能源消耗对环境带来的负面影响，最有效的办法之一就是走节能的道路。为此世界各国都把降低单位产品能源、原材料消耗，增加科技投入，提高产品附加值，作为加快本国经济发展的主要途径。

在我国，节约能源是缓解能源供应与需求矛盾的重要手段之一。其目的在于优化能源供应与合理配置，以便于降低单位产值或单位产品的能源资源消耗，提高能源资源的利用水平。随着节能技术的发展和我国能源消费总量的增加，节能潜力将逐年增加。据专家测算，2010年节能潜力约为 $8 \times 10^9 t$ 标准煤，2050年节能潜力约为 $17 \times 10^9 t$ 标准煤。针对我国能源现状，《新能源和可再生能源发展纲要》明确指出：节约能源，提高能源利用效率，尽可能多地用洁净能源替代高含碳量的矿物燃料，是我国能源建设遵循的原则，还包括以廉价的商品能源替代较为昂贵的能源资源，尽可能地节约不可再生的一次能源，开发利用可再生的能源资源，同时要考虑到能源使用后的 CO_2 排放。

第二节　节能的途径

一个国家(或者一个行业、一个企业)的能耗水平与其自然条件、经济体制、生活方式、技术水平等因素都有关系。节能是一项复杂的系统工程，实际内涵极为广泛，从能源生产到其最终使用的全过程(包括开采、分配、输送、加工转换和终端消费等环节)减少损失和浪费，以及通过技术进步、合理有效利用、科学管理和结构优化等途径，提高能源利用率等，都属节能范畴。按采取的方式分类，可将节能主要分为结构节能、管理节能和技术节能3 种。

一、结构节能

我国的 GDP 能耗强度之所以高，一个重要的原因是经济结构不合理。这主要体现在产业结构不合理、产品结构不合理、企业结构不合理和地区结构不合理等方面。不同行业对资源(包括能源)的要求不同，有的行业能耗高，有的行业能耗低，所以，减少耗能型产业的比重，建立合理的产业结构，就能达到节约能源的目的。结构节能就是主要从宏观角度通过经济结构(包括产业结构、企业结构、产品结构和能源消费结构)的调整向节能型工业体系发展，如逐步减少钢铁、化肥等耗能型产业的规模，大力增加电子、通信设备等省能型的产业比重，建立合理的产业结构。又如在同一个产业中，产品结构要向低能耗的方向调整。结构节能还包括调整企业的地区分布，充分发挥地区资源优势，减少不必要的运输、调配等中间环节，如在盛产石油的地区，建炼油、石化联合体；在煤炭集中产地，建立坑口能源联合体，把煤炭生产、火力发电及化工生产结合起来。此外，进口高耗能产品，提高能源的经济效益等也属于结构节能。

二、管理节能

管理节能主要是指通过加强检测计量，优化能源分配，强化管理维护来实现节能目标。从管理、经营的角度，管理节能包括政府的宏观调控和企业的经营管理两个方面。各国政府都非常重视管理节能，在完善节能的法律条文和制定相关的政策方面做了大量工作。我国于1998 年正式颁布了《中华人民共和国节约能源法》(2007 年 10 月 28 日修订)。为促进能源节约利用，建立资源节约和环境友好型社会，国家又先后颁布了《可再生能源法》、《重点用能单位节能管理办法》、《中国节能产品认证管理办法》等法律、法规和规章，制定了一系列节约能源的法律制度。各级政府、各部门、各地区以及企业也制定了相应配套的实施细则。许多企业建立了健全的能源管理机构，制定了完善的能源管理制度，并把它们落实到生产组织管理中，尽量做到能源按质合理分配与使用，从能源的采购、运输、配用等环节进行检测、核算，安装节能检测仪表，杜绝跑、冒、滴、漏等等，以达到最大程度地节约能源，降低成本。

三、技术节能

技术节能主要是指在技术经济全面权衡的基础上,利用先进的科学技术,在满足生产要求的条件下,对现有的生产方法、生产流程、生产工艺、生产设备等进行改进或者改造来提高现有能源利用效率,从而取得节能效益。广泛采用技术节能措施和高能效技术可以减少污染物的排放,而且可以提高经济效益,降低生产成本。

我国在推进技术节能手段的发展上,积累了很多经验,许多节能技术效益显著,现对几种典型的技术节能方式介绍如下。

(1)不同能量联供,如采用热电联产、集中供热等技术,提高热电机组的热效率。发展热能梯级利用技术,热、电、冷联产技术,全面提高热能的综合利用率。

(2)余热回收利用,即利用余热发电、余热供暖、余热助燃、热泵技术、热管技术等,可以合理利用各种余热。

(3)电动机、风机、泵类设备和系统的经济调速运行,开发、生产、推广质优、价廉的节能器材,全面提高电能利用效率。

(4)在化工领域改进工艺,采用先进的合成工艺,优化化工流程控制,使用科学的化工材料设备,全面提高化工过程能源利用率。

(5)采用节能新材料,改进建筑结构,采用新材料、新器具和新产品,提高保温隔热性能,减少采暖、制冷、照明的能耗,逐步开展建筑物的节能认证。

(6)采用自动化控制工艺代替手工操作,降低由于手工操作误差大、失误多等带来的能源浪费,并提高系统的总效率,降低运营成本。

各行各业也根据各自的生产特点,开发了许多先进的节能技术,如石油行业推广不加热油气集输工艺和轻烃回收技术;化工行业大氮肥厂实行一段炉低水碳比操作、四级闪蒸,采用新型活化剂、催化剂;小型合成氨厂的蒸汽自给和两水闭路循环系统等等,对降低单位产品(工作量)能耗起了重要作用。对现有技术进行工艺过程、装备及材料创新的同时,大力开发能效高、污染物排放少、减排成本低廉的新技术,这对于实现化工节能减排目标与可持续发展至关重要。目前看来,我们的许多企业在节能、节水、降耗方面以及采用清洁工艺、减少排放和生产更清洁产品方面还有相当长的一段路要走。今后节能减排重点是大力推进科技创新,加快节能减排技术的研发和推广应用,努力促进清洁生产并提高能源综合利用率。

此外,按照范畴不同,节能又可分成"直接节能"和"间接节能"两个分支。

(1)直接节能,或称狭义节能,是指在满足相同需要的前提下,生产或生活过程中一次能源(燃油、燃煤、天然气等)、二次能源(电能、蒸汽、石油制品、焦炭、煤气等)和耗能工质(水、氧气、氮气、电石、乙炔等)的直接节约。它主要是指通过技术进步提高能源利用效率、降低单位能耗来实现的,还包括生产工具、作业设备和工艺流程或作业程序及方法的改革,工艺操作方法和技能的改进,以及使用新材料、能源综合利用等所减少的能源消耗。直接节能的最大特点就是它是看得见摸得着的能源实物的节约。

(2)间接节能,是指通过调整结构(如产业结构、行业结构、生产结构、品种结构等),提高产品工作质量,减少原材料消耗,降低成本费用,提高劳动生产率,合理分配和输送,加强能源管理等途径而减少的能源消耗。

在生产和生活中,除了直接消耗能源以外,还必须占用和消耗各种物资。而节省物资也是节省能源,因此,节省任何一种人力、物力、财力和资源,都意味着节能,相对狭义节能

3

而言，这种节能称为广义节能。广义节能主要包括合理提高能源系统效率，合理节约各种经常性消耗物资，合理节约不必要的劳务量，合理节约人力和减少人口增长，合理节约资金占用量，合理节约国防军用、土地占用等等其他各种需要所引起的能源消耗，合理提高单位设备的产量和劳务量，合理提高各种产品质量和劳务质量，合理降低成本费用和合理改变经济结构、产品方向和劳务方向等许多方面。

第三节 油气储运系统节能意义

一、油气储运系统能耗结构

在油气储运系统的运营过程中，各种设备和装置的运行都离不开能源的消耗，其消耗形式有以下几种。

(1)燃料消耗。燃料消耗主要源于加热设备(包括加热炉和锅炉)所需燃料。对于长距离输油管道系统，燃料主要消耗于原油管输加热炉。对于集输系统，燃料消耗包括加热炉燃料消耗和蒸汽锅炉燃料消耗两部分。

(2)电力消耗。电力消耗主要源于输油泵等动力设备。对于长输管道系统，电力消耗主要由泵站输油泵机组产生。

(3)油气损耗。包括大罐的蒸发损耗和泄漏损失等，可按年输量或销售量的一定比例计算。损耗比例一般可取为 0.1%～2.3%。

据统计，储运系统的能耗主要由燃料消耗和电力消耗组成。因此，节能的目标主要在于降低燃料消耗和电力消耗，但节能并不是一味的节省能源消耗，还要考虑保障生产安全，同时也要做到经济合理。

二、油气储运系统节能意义

油气储运系统包含油气集输系统、长输管道系统等。据统计，2003 年全国陆上油田企业生产及辅助生产消耗各种能源折标准煤 3429 万 t，约占全国总耗能量的 2%，且随着油田开发难度的加大，能耗呈逐步增长的趋势。而油田 70% 以上的耗能量集中在机采、注水、集输、锅炉、加热炉等五大系统，其耗能费用占到油田可变成本的 30%。其中集输系统的能耗主要包括燃料消耗、电能消耗和化学药剂消耗三方面，三项费用所占比例约为 45%、25%、30%。可以说，油气储运环节的能耗费用在总能耗成本中占到一个很高的比重，节能潜力巨大。

长距离输送管道系统也具有巨大节能潜力。如一条年输量 1000 万 t 的输油管道，每增加 1MPa 的节流压力，管道系统将多耗电 300 万 kW·h。此外，通过统计和研究发现，长度在 1200～2100km 范围内的输送管道，如中国石油所属的兰成渝管道，抚顺－郑州－石家庄管道、乌兰管道、兰郑长管道、茂名－昆明管道以及茂名－重庆管道等，除兰郑长管道(2069km)运价较低外[0.09 元/(t·km)]，其他管道的运价均在(0.14～0.17)元/(t·km)的范围内，与相同距范围的铁路运输成品油运价相比较，管道运输并没有优势，有的管输运价还高于铁路运价。因此，节能降耗，降低成本对管输企业具有重要的现实意义。

此外，储运系统是石化企业很好的低温热阱之一，全厂低温热有很大部分需要通过储运系统来回收利用，因此，储运系统的合理用能对石化企业节能也具有重要现实意义。可见，过高的油气储运能耗会直接影响石油企业的经济效益和综合效益。除此之外，随着改革开放的不断深入，我国能源价格正以每年15%～20%的上涨速度逐步向国际市场靠拢，用能企业的低价优势正在消失，成本压力明显增大。因此，石油石化企业搞好节能降耗，特别是油气储运环节的节能降耗，一方面可为国家提供更多油气；另一方面也有利于石油石化企业降本增效、增强企业竞争力，有利于石油石化企业持续有效发展；还可减少对环境的污染，保护生态环境，具有十分重要的社会意义。

"十一五"期间，中国石油提出了十大重点节能节水工程，其中与油气储运系统相关的就有八项，分别是自用油替代工程、能量系统优化工程、电机及电力系统节能工程、降低油气损耗工程、伴生气回收利用工程、提高设备终端能效工程、供热系统优化运行工程和非常规能源开发利用工程，可见增强油气储运系统能量利用效率，加快油气储运节能技术的研究和推广是石油化工企业节能降耗工作很重要的一环，对于提高企业的经济效益和生产效率具有很大的意义。

综上，降低储运系统能耗不仅可以减少石油石化企业对当地产生的污染，赢取较高的社会效益，而且可以降低石油石化企业治理工业污染的费用，对企业自身也有着直接经济效益。其次，储运系统节能工作有利于石油石化企业降低产品的生产成本，优化企业的成本结构，从而提高企业在市场经济中的竞争力。同时，节能措施应重视投资效果，年节约一吨标煤的投资额、投资回收年限和贷款偿还年限，应符合国家或行业现行规定。此外，节能并非毫无原则和限定，同时还要兼顾环境保护的要求，各种节能措施的设计及其实施，必须遵守国家环境保护法规的规定。

第四节　油气储运节能技术简介

一、油气储运节能技术发展历程

油气储运行业的节能要以能级匹配、有效用能、最小不可逆性和减少损失等为指导思想，采取措施消除明显的浪费，如堵塞跑、冒、滴、漏等；对现有设备和工艺进行改造；对能源的收集、储存、输送、使用等各环节进行全面的技术改造。从发展趋势看，企业节能通常要经历3种发展趋势：一是从注重单体设备节能扩展到系统节能；二是从传统的经验管理发展到现代化科学管理；三是由部门专一的纵向管理发展到各职能部门参加的纵横管理系统。油气储运系统节能技术的发展也不例外。

从20世纪70年代末、80年代初开始，油气储运系统逐步加紧节能技术的开发和推广。最初主要是对单体设备、单项工艺进行节能技术改造，并研制出一些高效的专用耗能设备，尤其是改进工业锅炉、窑炉的热工操作，进行技术攻关，使热工设备在最佳工况下运行，便可取得明显的节能效果。在80年代后期，不仅注意提高单体设备的运行效率，而且注重提高整体系统的经济运行水平。如近年来，石油天然气开采业采用的密闭输油技术和长输管道不加热输送技术，并组织了"油气集输低耗节能配套技术"等多个课题的攻关研究。

到了90年代中期，油气储运系统节能技术发展到综合考虑各耗能系统及节能技术之间的相互关系，大面积推广先进成熟的节能工艺和节能技术装备，实行能量梯级利用，大力回收利用余热余压余能。在90年代后期，则主要针对节能中的重点问题和关键技术，开展科研攻关，如采用高效换热及清洁燃烧技术。近年来，热力管道、输油管道、油罐等采用的岩棉等新型高效保温材料，较好地减少了热量损失。

进入 21 世纪，油气储运行业的节能重点则集中在了优化生产系统组织管理，加快设备和系统节能降耗的技术改造和新技术的推广上。在最新过去的五、六年里，根据国家提出的至 2010 年，机械采油、输油、注水、供用热等主要生产系统的运行效率要提高 2~3 个百分点，油田原油损耗率控制在 0.5% 左右的行业节能降耗目标，油气储运系统节能技术重点发展了以下方面：推广油气田和输油输气管道先进适用的新型高效节能工艺设备，改造或淘汰老旧低效工艺设备，并按油气田开发和输油输气管道不同生产时期进行设备合理配置；优化燃料结构，有条件的地方要以气代油、以煤代油，不断减少以原油作为燃料，并采用洁净煤燃烧技术，减少对环境的污染；推广高效保温技术，搞好输油管道、热力管道、油罐和设备的保温；根据油气田和输油输气管道沿线所处的自然环境和地质条件，因地制宜开发利用太阳能、风能、地热能。

二、油气储运节能技术现状

(一)集输系统节能技术

以目前我国东部最大的油田胜利油田为例介绍集输节能技术的发展和应用情况。至今为止，胜利油田共有大型联合站 53 座，日处理液量 80 万 t。近几年来，调整集输系统的整体布局，采用如高效游离水脱除工艺技术，推广应用高效燃烧器、高效加热炉、变频调速技术，以及应用信息技术改造传统流程，优化运行程序等新工艺、新技术和新型油气处理生产设备，实施老站技术升级改造。

这些集输系统节能改造技术的具体实施过程和取得的实际生产效果如下。2004 年胜利油田开展了 10 个集输系统效率示范区建设活动，输油泵平均效率由 45% 提高到 53%，加热炉平均效率由 67% 提高到 79%。2005 年又进行了 7 个集输系统提效示范区建设活动，累计节油 6063t，节气 $4.1 \times 10^4 m^3$，减少油气损耗(油当量)4743t。全油田平均原油外输含水率为 0.66%，比上年降低 0.19%。胜利油田分公司外输原油含水率为 0.52%，比上年降低 0.04%；污水处理符合率达 70.9%，比上年提高 7.1%，使油气处理能力和集输系统效率有了明显提高。

由于油气田集输系统是一个多工序、多流程、多设备的复杂系统，集输系统的节能技术涉及的设备和工艺过程也较多，依据改造的对象不同可以把上述提及到的集输系统节能技术划分为三类。

第一类是单个设备或装置的节能降耗技术，主要包括高效节能设备的应用和低效设备的节能改造技术。高效节能设备的应用，如应用三元流动理论研制的高效输油泵，比原来的高效泵提高效率 2%~5%，以及高效三相分离器、多功能处理装置、高效加热炉等；低效设备的节能改造技术，如变频调速技术在低效运行的油水泵上的应用；在燃煤锅炉上开发应用了高效洁净燃烧技术，如分层燃烧、煤粉燃烧、水煤浆和添加燃煤添加剂等；在燃油、燃气炉上推广应用高效燃烧器和燃油掺水乳化燃烧技术；改进燃料经济结构，如以气代油、以煤代油、以渣油和超稠油代替原油作为燃料，提高燃烧效率，降低燃烧成本；加热炉、锅炉的应用运行参数自动调节系统等。

第二类是某个工艺环节的节能降耗技术，主要包括原油常温集输技术和放空天然气回收技术等。其中，单管常温集油、低温采出液游离水脱除、离心泵输送低温含水原油、加降黏剂等原油常温集输技术在油田得到大规模应用。而放空天然气回收技术是集输系统节气、节油为重点的节能技术改造项目。目前，油田油气集输过程中，加大了伴生气回收利用的力度，逐步形成了按放空形式、回收利用的难度进行分类，针对不同类型的放空天然气，采用了不同方案和技术进行回收利用的模式。

第三类是集输系统的整体优化运行技术。在先进的控制水平和良好的专业员工协助下，优化系统运行参数不需要大量的投资，却可得到良好的节能效果。

虽然，我国现有的油气集输生产水平和生产效率随着设备的更新、工艺的改进和布局的优化在不断地提高，但是随着采出液含水的不断上升，给地面集输系统油水处理、节能降耗、防腐、提高系统效率等方面带来一系列困难；同时，随着小断块、边远区块油田的开发，给集输工艺节能降耗提出了新难题。因此，我国集输节能技术仍需在以下几个方面继续进行重点攻关和科研。

(1)集油技术。深入开展环状集油和不加热集油技术界限的研究，推广不加热集油、密闭集输等低能耗工艺技术。

(2)油气混输。推广应用油气混输技术，解决边远区块进不了系统、局部区域集输回压高的问题，进一步提高油气集输密闭率。吸收引进国外混输泵技术，提高国内混输泵的可靠性和适应性。

(3)油气处理。推广应用新型高效油气处理技术、污水处理技术、输油泵变频调速技术、加热炉新型高效节能火嘴和自动化控制技术，加强低温破乳剂的开发和应用，改进原油脱水工艺，降低原油处理运行能耗。

(4)新能源与可再生能源，如太阳能(西北地区油田)、地热能(华北、大港等油田)的利用。

(二)输油系统节能技术

与集输系统相同的是，为了解决泵管不匹配造成的阀门严重节流问题，输油系统应用了大量的调速技术。其中在长输管道输油泵上主要应用串级调速装置、液力耦合器、滑差离合器等。此外，同样采用新型高效节能设备，如高效炉、高效泵、节能型变压器等，改造或淘汰老旧低效设备。

在工艺改造方面，输油系统开发利用了密闭输油工艺、站场先炉后泵工艺和添加原油改性剂输送、原油热处理输送、掺稀油输送等常温或少加热输送工艺，以及清管除蜡、降黏减阻等配套技术，提高了整个系统的经济运行水平。

在系统运行方面，优化输油管道运行方案，合理调整运行参数，减少节流损失，实现系统经济运行。

多年的实践表明，在目前设备设计效率已达较高水平的情况下，提高输油企业节能效益的关键是以下两点：一是要搞好管线的优化运行工作，管线输油运行方式和参数的优化是提高输油系统能源利用率、取得节能实效的关键所在，因此要下大力气并坚持不懈地搞好优化运行工作；二是要开展输油新工艺、新技术的研究与应用，如稀释输送、低输量管线降凝输送等技术。

(三)余能回收利用技术

所谓余能回收利用技术，主要是指通过余热回收装置和换热器回收各种形态(固态、液态、气态)余热来预热加热炉等的助燃空气和燃料，以提高热工设备热效率，从而在保证生产和生活需要的基础上，降低产生蒸汽和加热油品的单耗。从广义上来讲，还包括增压泵余压的回收。目前，这项技术主要应用在在工艺较复杂，热流体较多的炼厂和油田储运系统中，如应用热管技术，回收炼厂加热炉和油田锅炉的烟气余热，并取得了显著的成效；应用热泵技术于回收油田的污水余热，也已取得阶段性成果。

以上是我国油气储运系统节能技术的发展和应用现状。相对而言，目前国外油气储运方面的节能技术的研究和应用则更深入和多样化一点，主要表现在：

（1）先进过程控制技术。以基础自动化单元控制、PID控制和分布式控制系统（DCS）为基础，实现数据集成、过程操作优化和生产安全监测、事故报警处理等功能。

（2）高效保温技术。在油气集输、稠油热采工艺中，存在大量用热过程，高效保温隔热技术的广泛应用，大大提高了油田开采和用能效率。

（3）油田数字化技术。用来描述跨越地理条件限制，通过信息技术，实时或接近实时地监控和管理油田所有的生产经营运行情况，使地下生产与地面经营计量一体化。

（4）注重新能源和可再生能源利用。如委内瑞拉一条32km长距离稠油管道采用太阳能热二极管技术后，输油温度从28℃提高到60℃，输送能力提高17%。

第二章　能量与能源

第一节　能量

一、能量的含义

运动是物质最基本的属性。当运动形式相同时，两个物体的运动特性可以采用某些物理量或化学量来描述和比较。例如，两个作机械运动的物体可以用速度、加速度、动量等物理量来描述和比较；两股作定向运动的电流可以用电流强度、电压、功率等物理量来描述和比较。但是，当运动形式不相同时，两个物质的运动特性唯一可以相互描述和比较的物理量就是能量，即能量特性是一切运动着的物质的共同特性。从热力学的角度看，能量是物质运动的度量，运动是物质存在的形式，因此一切物质都有能量。广义地说，能量就是"产生某种效果(变化)的能力"。反过来说，产生某种效果(变化)的过程必然伴随着能量的消耗或转化。

一个物质系统的能量可以被定义为从一个被定义的零能量状态转换为该系统现状所需耗功的总和。与物质质量类似，物质系统的能量为状态量，总是与物质系统的某一运动状态相联系，并且与运动状态存在着一一对应的关系，是物体运动状态的单值函数。然而，一个物质系统某一运动状态下的能量不能被直接观察或测量，需要与物质系统的运动过程相结合来研究，同时需要确定一个零能量运动状态。例如，要使质量 m 的物体从静止状态加速到速度 v，需消耗能量 $\frac{1}{2}mv^2$。若以物体初始静止状态为零能量状态，则最终状态下物体的能量即为加速过程中消耗的总功 $\frac{1}{2}mv^2$。可见，功是一个过程量，它与物体状态的具体变化过程有关，是在物体与外界相互作用的情形下，物体运动状态改变的量度。物体对外做了多少功，其能量就减少了多少；外界对物体做了多少功，物体的能量就增加了多少。一个物质系统到底有多少能量在物理中并不是一个确定的值，它随着对这个物质系统的描写而变换。

二、能量的形态

自然界中，物质运动的具体表现形式纷繁复杂，决定了能量的形态多种多样。到目前为止，人类认识的能量可总结为下述 6 种形式。

(一)热能

热能是能量的一种基本形式，绝大多数的一次能源都是首先经过热能形式而被利用的。这种能量的宏观表现是温度的高低，它反映了分子运动的激烈程度。所有其他形式的能量都可以完全转换为热能。

物体系统的热能取决于温度、体积、外场等因素，若要改变物体的热能，可以通过向物体传递热量以改变物体系统的温度，做机械功以改变物体系统的体积，以及改变外场等途径来实现。如果将功的含义加以推广，使它不仅包括机械功，而且包括电磁、化学等各种形式的功，则外场变化引起的内能变化从形式上来看，也就是外场对物体系统做了电磁功，于是改变热能的途径就可以概括成两个：传递热量和做功。

（二）机械能

机械能是与物体宏观机械运动和空间状态相关的能量，即可细分为动能和势能。具体而言，动能是指系统（或物体）由于作机械运动而具有的做功能力，一切运动的物体都具有动能。势能与物体的空间状态有关，除了受重力作用的物体因其位置高度不同而具有的重力势能外，还有弹性势能，即物体由于弹性变形而具有的做功本领，以及所谓表面能，即不同类物质或同类物质不同相的分界面上，由于表面张力的存在而具有的做功能力。一个物体可以既有动能，又有势能。

物体的机械能可以经由另一物体机械运动过程中的做功获得，还可以通过其他能量形式转换得到。例如，在热力发动机中通过燃气或水蒸气的膨胀做功过程使热能转变为机械能等。

（三）辐射能

物体以电磁波形式发射的能量称为辐射能，为电磁波中电场能量和磁场能量的总和。因物体具有温度的原因而发出的电磁波能也称热辐射能，从应用角度讲是最有意义的。任何物体只要温度高于0K均能不停地发出热辐射能。太阳能就是最普通也是对人类最重要的热辐射能。

（四）电能

电能是和电子的流动与积累有关的一种能量，是指电以各种形式做功的能力。日常生活中使用的电能通常是由化学能、机械能和核能等其他形式的能量转化而来；反之电能也可以转换为机械能等其他形式的能量，从而显示出电做功的本领。

（五）化学能

化学能是物质原子核外发生化学变化时放出的能量，是物质结构能的一种。它不能直接用来做功，只有在发生化学变化的时候才释放出来，变成热能或者其他形式的能量。在化学热力学中关于化学能的定义是物质或物系在化学反应过程中以热能形式释放的内能。

煤、石油、天然气、薪柴等燃料中最主要的可燃元素碳和氢燃烧产生的化学能是人类利用最普遍的化学能。

（六）核能

核能是蕴藏在物质原子核内部的一种物质结构能。当发生放射性衰变、核聚变和核裂变时释放出的巨大的能量就是核能。核能来源于将中子和质子保持在原子核中的一种特别强大的短程相互作用力。这种作用力远远大于原子核与外围电子之间的相互作用力，核反应中释放的能量比化学能大几百万倍。

随着科学技术的发展，人类将不断发现物质的新种类和运动的新状态，从而不断丰富和扩大对能量形式的认识。

第二节　能源

一、能源的含义

由于能量看不见摸不着，它的存在都是以物质作为载体，即能源。如《能源百科全书》

中所述："能源是可以直接或经转换提供人类所需的光、热、动力等任一形式能量的载能体资源。"从广义上讲，在自然界里一些自然资源和物质的运动本身就拥有某种形式的能量，如煤、石油、天然气、太阳能、风能、水能、地热能、核能等，它们在一定条件下能够转换成人们所需要的能量形式。但在生产和生活过程中，由于各方面的原因，如为方便输送、使用等，常将上述能源经过一定的加工、转换，使之成为更符合使用要求的能量来源，如煤气、电力、焦炭、蒸汽、沼气、氢能等，它们也称之为能源。确切而简单地说，能源是自然界中能为人类提供某种形式能量的物质资源。

能源是人类活动的物质基础。在当今世界，能源的开发、发展及其对环境的影响，是全世界、全人类共同关心的问题，也是我国社会经济发展的重要问题。

二、能源的分类

为了在人类社会的发展进程中更为有效、安全地使用能源，人们依据各种能源的不同性质对能源加以了区分和细化。

1. 按能源获取方式不同，可分为一次能源和二次能源

一次能源指自然界中以天然形式存在未经任何加工或转换即可利用的能量资源。如原煤、原油、天然气、油页岩、核燃料、太阳能、地热能、水能、风能、海洋能、潮汐能、生物质能等。其中有些一次能源，如原煤、原油、天然气、生物质能、水能、风能、海洋能等，所含的能量由太阳能自然转换，也称为一次间接能源。

一次能源还可进行细分。第一种分类方法是按能量来源不同，将一次能源分为3类：第一类是地球本身蕴藏的能源，主要有地热能、核能等；第二类是来自太阳热核反应释放的能量，如宇宙射线及太阳能，以及由太阳能引起的水能、风能、波浪能、海洋温差能、生物质能、矿物质燃料等；第三类是地球与其他天体相互作用产生的能量，如潮汐能。

第二种分类方法是按能否再生，将一次能源分为两类：第一类是可再生能源，是在自然界生态循环中能不断再生，并有规律地得到补充，不会随其本身的转化或不断开发而枯竭的一次能源，如水能、风能、潮汐能、太阳能等；第二类是非再生能源，也称"不可再生能源"，它是自然界经亿万年形成而储存下来的，因数量有限，将随着人类不断开采而枯竭，短期内又无法再生的一次能源，如石油、煤、天然气、核燃料等。

由一次能源直接加工或间接转换而来的能量资源称为二次能源，又称人工能源，如电力、蒸汽、煤气、焦炭、汽油、煤油、柴油、氢气、激光等。一次能源无论经过多少次转换所得到的另一种能源形式，都被称作二次能源，如加热炉烟道排放的高温烟气，密闭反应器向外排放的有压流体，等等。在人类社会生产和生活中，因工艺或环境保护的需要，或为方便输送、使用和提高劳动生产率等原因，常有必要对一次能源进行加工或转换使之成为二次能源。在一次能源转换成二次能源的过程中，总会有转换损失，但由于二次能源一般比一次能源有更高的终端利用效率，也更清洁和便于输送、使用，随着科学技术的进一步发展和社会生活的日益现代化，二次能源使用量占整个能源消费总量的比重必将与日俱增。

2. 按能源开发的先后，可分为常规能源和新能源

常规能源也称作传统能源，指在现有技术水平和生产条件下，能大量生产和广泛使用，并在人类生活和生产中起着重要作用的能源，如煤炭、石油、天然气、水能等。

新能源又称非常规能源或替代能源，其在目前的生产技术水平下开发利用较少或有待进

一步研究开发，如太阳能、地热能、风能、潮汐能、生物质能、氢能以及核聚变能等。

目前世界能源结构正朝着高效、清洁、低碳或无碳的天然气及新能源等方向发展，有望在2050年替换常规能源中的化石能源。

3. 按是否能作为燃料分类，可分为燃料能源和非燃料能源

燃料能源是指作为燃料，主要以热能形式提供能量的能源。燃料能源可按来源分为矿物燃料、生物燃料和核燃料，如原油、薪柴和铀；也可按形态分为固体燃料、液体燃料和气体燃料，如原煤、汽油和天然气。燃料能源中，除核燃料包含的能量形式为原子能外，其他燃料都包含着化学能，有的也同时包含着机械能。人们通过燃烧将燃料中的能量转换成热能直接加以利用，或再由热能转换成机械能、电能加以利用。

非燃料能源是不可作为燃料使用的能源，如水能、风能、潮汐能、海洋能、激光能等。其含义仅指其不能燃烧，而非不能起燃料的某些作用，如加热等。

4. 按能源对环境的污染程度分类，可分为清洁能源和非清洁能源

清洁能源指在开发使用过程中，对环境无污染或污染很小的能源，如太阳能、风能、水能、海洋能以及气体燃料等。随着世界各国对能源需求的不断增长和环境保护的日益加强，清洁能源的推广应用已成必然趋势。据有关统计，天然气、核能等清洁能源发电占全世界发电燃料的比例呈现出逐年上升的趋势。

非清洁能源指在开发使用过程中，对环境污染较大的能源，如煤、石油等。

5. 按能源的形态、特性或转换和利用的层次进行分类

这是世界能源委员会推荐的一种能源分类方式，将能源分为固体燃料、液体燃料、气体燃料、水能、太阳能、核能、电能、生物质能、风能、海洋能和地热能11种类型。

1）固体燃料

固体燃料主要指可以或已经从天然矿物中开采出来的可作为能源使用的各种固体原材料，包括泥炭、褐煤、无烟煤、天然焦、煤矸石、炭沥青、油页岩等，占主要位置的还是各种形式的煤炭。煤炭是是冶金、化学等工业的重要原料。主要用于燃烧、炼焦、气化、低温干馏、加氢液化等。目前，我国煤炭资源在世界居于前列，仅次于美国和俄罗斯，是世界上煤产量最高的国家。

2）液体燃料

液体燃料是赋存在地下储集层中，通过地面分离设施后在常温常压下仍保持液态的各种烃类混合物，包括石油、油层凝析液，以及由焦油砂、天然沥青和油页岩生产的液态烃。原油炼制生产的汽油、煤油、柴油以及重油等，是当前世界主要能源供应者。

3）气体燃料

气体燃料统称天然气，是指地表下岩石储集层中自然赋存的以碳氢化合物为主体的气体混合物。天然气在燃烧过程中产生的能影响人类呼吸系统健康的物质极少，燃烧后无废渣、废水产生，产生的二氧化碳仅为煤的40%左右，产生的二氧化硫也很少，相较于煤炭、石油等能源具有使用安全、热值高、洁净等优势。目前，天然气主要用于城市燃气、代替汽车用油、化工工业、发电等方面。

4）水能

水能又称水力，通常专指陆地上江河湖泊中的水流能量。水能属于一种能够再生，并且不会产生环境污染的良好能源，可用于发电或直接驱动机械做功，是可再生能源中利用历史最长，技术最成熟，应用最经济也最广泛的能源。

5）太阳能

太阳能是指太阳内部高温核聚变所释放的辐射能。太阳能的总量很丰富，每年到达地面的太阳辐射能相当于 1.3×10^{14} t 标准煤，即约为目前全世界年消费各种能量总和的 2×10^4 倍。太阳能可转换为热能、机械能、电能、化学能等加以利用，常见的方式有：直接热利用、热发电或通过电池发电等。

但太阳能具有以下两大特点：一是聚集性差，太阳辐射密度低，平均说来，北回归线附近夏季晴天中午的太阳辐射强度最大，也仅约为 $1.1 \sim 1.2 \text{kJ/m}^2$。因此，想要得到一定的辐射功率，要求占用较大面积从而使成本增加。二是太阳能供应的间断性和不稳定性使太阳能的利用受到季节和气候变化的影响，这就要求太阳能利用装置和系统的设计必须考虑能量的贮存，或与其他能源匹配互补供能，以满足用户的负荷需要。当这些科技问题有所突破以后，直接利用太阳能供热、太阳光电池发电、太阳能制氢等都是有前途的利用方式。

6）核能

核能包括重核的裂变能和轻核的聚变能。重核的裂变能是指铀、钍等重元素的原子核发生链式裂变核反应时释放出的巨大能量。核裂变能能量密度高，1kg^{235}U 裂变时释放出的能量相当于 2500t 标准煤；且对大气污染小，燃料运输量小，开发技术成熟。但由于自然界中所含的核原料有限，并且核裂变产生的放射性废物会构成对环境污染的威胁，并可能引起核扩散，因此核裂变能并非理想的长期能源。

轻核的聚变能是指两个轻原子核聚合成一个较重原子核所释放出来的能量。常用的核聚变燃料是氢的同位素氘和氚，1kg 核聚变释放的能量相当于 1×10^4 t 标准煤的燃烧值，但它必须在几百万摄氏度的高温下才能发生。但核聚变能还是一种较核裂变能更清洁、更安全的能源，这主要是因为核聚变反应物基本没有放射性，反应产物适当处理后对环境没有严重的污染问题，反应过程中一旦出现问题，反应会自动地迅速停止。

7）电力

电力又称电能，以电磁场为载体，传播速度等于光速。目前主要由一次能源通过发电动力装置转换而成，如火力发电、水力发电和核能发电，也可通过燃料电池，即由氢、煤气、天然气、甲醇等燃料的化学能直接转换而成。由于电力来源广泛，又可方便地转换为其他能量形式，以满足社会生产和生活的种种需要，且在生产、传送、使用过程中易于调控，在使用过程中没有污染，已成为人类社会迄今应用最广泛，使用最方便、最清洁的一种二次能源。

8）生物质能

生物质能源来源于一切有生命的可以生长的有机物质，包括动物、植物和微生物。生物质能源可以就地开发和利用，是可再生的廉价能源。人类早就驱使牲畜，使用薪炭。现在则有垃圾燃料，以及把作物秸秆、人畜粪经过发酵的办法产生沼气或酒精。生物质的优点是使用方便，含硫量低，灰分少，易燃烧，并可进行多种转化，但缺点是密度小、体积大，储运不便，传统的直接燃烧利用方式热效率极低。世界每年约产出 1.7×10^{11} t 干生物质，利用量仅为 1.3×10^8 t，不足总量的 1‰，向人类提供了世界能源消费总量的 15%，仅次于石油、煤炭和天然气。

更有前途的生物能源可能是直接利用或模拟生物的光合作用以生产氢燃料。目前地球上绿色植物的光合作用效率还比较低，利用植物生产生物质能的潜力还很大，进行能源种植和开发植物能源都是行之有效的办法。能源种植就是通过光合作用，直接把太阳能的光能转化为像石油那样的烃，如1978年，美国科学家卡尔文培育出好几种能提取液体燃料的植物，并因此获得诺贝尔奖。

9）风能

风能是由于地面各处受太阳辐射后气温变化不同和空气中水蒸气的含量不同，因而引起各地气压的差异，在水平方向高压空气向低压地区流动所形成的，它是太阳能的一种转化形式。据估算，太阳辐射到地球的能量中，约有1%转化为风能。风能资源决定于风能密度和可利用的风能年累积小时数。风能密度是单位迎风面积可获得的风的功率，与风速的三次方和空气密度成正比关系。

风能作为一种可再生的清洁能源，储量大、分布广，但能量密度低。以前人类利用风能来提水和加工谷物，现在的风能是用来生产电力。但由于风能是一种间歇性能源，需与其他能源，如水电、火电配合使用，以便向电网平稳输出电力。在美国加利福尼亚州，风力发电已获得大规模商业应用。

10）海洋能

海洋能是指蕴藏在海洋中的可再生能源，包括潮汐能、波浪能、海洋温差能、海浪能、潮流能(海流能)和海水盐差能等。海洋能有两种不同的利用方式，一种是利用海水的动能，包括大范围有规律的动能(如潮汐、海流等)和无规律的动能(波浪能)两类，设法直接转变为机械能；另外一种是利用海洋不同深度的温度差，如海水表层温度为25～28℃，500～1000m深处为4～7℃，通过热机进行发电。

海浪发电技术尚处于研究开发阶段，根据目前的技术水平和研究水平，大规模使用还不可能。科学地开发利用海洋能是现代技术所要解决的重要课题。

11）地热能

地热能是由于地球内部放射性物质发生自然蜕变放热，在密闭的环境中热能逐渐积累所形成的。地热能包括天然蒸汽、热水、热卤水等，以及由上述产物带出的与流体相伴生的副产品。按地热能的性质和赋存状态可将其分为两类：一类是水热型，包括蒸汽型、水热型、地压型；另一类是干热岩型，包括干热岩型和岩浆型。根据目前的技术水平，只有地下热水和蒸汽可以实际应用。

此外，能源还可依据其他的一些方法进行分类，如可分为商品能源、非商品能源，以及农村能源、绿色能源、终端能源等。

三、能源的计量单位

为了更方便的评估和比较不同能源的利用水平，各种不同形式的能源应能相互折算。能源的计量单位就是为了计算能源的数量而被选定作为参考的量。按照能源的计量方式，能源计量单位可分为3类，即能源的实物量单位、热功单位和当量单位。

(一)能源的实物量单位

对能源实物量进行计量时，往往根据能源的形态采用不同的计量单位，例如对固体能源可采用质量单位，气体能源可采用体积单位。但对同一种能源，各个国家和地区所用计量单位有所不同，如表2-1所示。

表2-1　不同国家和地区对常见的能源实物量计量单位

能源形式	单位	使用国家和地区
固体燃料 液体燃料	吨(t)	世界各地
原油	吨(t)	中国、俄罗斯、东欧各国
	桶(bbl)	西方各国
成品油	公升(L)	中国、俄罗斯、东欧各国
	加仑(gal)	西方各国
	标准立方米(Nm^3)	中国、俄罗斯等
气体能源	标准立方英尺(scf)	西方各国
电力	千瓦时(kW·h)	世界各地

注：（1）表中的吨是指公吨，1t = 1000kg。

（2）桶是石油桶，约等于159kg。

（3）加仑分美国加仑(US gal)和英国加仑(UK gal)，1US gal = 3.785L，1UK gal = 4.546L。

在计算石油产、供、销数量时，国际上主要采用两种方法计量：一是按容积计算，主要以bbl为单位；一是按质量计算，主要以t为单位。当计算原油日产量、出口量时，习惯用bbl，计算年产量、消费量时，习惯用t。

（二）能源的热功单位

能源的计量还可以通过衡量单位能源所含能量的多少来确定。因此，能量的单位也成为能源的计量单位。

1. 焦耳

焦耳(J)定义为1牛顿(N)的力作用于质点，使它沿力的方向移动1米(m)距离所做的功，是具有专门名称的国际制导出单位。国际制基本单位表示的关系式为kg·m^2/s^2。在国际单位制中，能量的单位、功及热量的单位都用焦耳(J)表示。而单位时间内所做的功或吸收(释放)的热量称为功率，单位为瓦(W)。因为在能量的转换和使用中焦(J)和瓦(W)的单位都太小，因此更多的是用千焦(kJ)、千瓦(kW)，或兆焦(MJ)、兆瓦(MW)。

2. 卡

卡(cal)是热量单位，1卡(cal)为1g纯水在标准气压下，温度升高1℃所需的热量。

3. 千瓦小时

千瓦小时(kW·h)是电量的计量单位，与焦耳之间的换算关系为：1kW·h = 3.6×10^{6}J。

其余能量单位换算关系见表2-2。

表2-2　能量单位换算关系表

能源单位	焦耳 J	千瓦时 kW·h	国际蒸汽表千卡 kcal$_{rr}$	热化学千卡 kcal$_{th}$	20℃千卡 kcal$_{20}$	英热单位 Btu
焦耳 J	1	2.7778×10^{-7}	2.3885×10^{-4}	2.3901×10^{-4}	2.3914×10^{-4}	9.4781×10^{-4}
千瓦时 kW·h	3.6×10^6	1	8.5985×10^2	8.6042×10^2	8.6091×10^2	3.4121×10^2
国际蒸汽表千卡 kcal$_{rr}$	4.1868×10^3	1.1630×10^{-3}	1	1.007	1.0012	3.9683
热化学千卡 kcal$_{th}$	4.1840×10^3	1.1622×10^{-3}	1	1.0007	1.0012	3.9657
20℃千卡 kcal$_{20}$	4.1816×10^3	1.1616×10^{-3}	9.9933×10^{-1}	1	1.0006	3.9671
英热单位 Btu	1.0551×10^3	2.9307×10^{-4}	2.5200×10^{-1}	2.5217×10^{-1}	2.5231×10^{-1}	1

(三)能源的当量单位

在进行能源比较时,二次能源必须能合理折算到一次能源,一次能源也应有一个确切的可作统一比较的度量单位。由此,可选定某种统一的标准燃料作为计算依据,然后用各种能源实际含热值与标准燃料热值之比,即能源折算系数,计算出各种能源折算成标准燃料的数量。所选标准燃料的计量单位即为当量单位。

可见,将能源折算成标准燃料的首要步骤就是计算这种能源的折算系数,其计算式为:

$$能源折算系数 = 能源实际含热量/标准燃料热量 \qquad (2-1)$$

其次根据能源折算系数,将一定量的此种能源折算成标准燃料的数量,其计算式为:

$$能源标准燃料数量 = 能源实物量 \times 能源折算系数 \qquad (2-2)$$

目前,常用的标准燃料有三种,分别为标准煤、标准油和标准气。作为一种统一的能源热值度量单位,无论是何种能源,皆可按照热值折算到标准燃料。但燃料热值有高位热值和低位热值两种。高位热值是指燃料完全燃烧,且燃烧产物中的水蒸气凝结成水时的发热量,其数值由测量获得。低位热值是指燃料完全燃烧,燃烧产物中的水蒸气仍以气态存在时的发热量,它等于从高位热值中扣除水蒸气凝结热后的热量。由于燃料大都用于燃烧,各种炉窑的排烟温度均超过水蒸气的凝结温度,不可能使水蒸气的凝结热释放出来,所以在能源利用中一般都以燃料的应用基低位热值作为计算依据。1kg 标准煤的低发热值等于 29.27MJ;1kg 标准油的低发热量等于 41.62MJ;$1Nm^3$ 标准气低发热量等于 41.2MJ。表 2-3 是我国常用能源折算标准煤参考系数。

表 2-3　各种能源折算标准煤参考系数

能源名称	平均低位发热量/kJ · kg^{-1}	折算标准煤系数
原煤	20934	0.7143
焦炭	28470	0.9714
原油	41868	1.4286
汽油	43124	1.4714
煤油	43124	1.4714

第三节　能量转换基本定律

一、能量守恒定律

普遍的能量守恒与转换定律指出:能量既不能被创造,它只能从一种形式转换成另一种形式,或从一个系统转换到另一个系统,而其总量保持不变。

热力学第一定律是能量守恒定律在热现象的能量转换和转移过程中的应用。它主要说明了在热力过程的能量转换中热力体系各种形态能的守恒关系。在主要研究热能和机械能之间相互转换和守恒的工程热力学中,第一定律可表述为:"热可以变为功,功也可以变为热。一定量的热消失时必产生相量的功;消耗一定量的功时必出现与之对应的一定量的热。"

在热力工程的计算中常用焓作为热力学第一定律的数学表达。在热力学中,焓用 H 或 h 表示,其定义式如式(2-3)所示。

$$H = U + pV \qquad\qquad (2-3-a)$$

或

$$h = u + pv \qquad\qquad (2-3-b)$$

式中　U、u——内能，J、J/kg；

　　　　p——压力，Pa；

　　　　V、v——体积，m^3、m^3/kg。

在热力设备中，工质总是不断地从一处流到另一处。流动工质携带的总能量是工质内能、流动功、位能和动能之和。由式（2-3）可见，对于流动工质，焓＝内能＋流动功。故焓表征流动工质向流动前方传递的总能量中取决于热力状态的能量项。如果工质的动能和位能可以忽略，则焓代表随流动工质传递的总能量，故在热力工程的计算中可用热力过程中焓相等，作为热力学第一定律的数学表达。

二、热力学第二定律

人们从无数实践中总结了热力学第二定律，揭示了与热现象相关的各种过程中能量转换和传递的方向性及能质退化或贬值的客观规律。所谓过程的方向性，除指明自发过程进行的方向外，还包括对实现非自发过程所需要的条件，以及过程进行的最大限度等内容。事实表明，自然界的任何热力过程都具有方向性，沿某些方向可以自发进行，反向过程则不能，如水总往低处流；气体自发地由高压区向低压区膨胀；热自发地由高温物体传到低温物体，等等。

由于热现象的普遍存在，热力学第二定律应用范围极广，诸如热量传递、热功互变、化学反应、燃料燃烧、生物化学、信息理论、低温物理、气象以及其他许多领域。针对不同类型的热力过程，科学工作者得出热力学第二定律各种形式的表述，其中两种最基本的、广为应用的表达形式是克劳修斯（Clausius）说法和开尔文 - 普朗克（Kelvin - Plank）说法。

（1）克劳修斯（Clausius）说法：不可能把热量从低温物体传到高温物体而不引起其他变化。

（2）开尔文 - 普朗克（Kelvin - Plank）说法：不可能制造只从单一热源吸收热量，使之完全变为有用的功而不产生其他变化的循环发动机。

上述两种经典说法虽然表述方法不同，但是其实质是一致的，即：在一切与热相联系的自然现象中它们自发地实现的过程都是不可逆的。因为一切实际过程必然与热相联系，故自然界中绝大部分的实际过程严格讲来都是不可逆的。

热力学第二定律可采用熵与炯两种参数进行数学表达。

（一）热力学第二定律的数学表达一

熵是为解决自发过程的方向和限度问题而提出的，用符号 S 表示。热量传递中作为广义位移的广延性参数的变化是熵变。可逆过程微量熵变的定义式为

$$\Delta S = \frac{\delta Q_R}{T} \qquad\qquad (2-4)$$

式中　δQ_R——可逆过程的传热量，J；

　　　　T——体系的温度，K。

由克劳修斯不等式可知，对于任一热力过程而言

17

$$\Delta S \geq \frac{\delta Q}{T} \qquad\qquad (2-5)$$

式中　δQ——任一热力过程的传热量，J。

若 $\Delta S > \frac{\delta Q}{T}$，表示热力过程为不可逆过程；若 $\Delta S = \frac{\delta Q}{T}$，表示热力过程为可逆过程。若体系绝热，$Q=0$，则有 $\Delta S \geq 0$。上式表明：绝热体系的熵只能增加（不可逆过程）或保持不变（可逆过程），绝不会减少。任何实际过程都是不可逆过程，只能沿着使孤立体系熵增加的方向进行，即熵增原理。它的意义在于：

（1）可通过孤立系统的熵增原理判断过程进行的方向；

（2）熵增原理表明当孤立体系的熵达到最大值时，体系处于平衡状态；

（3）不可逆程度越大，熵增也越大，由此可定量评价过程的不可逆性。

可见，熵增原理表达了热力学第二定律的基本内容，故常把热力学第二定律称为熵定律。式 $\Delta S \geq 0$ 可视为热力学第二定律的数学表达式。

（二）热力学第二定律的数学表达二

㶲是近年来在热力学及能源科学领域中广泛用来评价能量利用价值的新参数。㶲把能量的"量"和"质"结合起来评价能量的价值，更深刻地揭示了能量在传递和转换过程中能质退化的本质，为合理用能、节能用能指明了方向。

㶲的严格定义是：物质或物流在以给定环境为基准时的理论做功能力的量度。为了便于直观地理解㶲的含义，不妨设想将能量分为两个部分。其中一部分是可以转换为功的能量，即㶲，用 Ex 表示，单位为 kJ（或 J），单位工质的㶲称为比㶲，用 e 表示，单位为 kJ/kg 或 kJ/Nm^3。能量中含的㶲量越多，其动力利用价值就越高，即品质就越高。能量中不能转变为有用功的那部分能量，称为㷉，以符号 A_n 表示，单位与㶲相同，单位质量的㷉称为比㷉，用 a_n 表示。

从而可以将任何一种形式的能量都看成由㶲和㷉所组成，便可以把能量 E 表示为：

$$E = E_x + A_n \qquad\qquad (2-6)$$

应用㶲和㷉的概念可将热力学第二定律表述为：一切实际热力过程中不可避免的发生部分㶲退化为㷉，而㷉转化为㶲的过程是不可能实现的，一切不可逆过程都将使体系的做功能力降低，使部分㶲转化为㷉。过程的不可逆程度越大，㶲损失也越大，转化为㷉的量也就越多，可称为孤立体系㶲降原理，并表示为 $\Delta E_{x,iso} \leq 0$。

由此可见，㶲与熵都可作为过程方向性及热力学性能完善性的依据。

（三）㶲的计算

根据能的形态可将㶲分为传递㶲和状态㶲。

1. 传递㶲

传递㶲的特征是与传递能（功、热量等）相对应。

1）热量㶲

热力体系从某一已知状态 (p, T) 可逆地变化到与环境（冷端）相平衡的状态 (p_0, T_0)，且 $T > T_0$ 时，从热源取得的热量 Q 对外界可能作的最大有用功 W_{max}，称为热量㶲 E_{xQ}，如图 2-1 所示。

由图 2-1，从热源吸取的热量 Q 的热量㶲 E_{xQ}，写成微元积分形式有

$$E_{xQ} = \int_{(Q)} \delta W_{\max} = \int_{(Q)} (1 - \frac{T_0}{T}) \delta Q = Q - T_0 S_f \qquad (2-7)$$

式中 S_f——随热流携带的熵流，$S_f = \int_{(Q)} \dfrac{\delta Q}{T}$。

$T_0 S_f$ 为排向低温热源的不可用部分的热量，称为热量炕，以 A_{nQ} 表示，单位为千焦每千克（kJ/kg），是与环境（冷端）具有相同温度的热量，所以完全不能做功，表达式为

$$A_{nQ} = Q - E_{xQ} = T_0 S_f \qquad (2-8)$$

由于恒温可逆过程 $S_f = \dfrac{Q}{T}$，结合式（2-5）可见，此时的热量㶲为卡诺循环所作的功。

$$E_{xQ} = (1 - \frac{T_0}{T})Q \qquad (2-9)$$

式中 $(1 - \dfrac{T_0}{T})$——卡诺因子。

因此，对于恒温可逆过程，热量炕表达式为

$$A_{nQ} = \frac{T_0}{T}Q \qquad (2-10)$$

表 2-4 列出了卡诺因子（相当于单位热量具有的㶲值）随 T 和 T_0 的变化关系。

表 2-4 不同 T 和 T_0 下的卡诺因子值

T_0/℃	T/℃								
	100	200	300	400	500	600	900	1000	1200
0	0.2680	0.4227	0.5234	0.5942	0.6467	0.6872	0.7455	0.7855	0.8146
20	0.2144	0.3840	0.4885	0.5645	0.6208	0.6643	0.7268	0.7697	0.8010
40	0.1608	0.3382	0.4536	0.5348	0.5950	0.6414	0.7082	0.7540	0.7874
60	0.1072	0.2959	0.4187	0.5051	0.5691	0.6185	0.6896	0.7383	0.7739

单位质量物质的热量㶲和热量炕在 $T-S$ 图上的表示，如图 2-2 所示。

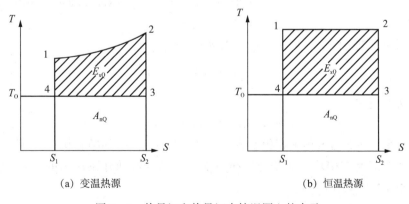

（a）变温热源　　　　　　　　　　（b）恒温热源

图 2-2 热量㶲和热量炕在熵温图上的表示

这时，能级的表达式为

19

$$\lambda_Q = \frac{E_{xQ}}{Q} = 1 - \frac{T_0}{T} \qquad (2-11)$$

从式(2-11)可知，在给定的环境温度下，一定数量的热量温度越高，其对应的能级越高，其所含的㶲值也越高。因此，在一定环境温度下的热能转换和传递过程中，温度是评价热能㶲值大小的极重要指标。

2）冷量㶲

当系统温度(T)低于环境温度(T_0)时，外界从系统(冷源)获取冷量 Q_0，并消耗一定量的功。在可逆条件下，外界消耗的最小功即为冷量㶲 $E_{xQ'}$。热量与冷量、热量㶲与冷量㶲并无本质区别，只是所处温度不同。由此可得，冷量㶲 $E_{xQ'}$ 计算式为

$$E_{xQ'} = \int_{(Q)} \left(1 - \frac{T_0}{T'}\right)\delta Q' \qquad (2-12)$$

当传冷物体为恒温时

$$E_{xQ'} = Q'\left(1 - \frac{T_0}{T'}\right) \qquad (2-13)$$

式中 Q'——传冷量；

T'——传冷物体的温度。

则冷量炕 $A_{nQ'}$ 为

$$A_{nQ'} = \int_{(Q)} \frac{T_0}{T'}\delta Q' \qquad (2-14)$$

对于恒温冷源，$A_{nQ'} = Q'\frac{T_0}{T'}$。

值得说明的是，对于传冷物体 $T' < T_0$，当物体放出冷量，Q' 为正时，冷量㶲 $E_{xQ'}$ 为负，说明冷量 Q' 与冷量㶲 $E_{xQ'}$ 符号相反，即冷流与冷流㶲方向相反。

3）功㶲

通过体系边界对外(或对内)所做的功并不是在任何情况下都全是㶲，只有在环境条件下能供人们在技术上利用的功才是㶲。当体系与环境相互作用下发生容积变化时，体系反抗环境压力 p_0 所做的那部分容积功，人们无法利用，故不属于㶲。所以，若闭口系统从状态(p_1，V_1)变化到状态(p_2，V_2)的过程中所作的容积功为 W_{12} 的话，其㶲的表达式为：

$$E_w = W_{12} - p_0(V_2 - V_1) \qquad (2-15)$$

如果封闭系统进行的是一可逆过程，则容积功的㶲为：

$$E_w = \int_1^2 p\,dV - p_0(V_2 - V_1) \qquad (2-16)$$

而容积功的炕为：

$$A_w = W_{12} - E_w = p_0(V_2 - V_1) \qquad (2-17)$$

显然，若系统在热力过程中容积不变($dV = 0$)或环境交换的净容积功为零时，则通过边界所交换的功全部为有用功，即全部为㶲。例如，稳定流动开系输出的净功(或称轴功)，循环输出的净功等全部为㶲。

2. 状态㶲

与物质或系统状态相对应的㶲，称为状态㶲。状态㶲与焓、内能属于同一类贮存能。

只不过焓与内能只计及了能的量，而㶲则代表了能的量与质相统一的部分。

由㶲的定义可知，㶲是与做功概念相联系的。按照在不同势场中所具有的做功能力来分，可以把状态㶲分为物理㶲和化学㶲两大类。

1）物理㶲

物理㶲是以环境态为基准，由给定状态与环境状态之间的压差和温差引起的㶲。

（1）机械能㶲。作宏观运动的物质体系由流速场势、重力场势引起的㶲，分别称为动能㶲（E_{xk}）和位能㶲（E_{xp}），总称为机械能㶲。它们分别与动能和位能相等，用相对于地表的相对速度 c 或相对高度 z 计算（环境状态下，物质体系的动能㶲和位能㶲为零），故

$$E_{xk} = E_k = \frac{1}{2}mc^2 \qquad (2-18)$$

$$E_{xp} = E_p = mgz \qquad (2-19)$$

式中　m——物质体系的质量，kg；

　　　c——物质体系的速度，m/s；

　　　z——物质体系相对环境的高度，m；

　　　G——重力加速度，m/s^2。

（2）压能㶲（$E_{x,\Delta p}$）。由压力场的压差引起的㶲。

$$E_{x,\Delta p} = T_0 \int_{p_0}^{p} \frac{1}{\rho T}dp \qquad (2-20)$$

式中　ρ——密度，kg/m^3；

　　　p_0——环境压力，Pa；

　　　T_0——环境温度，℃。

对于理想气体，$\frac{1}{\rho T} = \frac{R}{p}$，代入式（2-30）得

$$E_{x,\Delta p} = T_0 \int_{p_0}^{p} \frac{R}{p}dp = RT_0 \ln \frac{p}{p_0} \qquad (2-21)$$

式中　R——气体常数。

（3）温度㶲（$E_{x,T}$）。在定压下，由于体系与环境之间的热不平衡（即存在温差 $T-T_0$）而具有的㶲。

$$E_{x,T} = \int_{T_0,p}^{T,p} mc_p\left(1 - \frac{T_0}{T}\right)dT \qquad (2-22)$$

式中　c_p——定压比热容，J/（kg·K）。

（4）开口系统物流㶲。工程上大量用能装置是开口系统。为简化所研究的问题，假设通过开口系统的物质系统均处于稳定流动状态，且周围环境视为温度不变的恒温热源。

在无其他热源时，稳定流动系统的㶲就是进入工质所具有的㶲。在稳定流动开口系统中，单位质量工质流入系统的能量由工质的焓 h、动能 $\frac{1}{2}c^2$ 及位能 gz 组成。其中 c 为工质流入系统时的流速，z 为入口工质相对环境的重力势高度。根据㶲的定义，稳定流动系统的㶲为工质从给定状态以可逆方式转变到环境状态时，且只与环境交换热量 q 所能作出的最大有用功 W_{max}。则稳定流动系统微元过程的㶲 de_x 为：

$$de_x = \delta W_{max} = -dh + T_0 dS - \frac{1}{2}dc^2 - gdz \qquad (2-23)$$

上式积分可得稳定流动系统单位工质的㶲 e_x，即：

$$e_x = W_{max} = h - h_0 - T_0(S - S_0) + \frac{c^2}{2} + gz \qquad (2-24)$$

式中　　h_0——工质在环境温度下的焓，J；

$\qquad$ S_0——工质在环境温度下的熵，J/K。

当略去工质的动能和位能时，工质流从初态(p、T)可逆过渡到环境状态(p_0、T_0)，单位工质焓降($h - h_0$)可能作出的最大技术功便是工质流的焓㶲，计算式为

$$e_x = W_{max} = h - h_0 - T_0(S - S_0) \qquad (2-25)$$

相应的㷡为

$$a_n = h_0 + T_0(S - S_0) \qquad (2-26)$$

系统的能级为

$$\lambda = \frac{e_x}{q} = 1 - \frac{h_0 + T_0(S - S_0)}{h} \qquad (2-27)$$

(5)内能㶲。闭口系统从给定状态(p、T)可逆转换到环境状态(p_0、T_0)时，对外所作最大有用功称为内能㶲。在可逆过程中，系统熵的变化与环境熵的变化在数值上相等，再结合熵的定义，可得到内能㶲的微分表达式

$$de_x = \delta W_{max} = -du - p_0 dv + T_0 dS \qquad (2-28)$$

式中　　u——闭口系统单位物质内能，J/kg；

$\qquad$ v——闭口系统单位物质体积，m^3/kg；

其余符号同前。

从给定状态到环境状态对上式积分得到单位物质内能㶲(图2-3)为：

$$e_x = u - u_0 + p_0(v - v_0) - T_0(S - S_0) \qquad (2-29)$$

内能㷡为：

$$a_n = u - e = u_0 - p_0(v - v_0) + T_0(S - S_0) \qquad (2-30)$$

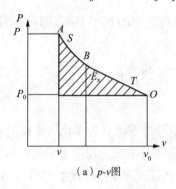
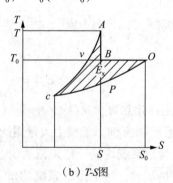

(a) p-v图 $\qquad$ (b) T-S图

图2-3　内能㶲p-v、T-S图

2)化学㶲(E_{xch})

取环境中的物质为基准(即基准物)，当物质与其相应的基准物之间存在化学势差时，就引起化学㶲。

由于处于不完全平衡环境状态与完全平衡环境状态间的化学不平衡可能包含组分(即组成物质)和成分(或浓度,即各组成物质所占的份额)的不平衡。若组分不平衡,则必须通过化学反应过程才能达到与环境完全热力学平衡。在此过程中能做出的最大有用功为反应㶲。而成分或浓度的不平衡,只需通过扩散过程就能达到与环境的完全热力学平衡。通常将状态$(p_0、T_0)$下系统与环境间仅仅由于成分或浓度不平衡具有的化学㶲称为系统的扩散㶲。因此,处于不完全平衡环境状态下的系统的化学㶲是其反应㶲与扩散㶲之和。

(1)物质或系统的总㶲

所说物质或系统的总㶲是指物质或系统由给定态可逆地变化到与环境基准物质完全平衡所能作出的最大理论功。这种完全平衡正如前面所指出的一是要达到与基准物的热力平衡,即压力、温度相等;二是要达到与基准物的物质平衡,即与它们的组成或浓度相等。热力平衡对应的是物理㶲,物质平衡对应的是化学㶲。因为除了少数几种单质外,其余所有物质都必须通过化学反应或物质扩散等方式才能达到与基准物之间的物质平衡,因此物质或系统的总㶲是由物理㶲和化学㶲两部分组成的,有

$$E_x = E_{xph} + E_{xch} \tag{2-31}$$

式中　E_{xph}——物质或系统由给定态可逆地变化到与环境态相平衡的物理㶲,kJ;

E_{xch}——该物质或系统在环境态下的化学㶲,实际上是将它的标准化学㶲修正到环境态下的化学㶲,kJ。

一般来说,化学㶲的计算要比物理㶲麻烦些,但在工程计算中,不少情况下可以不必计算化学㶲,如:

①能流(电流、热流等)、载能物流(水流、水蒸气流等);

②闭系中的物流,即不与环境基准物达到非约束性平衡的物流;

③在研究范围内无化学反应的物流。

除以上这些外,在某些情况下,虽然物质与环境基准物之间有化学势差(浓度差),但这种势差在工程上并无利用价值,此时也不必计算化学㶲。例如,炉子的排烟组成与环境基准物显然是存在化学势差的,但通常只考虑排烟与环境温差的利用,而不计及排烟的化学㶲的利用。

(2)几种工程常见物质㶲的计算

在工程计算中,经常遇到水蒸气、燃料等物质,对这些物质的㶲值计算简要介绍如下。

①水蒸气。利用水蒸气给出的焓和熵的数据,可按式(2-32)直接计算水蒸气的㶲。

$$e_x = h - h_0 - T_0(S - S_0) \tag{2-32}$$

式中　h、s——分别为水蒸气的焓和熵,J、J/K;

h_0、s_0——分别为在环境态下 H_2O 的焓和熵,J、J/K。

近年已经出版了载有水和水蒸气㶲的水蒸气表,可以直接查取。还绘制了水蒸气的 $e_x - s$ 图(图2-4),可以直接读数。但 $e_x - s$ 图的适用范围比水蒸气表小,对于低干度的水蒸气和未饱和水还需查水蒸气表。

图2-4是以 $p_0 = 1\text{bar}$ 和 $t_0 = 0℃$ 为基准态的水蒸气 $e_x - s$ 图。当实际环境态与基准态相偏离时,需对查得的㶲值进行修正。图下方标有 10℃、20℃、30℃、40℃、50℃ 的外线即是修正线。在图2-4中,由给定态作垂直线,与环境温度线交点的㶲值即为修正值 δe_x。水

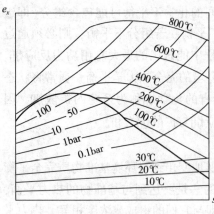

图 2-4 水蒸气的 $e_x - s$ 图

蒸气的实际㶲值为

$$e_x = e_x^{'} - \delta e_x \qquad (2-33)$$

式中，$e_x^{'}$ 为 $e_x - s$ 图的直接读数。

②燃料。燃料㶲主要是指燃料在燃烧过程中燃料的可燃成分与氧发生反应生成燃气时产生的反应能，即燃料的化学㶲。当燃料在高温、高压条件下燃烧时，还应加上物理㶲。

$$e_r = e_{ph} + e_{ch} \qquad (2-34)$$

式中　e_{ph}——燃料的物理㶲，kJ/kg；

　　　e_{ch}——燃料的化学㶲，kJ/kg。

燃料物理㶲的计算式为

$$e_{ph} = c_r \left[(t_r - t_0) - T_0 \ln \frac{T_r}{T_0} \right] \qquad (2-35)$$

式中　T_r——燃料的热力学温度，K；

　　　c_r——燃料的比热容，kJ/(kg·K)。

对于工程计算，燃料化学㶲可采用 Rant 近似式计算：

对于气体燃料 $e_{ch} = 0.950Q_h$ $\qquad (2-36-a)$

对于液体燃料 $e_{ch} = 0.975Q_h$ $\qquad (2-36-b)$

对于固体燃料 $e_{ch} = Q_1 + rw$ $\qquad (2-36-c)$

式中　Q_h——高位发热量；

　　　Q_1——低位发热量；

　　　r——水的汽化潜热；

　　　w——燃料中水的质量分数。

Rant 的液体燃料化学㶲的近似计算可能会出现较大的误差，要求精确一些的计算式可采用信沢寅男公式：

$$e_{ch} = \left[1.0038 + 0.3165 \frac{H}{C} + 0.0308 \frac{O}{C} + 0.0104 \frac{S}{C} \right] Q_1 \qquad (2-37)$$

式中 C、H、O、S——分别为燃料中碳、氢、氧、硫的质量分数。

第三章 油气储运系统节能分析

第一节 能量分析的基本原理

一、能量平衡分析的基本原理

能量平衡分析是建立在热力学第一定律基础上的第一类热力学分析方法，是研究能量的数量关系，指出能量数量上的转换、传递、利用和损失情况，确定某个系统或装置的能量利用率的一种分析方法。

（一）能量平衡模型与能量平衡方程

对于能量系统，无论它多么复杂，从能量的行为来看不外乎有两种情况：一是通过边界的传递行为；二是在体系中的转换行为。就传递来说只有能量输入和输出两种类型。而体系中的转换均可表示为系统内部能量的变化。设系统输入能量为 E_{in}，输出能量为 E_{out}，二者之差即是系统内的能量转化 ΔE，则可得到一个基本能量平衡模型，如图 3-1 所示。

如果对输入、输出能量再作划分，输入能量可划分为外界传递给体系的能量 $E_{g,in}$（包括热量和功两种形式）和随工质流入带进体系的能量 $E_{w,in}$。输出能量可划分为排放给外界的能量和随工质流出带走的能量 $E_{w,out}$。由于在某些热力体系中，排放给外界的能量中有部分能量 E_{re} 又被回收利用，因此，排放给外界的能

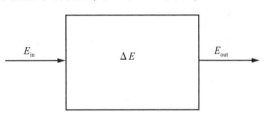

图 3-1 基本能量平衡模型

量又可分为彻底排放到外界的能量 $E_{g,out}$ 和回收利用的能量 E_{re} 两部分。而此时输入能量中，除了外界供给能量 $E_{g,in}$ 外，还有回收利用能量 E_{re}。这样在基本能量平衡模型基础上得到一个通用的能量平衡模型，如图 3-2 所示。

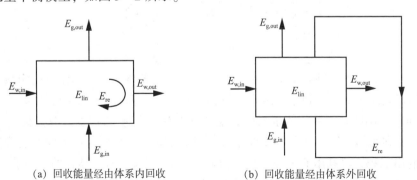

（a）回收能量经由体系内回收　　　　（b）回收能量经由体系外回收

图 3-2 通用能量平衡模型

根据热力学第一定律，各种形式的能量可以互相转换，且能量在转换过程中总量保持守

恒，因而可直接依据图 3-1、图 3-2 两种能量平衡模型建立通用能量平衡方程，即

$$E_{in} = E_{out} + \Delta E \qquad (3-1-a)$$

或

$$E_{g,in} + E_{w,in} + E_{re} = E_{g,out} + E_{w,out} + E_{re} + \Delta E \qquad (3-1-b)$$

对于稳流工况，同一时间内进入体系与离开体系的能量相等，即 $\Delta E = 0$，则有

$$E_{g,in} + E_{w,in} + E_{re} = E_{g,out} + E_{w,out} + E_{re} \qquad (3-2)$$

本书所讨论系统如无特殊说明，所处工况均为稳流工况。

对于没有回收能量或回收能量经由体系内部回收时，上式写为

$$E_{g,in} + E_{w,in} = E_{g,out} + E_{w,out} \qquad (3-3)$$

外界供给系统的总能量支出时又可被分成两部分，一部分是没有被利用的，这就是损失能 E_{loss}，是各个过程的能量损失中不能回收利用的那部分之和。另一部分是已经被利用的，叫做有效能 E_{ef}，包含工艺有效能、系统排出有效能和系统回收利用能三类。要说明的是，由于不同设备、不同装置和不同工艺在各含行业中各有其特点和习惯用法，有效利用能 E_{ef} 可包括上述所列项中的一项或几项。例如以设备为体系，主要考察供给能的利用情况，工艺有效能即为有效利用能，这种计算方法在机械、冶金、轻纺等部门被普遍采用。对于以装置为体系，考察进入体系的所有能量的利用情况时，用装置输出有效能（包括工艺有效能和系统排出有效能）和回收利用能为有效利用能，这种计算方法在石油、化工等企业中被广泛采用。

因此，在实际工作中为了方便计算和评价体系的能量利用情况，常采用如下能量方程：

$$E_{in} = E_{ef} + E_{loss} \qquad (3-4)$$

（二）能量平衡评价和分析准则

能量平衡评价准则通常采用利用率和能耗两类指标评价能量利用水平。而用来分析用能合理性的能量平衡分析准则分析指标有能量损失系数和能损率。

1. 利用率

利用率为是反映热力系统用能水平的主要指标，包括设备能量利用率 η_h，装置能量利用率 η_d 以及系统能量利用率 η_s，表达式见式（3-5）。设备能量利用率也称热效率，被用来反映供给某设备的能量被有效利用的程度。由于设备属于单体，有效能 E_{ef} 就是工艺有效能。

$$\eta_e = \frac{E_{ef}}{E_{g,in}} \times 100\% \text{ 或 } \eta_e = (1 - \frac{E_{loss}}{E_{g,in}}) \times 100\% \qquad (3-5-a)$$

$$\eta_d = \frac{E_{ef}}{E_{in}} \times 100\% \text{ 或 } \eta_e = (1 - \frac{E_{loss}}{E_{in}}) \times 100\% \qquad (3-5-b)$$

$$\eta_s = \frac{\sum E_{ef}}{\sum E_{in}} \times 100\% \text{ 或 } \eta_s = (1 - \frac{\sum E_{loss}}{\sum E_{in}}) \times 100\% \qquad (3-5-c)$$

对于油田、炼厂中的储运系统，由于其工艺过程大多涉及较多的化学反应热，且往往将部分或全部有效能多次重复利用，沿用设备能量利用率计算得出的能源利用率将无法反映回收利用能（重复利用）对体系节能带来的收益，还会造成能量的重复计算。因此，对于存在能量多次重复利用的装置，宜采用装置能量利用率作为能量利用评价指标。装置有效利用能 E_{ef} 为装置输出能和回收利用能之和，装置输入能量 E_{in} 则包含进入装置的所有能量。

系统能源利用率是考察企业用能水平的指标。系统有效利用能 $\sum E_{ef}$ 为企业所有设备、装置的有效利用能之和。系统供入能量 $\sum E_{in}$ 为企业所有供给能之和，包括煤、石油、天然气等一次能源和电、蒸汽、煤气等二次能源的等价能量的代数和。

2. 能耗

能耗是评价企业节能降耗工作优劣的重要指标，包括单种能耗、综合能耗和可比能耗。

单种能耗是指消耗某种能源的数量，如电耗、气耗等，可分为单种能源总能耗、单位工作量单种能耗和单位产品单种能耗三种。

与单种能耗类似，综合能耗也分为总综合能耗、单位工作量能耗和单位产品能耗三种。

上述两种指标计算简单、直观性强，但缺乏可比性，不能反映出耗能多少的原因和系统的节能方向。可比能耗是相对于标准产品或标准工艺的能耗量，可以补充上述两种指标在反应能耗水平上的不足。所谓标准产品，指行业所规定的基准产品，并以该产品能耗为基准，制定出其他产品能耗的折算系数，从而对其他产品的能耗进行折算。这种计算法可在工艺过程接近，而产品品种多样化时使用。

标准工序是指某行业所确定的基本工序，并以此工序为基准计算能耗。实际工序与标准工序不同时，其缺少的工序能耗必须予以补足，多余的工序能耗加以剔除。剔除时按实际能耗计算，补足时或按规定平均能耗或按供应厂的实际能耗计算。这种计算法可在产品品种比较单一，而工序差别较大时使用。例如，在衡量同种油品不同地区的成品油输送管道的可比能耗时，如果管径相同，就要剔除由于地势高差造成的能量损耗，然后再通过计算进行比较。可见，采用可比能耗作为评价指标时，计算十分复杂，且不甚精确，对许多问题需加以明确规定。

3. 能量损失系数

能量损失系数是用来判别用能不合理环节的。对于生产系统，可以取子系统、装置或设备作为用能环节；对于设备，可以取用能过程、能量的转换或传递过程为用能环节。

$$\lambda_c = \frac{E_{1,i}}{E_{in}} \qquad (3-6)$$

式中　$E_{1,i}$——i 环节（子系统或设备）的损失能量，kW。

4. 能损率

能损率反映每一个环节能损占总能损的百分比，定义式为

$$\lambda = \frac{E_{1,i}}{\sum E_{1,i}} \qquad (3-7)$$

(三)能量平衡分析的一般步骤

能量平衡分析作为最常用的能量分析方法，已基本形成完整的程序，主要步骤依次为：划定能量平衡体系，建立能量平衡模型；列出能量方程；开展能量平衡测试；整理数据编制能量平衡表；能量平衡计算，绘制能流向图。

1. 划定能量平衡体系，建立能量平衡模型

能量平衡分析首先要将被考察的用能对象从环境中分离出来，再对其与环境之间的能量流向、形式与规模进行具体、仔细、综合的分析。进行能量平衡的系统所要考察的范围称为能量平衡体系，它的确定是能量平衡分析的首要环节。在此基础上就可以建立能量平衡模型。这一步骤具体过程如下：

(1)确定能量平衡体系。体系的确定应根据能量平衡分析的具体要求与目的，考虑到测试与计算的方便。体系一经确定就不能再改变，以免造成热量的漏计、重计和错计。体系必须有明确的范围和边界线，范围用方框表示，方框线就是体系的边界线，如图 3 - 1、3 - 2 所示。

（2）把输入和输出体系的各项能量分别用箭头逐项标注在方框四周，建立能量平衡模型。由前面的通用能量平衡模型可知，输入体系的能量包括工质带入体系的能量 $E_{w,in}$、外界环境供给体系的能量 $E_{g,in}$ 以及体系回收利用的能量 E_{re} 三类，输出体系的能量包括工质带出体系的能量 $E_{w,out}$、外界环境供给体系的能量 $E_{g,out}$ 以及体系回收利用的能量 E_{re} 三类。一般而言，$E_{w,in}$ 标在方框左侧，$E_{w,out}$ 标在方框右侧，$E_{g,in}$ 标在方框下方，而 $E_{g,out}$ 标在方框上方，E_{re} 标于方框内，用圆弧线示出，如在体系外循环，则在方框外作一循环线。

进行能量平衡的任何对象，在能量平衡体系确定好后，均可建立起上述模型，其主要差别在于进入、排出体系的能量项目和数值大小有所不同。

2. 列出能量方程

由于用能体系能量分析目的和具体要求不同，因而建立能量平衡的基础能量也不相同，最终列出的能量方程形式有所区别。根据目前行业的习惯做法，存在有下述三种基础能量及相应的能量平衡方程形式。

（1）供入能平衡

以供给体系的能量为基础的能量平衡称为供入能平衡。供入能量包括煤、石油、天然气等燃料燃烧提供的热量，以及由电、蒸汽、焦炭等二次能源提供的能量。供入能平衡主要观察外界供入能的利用情况，适用于如锅炉、加热炉、干燥设备、泵等单体设备的能量平衡分析。此时，进出体系的能量为

$$\sum E_{in} = E_{w,in} + E_{g,in} \qquad (3-8-a)$$

$$\sum E_{out} = E_{w,out} + E_{g,out} \qquad (3-8-b)$$

写出能量方程式：

$$E_{g,in} = E_{w,out} - E_{w,in} + E_{g,out} \qquad (3-8-c)$$

（2）全入能平衡

以进入系统的全部能量为基础的能量平衡称为全入能平衡。与供入能平衡不同，全入能是指进入体系的全部能量，显然除热源供给热外，还有物料带入能、化学反应热、回收能等。全入能平衡主要是考察进入体系的全部能量的利用情况，特别是能量回收利用情况。这种能量平衡在集输处理装置中应用较多，这不仅是由于它回收利用能量多，而且是由于它不是按设备，而总是按装置进行能量平衡的缘故。

此时，进出体系的能量为

$$\sum E_{in} = E_{w,in} + E_{g,in} + E_{re} \qquad (3-9-a)$$

$$\sum E_{out} = E_{w,out} + E_{g,out} + E_{re} \qquad (3-9-b)$$

得到能量方程式，如下形式：

$$\sum E_{in} = E_{w,out} + E_{g,out} + E_{re} \qquad (3-9-c)$$

（3）净入能平衡

以实际加给体系的能量为基础的能平衡称为净入能平衡。其主要是考察实际加给体系的能量的利用程度，即有多少能量真正被体系所得到，适用于换热器等设备。被系统工作介质真正得到的能量 $\sum E_{ef}$ 计算如下：

$$\sum E_{ef} = E_{g,in} - E_{g,out} \qquad (3-10-a)$$

且

$$E_{g,in} - E_{g,out} = E_{w,out} - E_{w,in} \qquad (3-10-b)$$

其能量方程如下：

$$E_{ef} = E_{g,in} - E_{g,out} \text{ 或 } E_{ef} = E_{w,out} - E_{w,in} \qquad (3-10-c)$$

从此可见，由于系统不同、设备不同以及考察目的不同，进行能量平衡的基础能量是不一样的，具体采用哪一种则要视考察体系的能量利用特征、考察目的、考察项目等具体情况而定。目前油气储运系统用能体系中常用的是供入能量平衡与全入能量平衡。

3. 开展能量平衡测试

在列出了考察系统的能量方程后，要想达到能量分析的最终目的，还要明确方程中各项能量的具体求值方法。测算结合法是通常采用的方法，它以设备能量平衡测试为基础，能较准确地评价系统的用能水平并掌握系统的耗能状况。

能量平衡所要求的测算数据大致有下列 6 种：

（1）主要工艺设备的标定或计算结果、原料和产品核定的工艺条件；

（2）加热炉、锅炉的能量平衡标定或计算结果；

（3）各种机泵包括原动机的调查或选型计算结果；

（4）各环节正常运行时汽、电、水、风的供、产、用及出的量，并应保持数量守恒；

（5）全部换热设备和进出热流、排出物流、循环物流能量的标定或设计计算结果；

（6）设备表面散热的测算或设计计算结果。

能量平衡测试是测算结合法的重要环节，是获得主要数据的途径。能量平衡测试通过计量和测试，对供给的燃料、蒸汽、电力等各种能源所提供的能量使用状况，如利用与损失、分布与流向等进行测定。在测试前要选择好测点和安装计量仪表，正式测试必须在设备达到稳定工况后进行。

能量平衡测算具体应用时，有正平衡法和反平衡法之分。正平衡法是直接测算设备的有效利用能 E_{ef} 和供给能 $E_{g,in}$，以求得设备的能量利用率。反平衡法是通过测算各项能量损失 $\sum E_{loss}$，间接求取设备的能量利用率。对于非主要用能设备，一般可采用正平衡法。对于重点设备，一般还应做反平衡，以便搞清损失所在和有针对性地采取节能措施。

4. 整理数据编制能量平衡表

测试结束后，要对测试数据进行整理和计算。计算中首先要确定计算基准，主要是基准温度和燃料发热量的取值问题。《用能设备能量平衡通则》（GB/T 2587—2009）中规定：基准温度应采用环境温度，燃料发热量取低位发热量。但也允许采用其他温度作为基准温度，例如 0℃，但应当注明。

其次是热量的单位问题。《热量单位、符号与换算》（GB 2586—91）中规定，应逐步向国际单位制（SI）的热、功、能单位焦耳过渡，但也允许使用卡为热量单位。

然后，将计算结果按照给定的格式，填入能量平衡表中。能量平衡表中的总收入能量应和总支出能量相等，即达到能量平衡。如果不平衡，要找出原因，或者有漏计、重计，或是测试数据不准、计算错误等。根据测试结果，计算出各项技术指标，如能耗、利用率、能损率等，并通过对能量平衡各项损失的分析，找出设备或装置用能中存在的问题，分析产生原因，明确提高利用率及增加回收利用等节能方向。

5. 绘制能量流向图或工艺能量流程图

根据我国国家标准规定，能量平衡还需绘制成能量流向图。能量流向图可以更直观和形象地反映考察对象的用能状况，表示出能量的来龙去脉，及其能量的利用、损失情况，以便于比较、评价和剖析改进。图 3-3 就是一台泵的简单能流图。

能量流向图与能量平衡模型一样，在图中表示能流的输入、排出、循环等。不同的是：

（1）项目表示更具体；

（2）每项数量的大小，按比例表示成"流"的宽窄，从而可以一目了然地看出各项能量的大小关系和能量的分配比例情况。

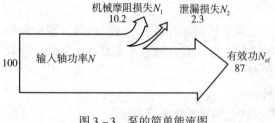

图 3-3　泵的简单能流图

但对用能过程比较复杂的系统来说，能量流向图只给出了进出系统的各项能量的总量，没有进一步列出总量之中包括的详细内容。从深入节能的角度考虑，应对系统或装置内的设备逐台检查、剖析用能过程，指出每处可能改进的潜力。这就要求一种更详尽的表达用能过程的工具。工艺能量流程图应运而生，它是一种按能量变化和流动的线索描绘用能过程以及各设备间关系的工具，其画法和特征如下：

（1）设备是按照能量变化的顺序和在用能过程中的作用而分别画在图中，以方框或与设备外形类似的图形表示；

（2）设备之间的每条连线代表一个确定的能流（功、热或物质流所携带的能量），箭头表示传递方向；

（3）每台设备、每个环节进出能流均应符合守恒关系。

能量流程图事实上可以表示出每个设备的能量平衡和能量利用状况以及能量平衡各项目的构成。所以它是复杂用能系统或装置深入分析用能的一种形象工具，并且是下一步㶲分析计算的基础。

二、㶲分析的基本原理

㶲分析法是以热力学第一、二定律为基础的热力学分析方法。它从能质的观点出发，对用能过程进行分析和评价，是对能量平衡法的有力补充。

（一）㶲平衡模型和㶲平衡方程

按照能质蜕变原理，能量在传递或转换过程中能质是逐渐降低的，即㶲是不守恒的。能量在传递或转换过程中一部分㶲逐渐转化为炕。而这种转换，对系统内部来说是内部㶲损失（也称㶲耗散或炕产），对系统外部来说为外部㶲损失（也称炕流）。

设输入系统的㶲为 E_{xin}，输出的㶲为 E_{xout}，二者之差即为系统内的㶲耗散 E_{xlin}。这样可将系统中㶲的变化表示为图 3-4 的模型，这是一个基本㶲平衡模型。

输出㶲 E_{xout} 可再细划为外部㶲损失 E_{xlout} 和输出㶲中的有效部分，即有效输出㶲 E_{xef} 两部分。这样可得到一个通用的㶲平衡模型，如图 3-5 所示。

上述两种模型是建立㶲平衡方程的基本依据。从这两种㶲平衡模型来看，需要引入㶲损失项才能建立㶲平衡方程。根据基本㶲平衡模型，引入系统内部㶲损失 E_{xlin}，得到㶲平衡方程为

$$E_{xin} = E_{xout} + E_{xlin} \tag{3-11}$$

这是㶲平衡方程的基本形式，称为基本㶲方程。考虑到输出㶲 E_{xout} 可细划为 E_{xlout} 和 E_{xef} 两部分，式（3-11）可写成如下的形式

$$E_{xin} = E_{xlin} + E_{xef} + E_{xlout} \tag{3-12}$$

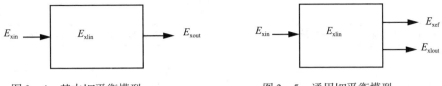

图 3 - 4　基本㶲平衡模型　　　　　　图 3 - 5　通用㶲平衡模型

式(3 - 12)称为通用㶲方程，它是㶲分析的基本依据。

(二)㶲损失分析

㶲值的损失可用来表示做功能力的损失，简称㶲损失。

系统向环境排放物流或能流，导致一部分㶲散失到环境中，完全失去了做功能力，所造成的㶲损失，称为外部㶲损失。例如，在能量平衡中的散热损失项，此散热量全部为环境所吸收，与之相应的热㶲因未能利用而全部损失，以及锅炉排污的㶲损失、排烟㶲损失等。

外部㶲损失取决于系统对环境排放物的能量及其能级。就系统对环境排放物的能量而言，由于环境相对比较稳定，外部㶲损失的大小主要取决于排放物的组成、数量及状态。对于生产工艺系统，排放物的组成及数量完全取决于生产工艺，对于建成的装置来说，这也是固定的。但排放物的状态不仅与设计、生产工艺有关，还与操作工况有关。当操作工况偏离于设计工况时，若工况发生恶化，则外部㶲损失将增加，若是工况得到改进，则外部㶲损失将减少。因此，改进和稳定操作工况，是控制、减少外部㶲损失的主要手段。

就系统对环境排放物能量的能级而言，构成外部㶲损失的能流的能级一般较低，外部㶲损失对能质利用全过程的影响常常不显著。因此，㶲分析很少把外部能损失作为分析重点。但外部㶲损失是系统㶲向环境㶲的直接转化，可见外部㶲损失总是有害的，应尽量减少。如果无法降低排放物的能级和减少排放量，则采取回收、再利用的方式，使系统的外部㶲损失得以减小。

能量在传递过程中由于不可逆性引起的㶲损失称为内部㶲损失。系统内发生的能量形式转换的不可逆过程和能量传递不可逆过程，均会引起系统的内部㶲损失。但内部㶲损失是指由于过程的不可逆性引起的㶲向炕的转化，并不出现能量损失现象。减少系统内部㶲损失的主要途径是减少系统内部过程的不可逆性。但是过程的不可逆性是推动过程进行的动力(如温差推动传热)，是维持过程进行所必须的。因此内部㶲损失不能被消除，而应把它控制在某个最佳值。

表 3 - 1 列出了一些常用设备的内、外㶲损失率。在相当多的用能系统中，内部㶲损失高于甚至显著高于外部㶲损失，降低内部㶲损失的可能性和收益，均大于外部㶲损失，因而从某种意义上讲，㶲分析的侧重点往往是内部㶲损失的计算和分析。

表 3 - 1　油气储运常用设备的内外㶲损失率

设备与系统	内部㶲损失率	外部㶲损失率	内、外㶲损失率比
热机：			
柴油机	0.576	0.424	1.36
汽轮机	0.556	0.444	1.25
燃气轮机	0.584	0.416	1.40

设备与系统	内部㶲损失率	外部㶲损失率	内、外㶲损失率比
炉子：			
工业锅炉	0.912	0.088	10.36
动力锅炉	0.925	0.075	12.33
原油加热炉	0.934	0.066	14.15
热水－原油换热器	0.923	0.077	11.99

(三)㶲平衡评价和分析准则

由基本㶲方程和通用㶲方程可以直接得到㶲分析的两个评价准则：热力学完善度和㶲效率。不同的对象，使用的评定准则有所不同。

(1)㶲效率 η_{ex}

㶲效率表示系统对输入㶲的有效利用程度，以 η_{ex} 表示，可表示成系统输出有效㶲与输入㶲之比，或系统直接有效利用的㶲与输入㶲之比，即：

$$\eta_{ex} = \frac{E_{xef}}{E_{xin}} \times 100\% \qquad (3-13)$$

由通用㶲方程可导出 η_{ex} 另一表达形式为

$$\eta_{ex} = \left[1 - \left(\frac{E_{xlin}}{E_{xin}} + \frac{E_{xlout}}{E_{xin}} \right) \right] \times 100\% \qquad (3-14)$$

㶲效率作为评价指标，具有广泛的应用性，如动力装置、能量传递系统、生产工艺系统等，都可以取㶲效率作为评价指标。

(2)热力学完善度 ε

将基本㶲方程(3-11)全式除以 E_{xin}，可得

$$\frac{E_{xout}}{E_{xin}} + \frac{E_{xlin}}{E_{xin}} = 1 \qquad (3-15)$$

式中，$\dfrac{E_{xout}}{E_{xin}}$ 是输出㶲与输入㶲之比，用符号 ε 表示。

当 $\varepsilon = 1$ 时，表明 $E_{xout} = E_{xin}$ 或 $E_{xlin} = 0$，表示系统内进行的都是可逆过程，不存在内部㶲损失，此时系统为最完美的热力学系统。当 $\varepsilon = 0$ 时，表明 $E_{xout} = 0$ 或 $E_{xlin} = E_{xin}$，说明系统输入㶲全部变成了内部㶲损失，系统为最不完美的热力学系统。通常的情况是 $0 < \varepsilon < 1$。显然，ε 越大，系统内的不可逆性就越小，其热力学完善度就越高。为此将 ε 称为热力学完善度，用于表示系统接近于完全由可逆过程构成的理想用能系统的程度。

需要说明一点，热力学完善度作为系统用能的评价指标，并不适用于所有能量系统。如对换热器中的温差传热过程，ε 越大，意味着温差越小，势必造成所设计的换热器换热面积过大，导致造价很高。与此类似，如借压差传递机械能，靠水位落差产生水力能等系统，单一采用完善度这一指标也是不适宜的。一般来说，对于化学反应过程，能源(量)转化过程(如通过燃烧使化学能转化为热能等过程)，以及以机械摩擦为主要不可逆过程所组成的系统，以完善度 ε 作为主要评价指标是可取的。

㶲分析的评价准则只能对用能对象的整体耗能状况作出宏观评价，而对用能过程各个环节的合理性不能作出判断。辨识用能过程各环节合理性的准则是分析准则。分析准则的分析指标有㶲损失系数 λ 和㶲效率 σ 两种。

(1)㶲损失系数 λ

㶲损失系数 λ 为系统内某环节(设备或过程)的㶲损失与系统输入㶲之比,即

$$\lambda = \frac{E_{xl,i}}{E_{xin}} \qquad (3-16)$$

由于㶲损失有内部㶲损失和外部㶲损失之分,相应的㶲损失系数也有内部㶲损失系数 λ_{in} 和外部㶲损失系数 λ_{out},二者分别为

$$\lambda_{in} = \frac{E_{xlin}}{E_{xin}} \qquad (3-17)$$

$$\lambda_{out} = \frac{E_{xlout}}{E_{xin}} \qquad (3-18)$$

对于一个由多个用能环节组成的系统,可以计算出各环节的㶲损失系数。对各㶲损失系数作出分析、解释后,即可辨识用能不合理的薄弱环节。

(2)㶲损失率 σ

㶲损失率 σ 为某过程或环节的㶲损失与系统总㶲损失之比,即

$$\sigma = \frac{E_{xl,i}}{E_{xl}} = \frac{E_{xl,i}}{\sum E_{xli}} \qquad (3-19)$$

㶲损失率同样有内部㶲损失率 σ_{in} 和外部㶲损失率 σ_{out} 之分,即

$$\sigma_{ini} = \frac{E_{xlin,i}}{\sum E_{xl,i}} \qquad (3-20)$$

$$\sigma_{outj} = \frac{E_{xlout,j}}{\sum E_{xl,j}} \qquad (3-21)$$

$$\sum_i \sigma_{ini} + \sum_j \sigma_{outj} = 1$$

对于某些系统,若计算总输入㶲比较困难,可以不计算㶲损失系数,而计算㶲损失率。

(四)㶲分析一般步骤

㶲分析方法对系统进行应用时,需要从系统整体和其中各个操作单元角度同时进行。这是因为能量的变化存在于系统中的各个部分,而系统又是一个整体,包含着所有能量的变化,只有从两方面同时开展工作,才能把系统用能分析透彻、清楚。因此,㶲分析的基本步骤如下:

(1)用逻辑抽象的方法分解研究系统,包括各元件或元件组合,并拟定出相应的㶲平衡式;

(2)根据流程中各设备的焓熵数据进行流股㶲流率的计算;

(3)依据上一步得到的㶲数据,对所有设备进行㶲损失、普通㶲效率的计算,分析系统内㶲损失的分布,各设备的㶲利用率,找到系统用能过程中的薄弱环节;

(4)针对具体的设备进行改造,提高㶲的利用效率,减小㶲损失,并对整个系统的热力学完善度做出评价。

第二节　工程分析方法

在工程实际应用时,能量平衡分析的对象往往包含复杂的能量利用过程,当能量考察侧重点不一样时,建立的能量平衡模型就会有简有繁,能量平衡方程形式也不尽相同。即使是

对简单的用能设备进行能量平衡分析时，根据测试条件、分析目的不同，实际分析方法也会有所区别。工程㶲分析的方法同工程能量平衡分析一样，所列模型均与其相似，只是以㶲值取代能量值。

一、"三箱"分析法

"三箱"分析法是指根据系统、各组成单元或设备在工艺过程中的能耗状况不同，分别采用黑箱分析模型、白箱分析模型和灰箱分析模型对系统及主要耗能设备的用能状况进行评价。其主要优点是，可以准确判断系统或设备的用能薄弱环节，并据此提出改进建议。

（一）黑箱分析模型

黑箱分析是指将分析对象（系统、子系统或设备）视为由"不透明"的边界所包围的体系，通过相关参数计算输入、输出体系的物流或能流的值，进而获得体系的供给能（㶲）、有效能（㶲）及能（㶲）损失的一种分析方法。

以实线表示体系的"不透明"边界，以带实线箭头的能（㶲）流线表示输入能（㶲）流 E_{in}（E_{xin}）、输出的能（㶲、炃）流 E_{out}（E_{xout}、E_{xlout}），以虚线箭头表示系统内转化能量 E_{lin} 或所有不可逆过程集合的总㶲损失 E_{xlin}，并在各能（㶲）流线上标出能（㶲）流符号，这样就构成了一个"黑箱模型"，如图 3-6 所示。

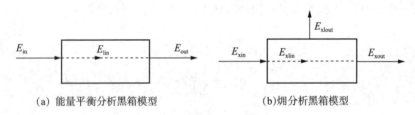

（a）能量平衡分析黑箱模型　　　　　　（b）㶲分析黑箱模型

图 3-6　工程能量分析黑箱模型

据黑箱模型得到的能量（㶲）平衡方程为

$$E_{in} = E_{lin} + E_{out} \qquad (3-22-a)$$
$$E_{xin} = E_{xout} + E_{xlin} + E_{xlout} \qquad (3-22-b)$$

黑箱模型中实线箭头表示的能（㶲）流值，包括工质流入、流出体系带入和带出的能（㶲）流，以及体系与环境之间交换的能（㶲）流，是可以通过仪表直接测出的数据计算出来的，而虚线箭头表示的能（㶲）损值，则是依据上述的能流值计算间接得来的。式（3-22）表明，只要借助于输入、输出子系统的能（㶲）流信息，而不必剖析系统内部过程，即可获得反映系统用能过程的宏观特性，这是黑箱模型的一个突出优点。

由黑箱模型分析可得到以下几项分析结果：

（1）体系的能量利用率（㶲效率）和热力学完善度；

（2）体系外部总能（㶲）损失系数及各分项能（㶲）损失系数；

（3）体系内部的总能（㶲）损失系数。

黑箱分析模型适用于系统、子系统或设备（如油气储运系统常用设备——离心泵）的评价分析。

离心泵需要评价的是外界供给机械能向物流机械能的转换利用情况。设离心泵输入能为机械能 W，输出的有效能是工质流出时所带的机械能 E_{ef}。离心泵能量损失包括摩阻损失、冲击损失等泵内机械能转换损失 E_{lin}，和外部泄漏能量损失 E_{ld}，由此得离心泵的黑箱模型如图 3 –7 所示。

据图 3 –7 的黑箱模型列出离心泵的能量平衡方程为

$$W = (E_{ef} - E_{w,in}) + E_{lin} + E_{ld} \quad (3-23)$$

式中，$E_{ef} - E_{w,in} = E_{efc}$ 为有效耗能，对于单位时间而言就是离心泵的有效功率。式（3 –23）可改写为

$$W = E_{efc} + E_{lin} + E_{ld} \quad (3-24)$$

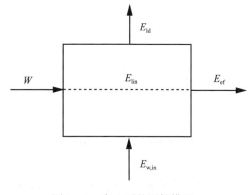

图 3 –7　离心泵的黑箱模型

离心泵的能量利用率为

$$\eta = \frac{E_{efc}}{W} \times 100\% \quad (3-25)$$

外部能损失系数为

$$\lambda_{cout} = \frac{E_{ld}}{W} \quad (3-26)$$

内部能损失系数为

$$\lambda_{cin} = \frac{E_{lin}}{W} \quad (3-27)$$

（二）白箱分析模型

白箱分析是将分析对象看作是由"透明"的边界所包围的系统，从而可以对系统内的各个用能过程逐个进行解剖，计算出各过程的能量(㶲)损失的一种分析方法。除需计算输入、输出体系能流(㶲)值外，还需计算体系各个能量传递和转换过程的能量(㶲)损失。

白箱模型的表示方法如下：以虚线表示体系的边界，以带箭头的能(㶲)流线表示输入、输出的能(㶲)流，对其中属于外部的能(㶲)损失，在能(㶲)流线上标黑点。对于㶲分析，体系内存在的内部㶲损失用在㶲流上标圆圈表示。系统内、外各过程的相互关系，以能(㶲)流线的串、并联表示；在各相应的部位标出能(㶲)流和能(㶲)损失符号。这样，就构成了一个完整的白箱模型。这样的模型可以将系统内外的用能状况，在模型中清楚的显示出来。以㶲分析为例，图 3 –8 所示为工程㶲分析的通用白箱模型。

图中进入体系的㶲流为 $E_{xin} = \sum_i E_{xini}$；离开体系的㶲流为 $E_{xout} = \sum_i E_{xouti}$；体系内部㶲损失为 $E_{xlin} = \sum_i E_{xlini}$。对于㶲分析，离开体系的还有外部㶲损失为 $E_{xlout} = \sum_i E_{xlouti}$。据白箱模型的㶲平衡方程为

$$\sum_i E_{xini} = \sum_i E_{xouti} + \sum_i E_{xlini} + \sum_i E_{xlouti} \quad (3-28)$$

白箱分析除了可以获得黑箱分析的全部结果外，还可以计算出体系内各用能过程的能(㶲)损失系数。据此即可揭示出体系内用能不合理的环节，这是白箱分析优于黑箱分析的特点。

（三）灰箱分析模型

系统灰箱模型主要用于系统整体用能状况的评价及系统中薄弱环节(设备)的判别。灰箱分析模型是将分析对象视为由"半透明"的边界所包围的体系，对象内的子系统或设备均

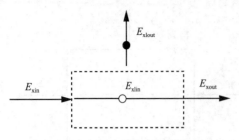

图3-8 工程㶲分析的通用白箱模型

视为黑箱，黑箱之间以能(㶲)流线连接起来形成网络。因此灰箱模型实际上是一种黑箱网络模型。

1. 简单灰箱模型

串联模型与并联模型是灰箱模型的两种基本模型，称为简单灰箱模型。

1)黑箱串联网络模型(串联模型)

若系统中的所有设备都是由主能(㶲)流线或主物流线串联起来的，该系统就可以表示为串联网络模型。系统中供给能(㶲)的加入方式有两种，一种是供给能(㶲)仅从始端加入的系统，称之为简单串联系统；另一种是供给能(㶲)由多个单元同时加入的系统，称之为复杂串联系统。

2)黑箱并联网络模型

一个由多台设备组成的系统，各台设备的主物流线或主能(㶲)流线都是互相平行而不相交，且各台设备的输出有效能(㶲)最终又汇集一起后再向外输出的系统，叫做并联网络系统。当将系统内所有设备都视为黑箱，组成灰箱模型时，就构成黑箱并联网络模型。工程上并联系统比较普遍，如由多台锅炉向一条蒸汽母管输汽的供热系统，由多台压气机向一个气柜输气的压缩空气系统等，都是常见的并联系统。

2. 复杂灰箱模型

实际生产系统中的设备连接不会是单纯的串联和并联关系，而是串联、并联都存在的混联形式。与混联系统相应的分析模型称为复杂灰箱模型。按照串联与并联的组合方式，复杂灰箱模型分为三种形式。

1)规则并、串组合模型

并、串组合模型是一种先并联成组，再各组串联的分析模型。如果这种模型还符合下列两个条件，则称之为规则并、串组合模型。这两个条件是：①各并联组的串联线就是系统的主物流线或主能(㶲)流线；②供给能(㶲)仅由系统的始端并联组一次加入，外界不再给中间并联组加进供给能(㶲)。

2)规则串、并组合模型

串、并组合模型是一种先串联成组，再各组并联而成的分析模型。如果这种组合模型中的各串联组都是简单串联模型，称之为规则串、并组合模型。

上述两种都是属于规则混联模型。

3)不规则混联模型

生产上完全规则的系统并不多，更多的是不规则的串、并联或并、串联系统，相应的分析模型为不规则混联模型。

所谓"不规则"一般是指下列两种情况，一种是供给能(㶲)加入部位不规则，不像规则混联那样只是在系统的始端加入，而是在系统的中间部位(并联组成或串联设备)也加入；另一种是连接方式不规则，既非并、串组合，也非串、并组合，而是一种无规则的混乱连接。据此可将不规则混联模型分为以下三种。

(1)不规则并、串组合模型。这类模型与规则并、串组合模型的区别是，供给能除了从系统始端并联组加入外，在系统中间某些并联组的某些设备也有共给能加入。

（2）不规则串、并组合模型。当串、并组合模型中的串联组不是简单串联系统，而是在系统某些串联组中某些中间设备也有供给能（㶲）加入，便构成由多个复杂串联系统并联而成的不规则串、并组合系统，与这种系统相应的是不规则串、并组合模型。

（3）无规则混乱连接模型。凡不遵守有规则组合和不规则串、并或并、串组合的系统，统称为无规则混乱连接系统（或复杂连接系统）。与之相应的是复杂连接模型（或无规则混乱连接模型）。需要指出，这种"无规则"仅仅是指能（㶲）流的走向及其与设备之间的关系不符合前述几种模型的规则，而不是指工艺流程。从工艺的观点看，任何生产系统的组成都是有规则的。

运行能量分析的原始数据都是由现场实测取得的，但在实测过程中有很多因素会直接影响测试数据的准确性，测量误差必然反映到分析结果中。

（四）"三箱"分析法的应用

对于实际的生产过程，可将其划分为系统、子系统及设备组成的复杂系统，其用能分析过程如图 3-9 所示。

图 3-9　系统用能分析过程
S—灰箱模型；B—黑箱模型；W—白箱模型

具体分析过程如下：

（1）建立装置（系统）的灰箱用能分析模型，对装置进行计算分析，以评价装置（系统）的整体用能水平，判别用能不合理的子系统；

（2）根据各个子系统的不同能耗状况，分别建立灰箱模型（S）和（或）黑箱模型（B），分析其用能情况，原则上对薄弱环节采用灰箱分析，对一般环节采用黑箱分析；

（3）进行灰箱分析的子系统中的设备，视用能水平的差异分别进行白箱（W）和黑箱（B）分析。对其中用能较差的设备进行白箱分析，其余设备或设备群（组）进行黑箱分析。据分析计算结果对设备进行评价，找出用能薄弱部位。

在上述一般性分析思路的应用过程中，如果被考察生产系统是一个由多环节、众多设备组成的复杂能量系统，对这样的系统进行运行能量分析，如何判别分析结果的准确性和可靠性的问题，就显得更为重要。就生产系统而言，解决这一问题的方法是以正、反能量（㶲）平衡概念为依据，采取适合于生产系统的"两箱"工程能量分析法，简称"两箱"分析法，即同时应用两种方法，再结合两种分析结果得出结论。

适用于装置或系统的是"黑箱-灰箱"分析法。对于系统的"黑箱-灰箱"分析法，首先是建立系统黑箱模型的能量（㶲）平衡方程，计算正平衡热（㶲）效率和总能（㶲）损失系数；其次建立系统灰箱模型的能量（㶲）平衡方程，计算反平衡热（㶲）效率和总能（㶲）损失系数；最后通过系统热（㶲）效率偏差、系统热（㶲）效率偏差率、能（㶲）损失系数偏差和能（㶲）损失系数偏差率检验系统分析结果可靠性。

同样对于用能较差的单体设备，需重点考察能量利用情况时，为了提高计算结果的准确性，也以正、反㶲平衡概念为依据，采取适合于单体设备的"两箱"分析法的㶲分析方法"黑

箱 – 白箱"分析法。首先建立设备黑箱模型的能(㶲)平衡方程,计算正平衡热(㶲)效率;其次建立设备白箱模型的能量(㶲)平衡方程,计算反平衡热(㶲)效率和总能(㶲)损失系数;最后通过设备热(㶲)效率偏差、系统热(㶲)效率偏差率、能(㶲)损失系数偏差和能(㶲)损失系数偏差率检验系统分析结果可靠性。

工业上广泛使用的各种加热炉、锅炉等产热设备的能量分析属于复杂能量设备的能量分析。按照对产热设备能量分析的不同要求,可以选用"黑箱 – 白箱"分析法。

现以原油直接式加热炉为例。要说明的是这里的加热炉只包括加热炉本体,即烟道、风道和原油进出口管道,而燃料油泵、送风机等辅机不计在内。

1. 黑箱分析

在原油加热炉中,燃料带入热量(㶲)就是设备的供给能(㶲)。输出有效能(㶲)为原油流出设备所携带的热量(热㶲)。

加热炉的外部能量(㶲)损失主要源于设备排出的各种燃烧产物,如烟气、灰渣、不完全燃烧产物等,统称排泄能(㶲)损失。此外,还有散热热(㶲)损失也是加热炉不可忽视的一种外部能量(㶲)损失。加热炉内部能量主要为热量的定形态转换和传递,内部能量损失可忽略,但转换和传递过程中存在着内部㶲损失。

据上分析可以建立加热炉的通用黑箱模型,如图 3 – 10 所示,可得加热炉能量平衡方程和㶲平衡方程

$$Q_f = Q_{ef} - Q_{w,in} + Q_{ls} + Q_{ld} \tag{3 – 29 – a}$$

$$E_{xf} = E_{xef} - E_{xw,in} + E_{ls} + E_{xld} + E_{xlin} \tag{3 – 29 – b}$$

式中 Q_f、E_{xf}——由每 kg 燃料带入加热炉的热量、热㶲,kJ/kg;

   $Q_{w,in}$、$E_{xw,in}$——原油带入加热炉的热量、热㶲,kJ/kg;

   Q_{ef}、E_{xef}——原油带出加热炉的热量、热㶲,kJ/kg;

   Q_{ls}、E_{ls}——加热炉散热损失、散热㶲损失,kJ/kg;

   Q_{ld}、E_{xld}——加热炉的排泄能损失、排泄㶲损失,kJ/kg;

   E_{xlin}——加热炉的内部㶲损失,kJ/kg。

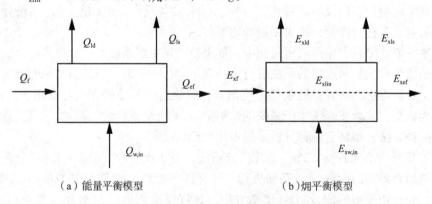

(a)能量平衡模型   (b)㶲平衡模型

图 3 – 10   加热炉黑箱模型

燃料带入热量(㶲)$Q_f(E_{xf})$ 一般包含进入炉内的燃料化学热(㶲),燃料物理热(㶲),雾化蒸汽带入热量(㶲)以及炉以外的热源预热空气时带入热量(㶲)。

设每小时进入加热炉的原油质量为 G,每小时供给加热炉的燃料为 B,原油进、出加热

炉的温度为 t_1、t_2，相应原油的等压比热容为 c_{p1}、c_{p2}，则原油带入、带出加热炉的热量（热㶲）$Q_{w,in}(E_{xw,in})$、$Q_{ef}(E_{xef})$ 为

$$Q_{w,in} = \frac{G}{B}c_{p1}(t_1 - t_0), \quad E_{xw,in} = \frac{G}{B}c_{p1}\left[(T_1 - T_0) - T_0\ln\frac{T_1}{T_0}\right] \qquad (3-30)$$

$$Q_{ef} = \frac{G}{B}c_{p2}(t_2 - t_0), \quad E_{xef} = \frac{G}{B}c_{p2}\left[(T_2 - T_0) - T_0\ln\frac{T_2}{T_0}\right] \qquad (3-31)$$

则有效利用热（㶲）为

$$Q_{efc} = \frac{G}{B}c_p(t_2 - t_1), \quad E_{xefc} = \frac{G}{B}c_p\left[(T_2 - T_1) - T_0\ln\frac{T_2}{T_1}\right] \qquad (3-32)$$

式中　t_0——环境温度，℃；

c_p——原油平均比热容。

加热炉的外部热（㶲）损失由以下几项组成：

1）排烟热（㶲）损失

由于烟气离开加热炉排入大气时，其温度比进入加热炉的空气温度高很多，此时排烟所带走的热量（㶲）叫做排烟热（㶲）损失。

（1）排烟热损失

影响排烟热损失的主要因素是排烟温度和排烟容积。排烟热损失 Q_{py} 可通过下式计算：

$$Q_{py} = V_{py}c_y(\vartheta_{py} - t_0)\left(1 - \frac{q_4}{100}\right) \qquad (3-33-a)$$

$$q_{py} = \frac{Q_{py}}{Q_f} \times 100\% \qquad (3-33-b)$$

式中　　　V_{py}——排烟量，Nm^3/kg；

ϑ_{py}、t_0——排烟温度、环境温度，℃；

c_y——烟气的比热容，$kJ/(Nm^3 \cdot ℃)$；

q_{py}——排烟热损失在供给热中所占的比例，%；

$\left(1 - \frac{q_{gs}}{100}\right)$——考虑燃料有部分未燃烧而生成烟气，对所生成烟气容积的修正，燃料为气体时，此项等于1。

在能量平衡试验中，也可以用下列经验公式计算排烟热损失：

$$q_{py} = (m + n\alpha_{py})\frac{\vartheta_{py} - t_0}{100}\left(1 - \frac{q_{gs}}{100}\right) \qquad (3-34)$$

式中　m、n——计算系数，随燃料种类而异，对于机械雾化重油：$m = 0.5$，$n = 3.45$。

（2）排烟㶲损失

加热炉烟气排出时，有热㶲和扩散㶲。因排烟温度一般控制在200℃以下，因此热㶲所含比例常小于扩散㶲。但扩散㶲很难利用，因此，可简单地把处于环境温度和环境压力下原成分烟气的㶲视为零，则排烟㶲损失 E_{xpy} 可据式（3-34）计算：

$$E_{xpy} = V_{py}c_y\left[(\vartheta_{py} - t_0) - (t_0 + 273)\ln\frac{\vartheta_{py} + 273}{t_0 + 273}\right]\left(1 - \frac{q_4}{100}\right) \qquad (3-35)$$

2）气体不完全燃烧热（㶲）损失

气体不完全燃烧热损失又称化学不完全燃烧热损失，是由于部分一氧化碳、氢、甲烷等

可燃气体未完全燃烧放热随烟气排出所造成的损失。

影响气体不完全燃烧热损失大小的因素主要如下。

(1)炉子结构。炉膛高度不够或炉膛体积太小，烟气流程过短，使烟气中一些可燃气体未能燃尽而离开炉子，增大气体不完全燃烧热损失。当炉内水冷壁布置过多时，会使炉膛温度过低，不利于燃烧反应，也会增大气体不完全燃烧热损失。

(2)燃料特性。一般挥发分高的燃料，在其他条件相同时，气体不完全燃烧热损失相对要大一些。

(3)燃烧方式。炉子的过量空气系数、二次风的引入和分布、炉内气流的混合与扰动、过量气体系数 α 取得过小或过大以及负荷增加等都影响气体不完全燃烧热损失的大小。

用烟气分析方法测出烟气中各未燃烧可燃气体的体积，分别与它们的容积发热量相乘后计算出的总和即为气体不完全燃烧热损失 Q_{ql}，其计算公式如下：

$$Q_{ql} = (12640V_{CO} + 10800V_{H_2} + 35820V_{CH_4})\left(1 - \frac{q_{gl}}{100}\right) \qquad (3-36-a)$$

$$= V_{gy}(126.4CO + 108H_2 + 358.2CH_4)\left(1 - \frac{q_{gl}}{100}\right)$$

$$q_{ql} = \frac{Q_{ql}}{Q_f} \times 100\% \qquad (3-36-b)$$

式中 V_{CO}、V_{H_2}、V_{CH_4}——1kg 燃料燃烧后生成的烟气中 CO、H_2、CH_4 的容积，Nm^3/kg；

12640、10800、35800——CO、H_2、CH_4 气体的容积发热量，kJ/Nm^3；

V_{gy}——1kg 燃料燃烧后生成的干烟气容积，$V_{gy} = \dfrac{1.866(C^y + 0.375S^y)}{RO_2 + CO}$，$Nm^3/kg$；

CO、H_2、CH_4——干烟气中 CO、H_2、CH_4 的体积分数，由能量平衡试验通过烟气分析仪测得。由于实际运行中，烟气中 H_2、CH_4 的含量极少，可忽略不计。

气体不完全燃烧㶲损失的计算式为

$$E_{xqs} = V_{gy}(114.72CO + 103.83H_2 + 356.72CH_4)\left(1 - \frac{q_{gl}}{100}\right) \qquad (3-37)$$

式中 11472、10383、35672——CO、H_2、CH_4 气体在标准状态下的化学㶲，kJ/Nm^3。

3)固体不完全燃烧热(㶲)损失

固体不完全燃烧热损失是由进入炉膛的燃料中有一部分没有参与燃烧而被排出炉外所造成的损失。燃油锅炉的碳不完全燃烧产物是一些可燃的固体粒子，包括油气热分解后产生的炭黑以及未燃尽油滴残留的固体状态的焦粒。

固体不完全燃烧热损失 Q_{gl} 可按下式计算：

$$Q_{gl} = 32866V_{gy}\mu_{th} \times 10^{-6} \qquad (3-38-a)$$

$$q_{gl} = \frac{Q_{gl}}{Q_f} \times 100\% \qquad (3-38-b)$$

$$\mu_{th} = \frac{G_{th}}{V_{bz} \cdot \tau} \qquad (3-38-c)$$

式中 V_{gy}——在取样断面处，每燃烧 1kg 燃油所产生的干烟气体积，Nm^3/kg；

μ_{th}——炭黑浓度，mg/Nm^3；

32866——每 kg 纯炭的发热量，kJ/kg。

G_{th}——经取样测出的炭黑量，mg；

V_{bz}——在标准状态下的干烟气量，Nm^3/h；

τ——取样时间，h。

由此而产生的固体不完全燃烧㶲损失，可按下式计算：

$$E_{xgl} = 33453 V_{gy}\mu_{th} \times 10^{-6} \qquad (3-39)$$

式中 33453——每 kg 纯炭的化学㶲，kJ/kg。

4）散热（㶲）损失

散热损失是炉体表面温度高于周围环境温度，通过自然对流和辐射将热量散失于环境中所形成的热损失。其大小可按下式计算：

$$Q_{ls} = \frac{\sum F_s \alpha_s (t_b - t_0)}{B} \qquad (3-40)$$

式中 $\sum F_s$——加热炉散热表面积，m^2；

α_s——加热炉散热表面的放热系数，是对流放热系数与辐射放热系数之和，$W/(m^2 \cdot ℃)$；

t_b——加热炉散热表面的平均温度，℃。

由于加热炉外壁表面积的准确测量比较困难，所以在能量平衡试验中，各型加热炉散热损失占供给热的百分比通常可按经验值 3%～6% 计算。严密性好的加热炉取低值，否则取高限。

散热㶲损失 E_{xls} 可由下式计算：

$$E_{xls} = Q_{ls}\left[1 - \frac{T_0}{T_b - T_0}\ln\frac{T_b}{T_0}\right] \qquad (3-41-a)$$

$$T_b = t_b + 273 \qquad (3-41-b)$$

式中各符号含义同前。

2. 白箱分析

由于加热炉内部进行着多种不可逆过程，白箱分析的目的旨在查清其中㶲损率高而又有降低可能的环节。加热炉内部不可逆㶲损主要有燃烧㶲损、传热㶲损、油盘管流动阻力㶲损失等，其中前两项占主导位置，其余可略。

1）燃烧㶲损失

燃料在炉膛燃烧时，由于燃烧反应的不可逆性，燃烧过程会产生燃料㶲的损失 E_{xlr}，可用下式计算：

$$E_{xlr} = E_{xf} - E_{xcw} \qquad (3-42-a)$$

$$E_{xcw} = Q_f\left(1 - \frac{q_{ql} + q_{gl}}{100}\right)\left(1 - \frac{T_0}{T_{ll} - T_0}\ln\frac{T_{ll}}{T_0}\right) \qquad (3-42-b)$$

式中 E_{xcw}——燃烧产物㶲，kJ/kg 或 kJ/Nm^3；

T_{ll}——炉膛的理论燃烧温度，$T_{ll} = \frac{Q_{dw}^y + i_f}{V_y c_y} + 273$，单位为 K，也可根据燃料种类、过

量空气系数及预热情况从相关表格查取。

2)传热㶲损失

在加热炉工质吸收有效热量的传热过程中，会产生传热㶲损失 E_{xlc}。

$$E_{xlc} = Q_{ef}\left(\frac{1}{T_m} - \frac{1}{T_s}\right)T_0 \qquad (3-43)$$

式中　Q_{ef}——原油获得的有效热，kW。

传热㶲损失可以分为辐射室传热㶲损失和对流室传热㶲损失。

其他㶲流项与黑箱模型相同。由此可建立加热炉的通用白箱分析模型如图 3-11 所示。

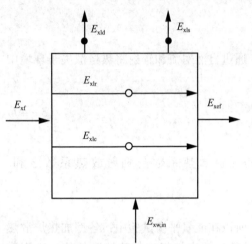

图 3-11　加热炉的通用白箱模型

据图 3-11 的分析模型，加热炉的㶲平衡方程可以表示为

$$E_{xf} = E_{xef} - E_{xw,in} + E_{xlr} + E_{xls} + E_{xld} + E_{xls} \qquad (3-44)$$

3. 加热炉的热(㶲)效率

加热炉热(㶲)效率是指加热炉供给能量(㶲)在加热炉中被有效利用的程度，有正平衡热(㶲)效率和反平衡热(㶲)效率之分。正平衡(㶲)热效率等于有效利用热(㶲)占供给总热量(㶲)的百分比，计算公式如下。白箱分析㶲效率的计算式与黑箱分析相同。

$$\eta_{正} = \frac{Q_{efc}}{Q_f} \times 100\% \qquad (3-45)$$

$$\eta_{x正} = \frac{E_{xefc}}{E_{xf}} \times 100\% \qquad (3-46)$$

由于正平衡热(㶲)效率的计算仅能给出设备效率的大小，不能说明热(㶲)效率高低的原因，并需要燃料和物料的精确计量及相关的物性参数，在实际工作中有一定的难度，故通常计算加热炉的反平衡热(㶲)效率，其反平衡热效率计算式为

$$\eta_{反} = 1 - \frac{Q_{ld} + Q_{ls}}{Q_f} \times 100\% \qquad (3-47)$$

反平衡㶲效率通常依据白箱分析结果得出

$$\eta_{x反} = 1 - \frac{E_{xlr} + E_{xlc} + E_{xls} + E_{xld}}{E_{xf}} \times 100\% \qquad (3-48)$$

反平衡计算的过程和结果，比较直观地反映加热炉各项热(㶲)损失数值，也便于分析造成热(㶲)损失的原因，故反平衡法在工程上得到广泛的应用。一般认为，当两种正反平衡计算方法得到的热效率、㶲效率偏差不大于 ±5% 时，可认为测定是准确的，否则重新测定。

加热炉设备运行时，本身常消耗一定的电能(如送风机、引风机等设备的电动机用电)和蒸汽(蒸汽雾化重油等)，在全面考核加热炉热(㶲)效率及在不同加热炉之间比较时，应考虑这部分能量。

通常所指的加热炉效率包含了设备自用的能量消耗，故称为毛效率。若在毛效率基础上扣除加热炉自用汽和电能消耗，这样求得的效率称为净效率。

【例3-1】以实际原油加热炉能量平衡测试结果计算加热炉的热效率与㶲效率。有关测试记录数据如下：

原油加热炉热负荷 $Q = 40 \times 10^6 \text{kJ/h}$

燃料为天然气原油，低位发热量 $Q_{dw}^y = 38613 \text{kJ/Nm}^3$

燃油元素分析成分：$C^y = 82.6$，$H^y = 11.68$，$O^y = 0.2$，$S^y = 0.5$，$A^y = 0.02$，$W^y = 5$

排烟温度 $\vartheta_{py} = 280℃$，炉外壁温度 $t_b = 80℃$

烟气成分分析：$CO = 0.35\%$，$H_2 = 0.10\%$，$CH_4 = 0.09\%$，$RO_2 = 13.2\%$，$O_2 = 5.1\%$

燃料入炉温度 $t_r = 100℃$

空气入炉温度 $t_k = 20℃$

原油流量 $G = 713560 \text{kg/h}$

原油进、出炉温度 $t_1 = 38℃$、$t_2 = 50℃$

原油密度 $\rho_{20} = 0.8675 \text{kg/m}^3$

燃料消耗量 $B = 550 \text{kg/h}$

解： ①基本计算

排烟处过剩空气系数，可按下式计算

$$\alpha_{py} = \cfrac{21}{21 - 79 \times \cfrac{O_2 - 0.5(CO + H_2) - 2CH_4}{100 - (RO_2 + O_2 + CO + H_2 + CH_4)}}$$

$$= \cfrac{21}{21 - 79 \times \cfrac{5.1 - 0.5 \times (0.35 + 0.1) - 2 \times 0.09}{100 - (13.2 + 5.1 + 0.35 + 0.1 + 0.09)}}$$

$$= 1.28$$

理论空气量，可按下式计算

$$V_k^0 = \frac{1}{0.21}\left(1.866\frac{C^y}{100} + 0.7\frac{S^y}{100} + 5.55\frac{H^y}{100} - 0.7\frac{O^y}{100}\right)$$

$$= 0.0889(C^y + 0.375S^y) + 0.265H^y - 0.0333O^y$$

$$= 0.0889 \times (82.6 + 0.375 \times 0.5) + 0.265 \times 11.68 - 0.0333 \times 0.2$$

$$= 10.45 \quad \text{Nm}^3/\text{kg}$$

实际烟气量，可按下式计算

$$V_y = 1.866\frac{C^y + 0.375S^y}{RO_2 + CO} + 0.111H^y + 0.0124W^y + 0.0161\alpha_{py}V_k^0$$

$$= 1.866 \times \frac{82.6 + 0.375 \times 0.5}{13.2 + 0.35} + 0.111 \times 11.68 + 0.0124 \times 5 + 0.0161 \times 1.28 \times 10.45$$

$$= 13 \quad \text{Nm}^3/\text{kg}$$

根据碳、硫元素平衡，得到干烟气量的计算式

$$V_y = 1.866\frac{C^y + 0.375S^y}{RO_2 + CO} = 1.866 \times \frac{82.6 + 0.375 \times 0.5}{13.2 + 0.35} = 11.4 \quad \text{Nm}^3/\text{kg}$$

原油在15℃的密度为

$$\rho_{15} = \rho_{20} - \beta(t - 20) = 867.5 - 0.686 \times (15 - 20) = 871 \quad \text{kg/m}^3$$

原油的平均温度为 $\bar{t} = (t_1 + t_2)/2 = (38 + 50)/2 = 44℃$

原油的比热可按下式计算得出

$$c_p = \frac{4.1868}{\sqrt{\rho_{15}/1000}}(0.403 + 0.00081\bar{t})$$

$$= \frac{4.1868}{\sqrt{871/1000}}(0.403 + 0.00081 \times 44) = 1.968 \quad kJ/(kg \cdot ℃)$$

②能量平衡计算

以计算 $1Nm^3$ 天然气为计算基准。

有效利用热量，据式(3-32)得

$$Q_{efc} = \frac{G}{B}c_p(t_2 - t_1)$$

$$= \frac{713560}{550} \times 1.968 \times (50 - 38) = 30639 \quad kJ/kg$$

供给热量计算：

燃料油的比热容，可据下式计算得到

$$c_{ar} = 1.74 + 0.0025t_r = 1.74 + 0.0025 \times 100 = 1.99 \quad kJ/(kg \cdot ℃)$$

燃料油的物理显热，可据下式计算得到

$$i_f = c_{ar}(t_f - t_0) = 1.99 \times (100 - 20) = 159 \quad kJ/kg$$

由于入炉空气未预热，且雾化蒸汽焓值相对燃料热值很小可略，所以

$$Q_f = Q_{dw}^y + i_f = 38613 + 159 = 38772 \quad kJ/kg$$

正平衡热效率为

$$\eta_{正} = \frac{Q_{efc}}{Q_f} \times 100\% = \frac{30639}{38772} \times 100\% = 79\%$$

排烟热损失及损失率：

在排烟温度下烟气的比热容查得

$$c_y = 1.419 \quad kJ/(Nm^3 \cdot ℃)$$

由于忽略固体不完全燃烧损失，$q_{gl} = 0$

$$Q_{py} = V_{py}c_y(\vartheta_{py} - t_0)\left(1 - \frac{q_{gl}}{100}\right)$$

$$= 13 \times 1.419 \times (280 - 20) = 4796.2 \quad kJ/kg$$

$$q_{py} = \frac{Q_{py}}{Q_f} \times 100\% = \frac{4796.2}{38772} \times 100\% = 12.4\%$$

气体不完全燃烧热损失及损失率

$$Q_{ql} = V_{gy}(126.4CO + 108H_2 + 358.2CH_4)\left(1 - \frac{q_{gl}}{100}\right)$$

$$= 11.4 \times (126.4 \times 0.35 + 108 \times 0.10 + 358.2 \times 0.09)$$

$$= 994.76 \quad kJ/kg$$

$$q_{ql} = \frac{Q_{ql}}{Q_f} \times 100\% = \frac{994.76}{38772} \times 100\% = 2.6\%$$

散热损失率按经验取值为 $q_{ls} = 3\%$。

反平衡热效率

$$\eta_{正} = 100\% - (q_{py} + q_{ql} + q_{ls}) = 100\% - (12.4 + 2.6 + 3) = 82\%$$

加热炉正、反平衡热效率误差

$$\frac{79 - 82}{79} = -3.8\% < \pm 5\%$$

所以，原油加热炉能量平衡测试有效。

③㶲平衡计算

加热炉的理论燃烧温度为

$$t_{ll} = \frac{Q_{dw}^y + i_f}{V_y c_y} = \frac{38772.2}{13 c_y}$$

由于烟气的比热容是温度的函数，故上式用逐次渐进法求出理论燃烧温度为

$$t_{ll} = 1792 \, ℃, \quad T_{ll} = 2065K$$

原油加热炉的㶲平衡方程式为

$$E_{xf} = E_{xefc} + E_{xlin} + E_{xlout}$$

有效㶲的计算为

$$E_{xefc} = Q_{efc}\left(1 - \frac{T_0}{T_2 - T_1}\ln\frac{T_2}{T_1}\right) = 30639 \times \left(1 - \frac{293}{323 - 311}\ln\frac{323}{311}\right) = 2328.6 \quad kJ/kg$$

供给㶲的计算：

燃料油的物理显㶲为

$$E_{xfp} = c_{ar}(t_f - t_0)\left(1 - \frac{T_0}{T_f - T_0}\ln\frac{T_f}{T_0}\right)$$

$$= 1.99 \times (100 - 20)\left(1 - \frac{293}{373 - 293}\ln\frac{373}{293}\right) = 18.47 \quad kJ/kg$$

燃料油的化学㶲为

$$E_{xfc} = Q_{dw}^y\left(1.0036 + 0.1365\frac{H^y}{C^y} + 0.0308\frac{O^y}{C^y} + 0.0104\frac{S^y}{C^y}\right)$$

$$= 38613 \times \left(1.0036 + 0.1365 \times \frac{11.69}{82.6} + 0.0308 \times \frac{0.2}{82.6} + 0.0104 \times \frac{0.5}{82.6}\right)$$

$$= 39503.3 \quad kJ/kg$$

因为供入空气㶲值为 0，所以

$$E_{xf} = E_{xfp} + E_{xfc} = 18.47 + 39503.3 = 39521.7 \quad kJ/kg$$

加热炉正平衡㶲效率

$$\eta_{x正} = \frac{E_{xefc}}{E_{xf}} \times 100\% = 5.9\%$$

加热炉各项㶲损失及㶲损失率的计算：

燃料产物㶲为

$$E_{xcw} = Q_f\left(1 - \frac{q_{ql} + q_{gl}}{100}\right)\left(1 - \frac{T_0}{T_{ll} - T_0}\ln\frac{T_{ll}}{T_0}\right)$$

燃烧㶲损失及㶲损失率为

$$E_{xlr} = E_{xf} - E_{xcw} = 39521.8 - 26253.3 = 13268.5 \quad kJ/kg$$

$$\lambda_{lr} = \frac{E_{xlr}}{E_{xf}} \times 100\% = \frac{13268.5}{39521.8} \times 100\% = 33.6\%$$

传热不可逆㶲损失及㶲损失率为

$$E_{xlc} = Q_{efc}\left(\frac{T_0}{T_2 - T_1}\ln\frac{T_2}{T_1} - \frac{T_0}{T_{ll} - T_{py}}\ln\frac{T_{ll}}{T_{py}}\right)$$

$$= 30639 \times \left(\frac{293}{323 - 311}\ln\frac{323}{311} - \frac{293}{2065 - 553}\ln\frac{2065}{553}\right)$$

$$= 20467.8 \quad kJ/kg$$

$$\lambda_{lc} = \frac{E_{xlc}}{E_{xf}} \times 100\% = \frac{20467.8}{39521.8} \times 100\% = 51.8\%$$

气体不完全燃烧㶲损失及㶲损失率为

$$E_{xql} = V_{gy}(114.72CO + 103.83H_2 + 356.72CH_4)\left(1 - \frac{q_{gl}}{100}\right)$$

$$= 11.4 \times (114.72 \times 0.35 + 103.83 \times 0.10 + 356.72 \times 0.09)$$

$$= 942.1 \quad kJ/kg$$

$$\lambda_{ql} = \frac{E_{xql}}{E_{xf}} \times 100\% = \frac{942.1}{39521.8} \times 100\% = 2.4\%$$

排烟㶲损失及㶲损失率为

$$E_{xpy} = V_{py}c_y\left[(\vartheta_{py} - t_0) - T_0\ln\frac{T_{py}}{T_0}\right]\left(1 - \frac{q_{gl}}{100}\right)$$

$$= Q_2\left(1 - \frac{T_0}{T_{py} - T_0}\ln\frac{T_{py}}{T_0}\right) = 4796.2 \times \left(1 - \frac{293}{553 - 293}\ln\frac{553}{293}\right) = 1362.1 \quad kJ/kg$$

$$\lambda_{py} = \frac{E_{xpy}}{E_{xf}} \times 100\% = \frac{1362.1}{39521.8} \times 100\% = 3.5\%$$

散热㶲损失及㶲损失率为

$$E_{xls} = Q_{ls}\left[1 - \frac{T_0}{T_{ll} - T_{py}}\ln\frac{T_{ll}}{T_{py}}\right]$$

$$= 38772 \times 0.03 \times \left(1 - \frac{293}{2065 - 553}\ln\frac{2065}{553}\right)$$

$$= 866.6 \quad kJ/kg$$

$$\lambda_{ls} = \frac{E_{xls}}{E_{xf}} \times 100\% = \frac{866.6}{39521.8} \times 100\% = 2.2\%$$

反平衡㶲效率

$$\eta_{x反} = 1 - \sum\lambda$$

$$= 100\% - (33.6\% + 51.8\% + 3.5\% + 2.4\% + 2.2\%)$$

$$= 6.5\%$$

④能量平衡与㶲平衡结果如表 3 - 2 所示。

表 3 - 2　能量平衡与㶲平衡测算结果汇总

名称			能量平衡		㶲平衡	
			kJ/kg	%	kJ/kg	%
收入项		燃料化学能及化学㶲	38613	99.2	39503.3	99.95
		燃料显热及显㶲	159	0.4	18.47	0.05
		空气物理热及物理㶲	0	0	0	0
		共计	38772	100	39521.8	100
支出项	损失	燃烧过程㶲损失及㶲损失率	—	—	13268.5	33.6
		不完全燃烧热损失、㶲损失及损失率	988.66	2.6	942.1	2.4
		传热过程㶲损失及㶲损失率	—	—	20500.8	51.8
		排烟热损失、㶲损失及损失率	4796.2	12.4	1362.1	3.5
		散热热损失、㶲损失及损失率	1163.2	3	866.6	2.2
		共计	6948.1	18	36940.1	93.5
	有效利用	有效利用能量及㶲　正平衡	30639	79	2328.6	5.9
		反平衡	31823.9	82	2581.7	6.5

⑤对原油加热炉热效率和㶲效率的分析

通过原油加热炉的能量平衡与㶲平衡的计算结果可以看出：

a. 加热炉的热效率为 82% 左右。加热炉的设计炉效都在 90% 以上，可见热效率仍有提升空间，应尽量减少各项热损失，其中导致热损失降低的最主要原因在于排烟热损失。

b. 加热炉㶲效率只有 6.5% 左右。㶲效率低的原因是由于用高品位的燃油去完成一个只要求低品位能量的任务（即将原油由 38℃ 加热到 50℃），导致传热过程中㶲损失率高达 51.8%；此外，燃烧过程的㶲损失也高达 33.6%。可见，提高㶲效率在于降低燃烧过程和传热过程的不可逆性。

c. 负荷率较低。根据有效吸收热量为 31823kJ/kg 左右，燃油消耗量 550kg/h，可知此加热炉运行热负荷为 $17.5×10^6$ kJ/h，由于加热炉设计热负荷为 $40×10^6$ kJ/h，负荷率为 43.7% 左右。

d. 不完全燃烧热损失偏大。加热炉所用燃料为原油，固体部分完全燃烧热损失可忽略不计，气体不完全燃烧热损失过大是导致加热炉实际运行热效率偏低的原因之一。一般而言，设计时化学不完全燃烧热损失不是很大，所有资料都指明该项损失小于 1%，但必须明确这些数值是在燃料充分燃烧的情况下得到的，而加热炉运行时很少能够达到设计条件，因此不完全燃烧热损失必然变化较大。

e. 炉体散热损失热取决于加热炉的保温情况，一般小于 5%。在上例计算中取经验值 3%，但加热炉实际散热损失率可能高于此值。

通过调研和数据统计发现，负荷率太低、传热㶲损和燃烧㶲损高、排烟损失高、散热损失超标、不燃烧损失偏大等也是众多油田及长输管道用加热炉低效运行中极为突出的问题。

二、"三环节"分析法

由于运输、使用方便等原因，生产系统从外界获得供给的能源一般来说都是电能和煤、燃料气、燃料油等含有化学能的燃料，当然在某些系统中也有供给蒸汽或热水的。当外界的供给能形式与系统工艺所要求的用能形式不符时，系统首先将供给能转换成工艺用能所要求的形式，并把工艺利用需要的能量传输到系统的工艺用能单元(或设备)，这就是能量转换和传输环节；然后通过工艺用能单元(或设备)的工艺变化产生系统的工艺介质(或产品)、载能媒体等，这一环节为能量的工艺利用环节；最后，采用各种技术措施将系统的待回收能回收利用，为能量回收环节。因此，整个工艺过程中的用能过程可划分为能量转换和传输环节、能量的工艺利用环节和能量回收环节。

"三环节"分析法的基本原理就是根据各过程设备在工艺过程中的功能不同而划分为能量转换和传输、能量利用和能量回收三个环节，以环节为分析单元，同时又将各环节关联成为一个整体进行能量分析。该方法的突出优点是，能清楚地展示三个环节的用能状况，并能对此进行分析和评价。

下文以能量平衡分析为例，介绍"三环节"分析法在能量分析中的具体应用过程。能量平衡分析的三环节分析模型如图 3-12 所示。

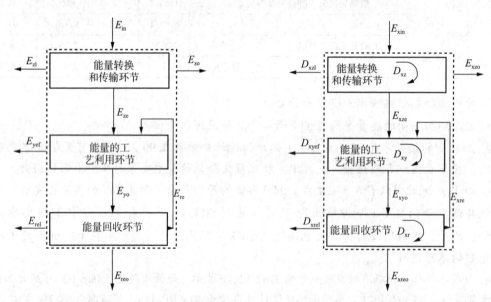

图 3-12　能量平衡分析"三环节"分析模型　　　图 3-13　㶲分析的"三环节"分析模型

(一)能量转换和传输环节

能量转换和传输环节是通过能量转换设备把外界供给的一次能源或二次能源通过转换或传输，将能量按照工艺利用环节要求的形式、数量、品位提供给体系和工艺物流。

一般而言，能量转换和传输环节的输入能量 E_{in} 主要源于：供入燃料、供入焦炭、外供热(包括装置热进料和回收环节回收后用于转换环节的能量)、外供入蒸汽、供入电能、原料化学能等。

而能量转换和传输环节的输出能量则包含三种。

1. 有效供能 E_{ze}

有效供能 E_{ze} 是把供给能按工艺要求用能的形式、品位转换传输后，实际上进入工艺利用环节的能的总和，可简单的由转换和传输环节的守恒关系求得

$$E_{ze} = E_{in} - E_{zo} - E_{zl} \tag{3-49}$$

2. 转换排出能 E_{zo}

转换排出能 E_{zo} 是指把供给能按工艺要求用能的形式、数量、品位转换后排出体系外的能量。

3. 直接损失能 E_{zl}

直接损失能 E_{zl} 是指在转换和传输过程中直接损失、逸入环境的各项能量。它所包含的内容可归纳为物流排弃损失、直接散热损失和无效动力损失。

能量转换和传输环节的评价指标是能量转换效率 η_z。

$$\eta_z = \frac{E_{ze}}{E_{in} - E_{zo}} \times 100\% \tag{3-50}$$

当 E_{zo} 为加热设备输出热量的一部分，或 E_{zo} 为 0 时，有 $\eta_z = 1 - \frac{E_{zl}}{E_{in}}$。

（二）能量的工艺利用环节

能量利用环节是过程能量综合的核心部分。在这个环节中，能量推动着各个单元过程进行运作，在工艺装置中完成由原料到产品的转化。进入能量工艺利用环节，参与完成主要工艺过程的能量总和称为工艺总用能 E_{yin}。其中转化到产品中去的部分为热力学能耗 E_{yef}，其余部分多半表现为工艺装置的产品热能，它们具有良好的回收利用条件，故称待回收能 E_{yo}。能量的工艺利用环节的能量守恒关系为：

$$E_{yin} = E_{yef} + E_{yo} \tag{3-51}$$

从另一个角度，即从来源上看，工艺总用能 E_{yin} 还可以表达为

$$E_{yin} = E_{ze} + E_{re} \tag{3-52}$$

由式（3-53）可见，待回收能的能级比工艺总用能有所降低。

该环节总用能的合理性是影响整个工艺总用能的主要因素。用热效率 η_y 来反映利用环节的能量利用水平。

$$\eta_y = \frac{E_{yef}}{E_{yin}} \times 100\% \tag{3-53}$$

（三）能量回收环节

能量回收环节的工作是回收产品携带的热量，主要由换热过程构成。设备多为各种换热器、冷却器、蒸汽发生器、膨胀机、透平等。随着用能水平的发展，利用高效节能的设备可以把待回收能中的相当大的一部分回收回来。

能量回收过程的输入能量是待回收能 E_{yo}。输出能量有：用于体系内的回收循环能 E_{re}、被回收并用于除本系统工艺利用环节外的回收外供能 E_{reo} 和未能回收而以各种方式排入周围环境中的排出能 E_{rel}。能量平衡关系为

$$E_{yo} = E_{re} + E_{reo} + E_{rel} \tag{3-54}$$

用能量回收率 η_r 反映该环节的能量回收利用水平。

$$\eta_r = \frac{E_{re} + E_{reo}}{E_{yo}} = 1 - \frac{E_{rel}}{E_{yo}} \tag{3-55}$$

通过上述分析可知，对于包含能量转换和传输环节、能量工艺利用环节和能量回收环节的工艺用能系统，如图 3-12 中虚线方框所示，系统的能量平衡方程为

$$E_{in} + E_{re} = E_{yef} + E_{zo} + E_{zl} + E_{reo} + E_{re} + E_{rel} \tag{3-56}$$

由于 E_{zl}、E_{rel} 和 E_{yef} 是系统能量利用过程中单纯的能量消耗项，它们之和用 E_A 表示，E_A

就是系统整个工艺过程的净耗能，带入式(3-56)得：

$$E_A = E_{in} - E_{zo} - E_{reo} \tag{3-57}$$

将表征各过程的能量利用率指标代入式(3-57)，消去 E_{in}、E_{zo}、E_{reo}，得到

$$E_A = E_{yin}[1 - (1 - \eta_y)(\eta_r + \eta_z\eta_r)]/\eta_z \tag{3-58}$$

即为由三个环节效率指标所表示的能量平衡方程。

图 3-13 为㶲分析的三环节分析模型。图中，能量转换和传输环节输入㶲为 E_{xin}，输出㶲包括有效供㶲 E_{xze}、转换输出㶲 E_{xzo}，㶲损失包括转换排弃㶲损失 D_{xzl} 和转换㶲损失 D_{xz}。能量利用环节工艺总用㶲为 E_{xyin}，包括 E_{xzo} 和回收循环㶲 E_{xre}，其中转化到产品中去的㶲差为 D_{xyef}，能利用㶲损失为 D_{xy}，其余部分为待回收㶲 E_{xyo}。能量回收环节输入㶲是待回收㶲 E_{xyo}，输出㶲包括用于体系内的回收循环㶲 E_{xre}、回收外供㶲 E_{xreo}，㶲损失包括内部回收㶲损失 D_{xr} 和外部排弃㶲损失 D_{xrel}。

同理可得，能量转换和传输环节的㶲平衡方程和㶲效率表达式分别为

$$E_{xin} = E_{xze} + E_{xzo} + D_{xzl} + D_{xz} \tag{3-59}$$

$$\eta_{xz} = \frac{E_{xze}}{E_{xin} - E_{xzo}} \times 100\% = 1 - \frac{D_{xzl} + D_{xz}}{E_{xin} - E_{xzo}} \times 100\% \tag{3-60}$$

能量利用环节的㶲平衡方程和㶲效率表达式分别为

$$E_{xyin} = D_{xyef} + E_{xyo} + D_{xy} \tag{3-61}$$

$$\eta_{xy} = \frac{D_{xyef}}{E_{xyin}} \times 100\% \tag{3-62}$$

能量回收环节的㶲平衡方程和㶲效率表达式分别为

$$E_{xyo} = E_{xre} + E_{xreo} + D_{xrel} + D_{xr} \tag{3-63}$$

$$\eta_{xr} = \frac{E_{xre} + E_{xreo}}{E_{xyo}} \times 100\% = 1 - \frac{D_{xrel} + D_{xr}}{E_{xyo}} \times 100\% \tag{3-64}$$

系统㶲平衡方程为

$$E_{xin} + E_{xre} = E_{xzo} + E_{xreo} + E_{xre} + D_{xyef} + D_{xz} + D_{xy} + D_{xr} + D_{xzl} + D_{xrel} \tag{3-65}$$

设 $D_A = D_{xyef} + D_{xz} + D_{xy} + D_{xr} + D_{xzl} + D_{xrel}$，结合三个环节的㶲平衡方程和三个环节的㶲效率指标表达式，得到由三个环节㶲效率指标表示的系统㶲平衡方程

$$D_A = E_{xyin}[1 - (\eta_{xz} - \eta_{xy})(\eta_{xr} + \eta_{xz}\eta_{xr})]/\eta_{xz} \tag{3-66}$$

可见，"三环节"模型的重要性在于将大型的、复杂的用能系统分解成三个子系统，分解后的子系统的变量数目减少，易于优化，所以"三环节"模型是适用于复杂过程系统的严格的、定量的能量结构数学模型。

(四)三环节法的应用

联合站是一个复杂的能量利用系统，采用三环节分析法对其进行能量分析。

1."三环节"划分

(1)能量转换环节。在联合站中，所谓的能量转化与传输无非是将燃料化学能转化为热能，将电能转化为输送油气需要的动能或压力能，其中燃料化学能到热能的转化由加热炉来实现；将电能转化为动能或压力能由泵机组和压缩机组来实现。

(2)能量利用环节。每个联合站都有一个到几个核心的单元工艺过程，如脱水、稳定等，并对应着相应的设备。这些工段或设备单元构成了能量利用环节。

（3）能量回收环节。能量回收环节通常由大量换热过程构成，相应的设备是各种换热器、蒸汽发生器、冷却器等。在联合站中，回收的能量主要为污水的余热和高温外输原油的可利用能。回收循环能用于体系内部，构成工艺总用能的一部分。

2. 联合站能量系统"三环节"分析模型的建立

根据对联合站能量系统"三环节"的划分，建立联合站能量系统的"三环节"分析模型，如图 3 - 14 所示。

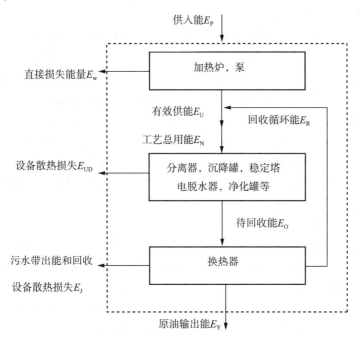

图 3 - 14　联合站能量系统"三环节"分析模型

根据图 3 - 14 所示的集输能量系统"三环节"分析模型，给出联合站能量平衡方程。

$$E_P + E_R = E_{UD} + E_W + E_J + E_Y + E_R \tag{3-67}$$

3. 能量项测算

1）能量转换与传输环节

该环节需统计各单元子系统中加热炉燃料消耗量及燃料低位发热量，记录加热炉实际运行热效率；各个环节耗电设备耗电量和对应泵机组或压缩机组的效率；以及井口来液量、来液压力、油水比和来液物性参数等。这里假定电脱水器将电能转化为电势能，转化效率为 100%。

2）能量利用环节

集输系统工艺环节众多，主要包括油气输送、油气初步分离、原油脱水、原油沉降、原油稳定、原油外输等，因此工艺环节的处理相对复杂。但采用三环节分析法却避免了这一现象。只需要计算工艺环节的主要耗散、待回收能和实际回收量等参数即可。联合站中，主要耗散为联合站中设备和管线的散热，待回收能主要为经脱水处理后污水和原油携带能量之和，实际回收量主要为污水余热回收利用量和外输油换热量之和。

3）能量回收环节

集输系统的能量回收环节比较简单，只需计算产品输出能、回收循环能和排弃能。其中，回收循环能即为上述实际回收量，而产品输出能主要是指原油外输能，排弃能是指冷却介质(水或空气)排弃能、散热排弃能、污水排弃能等排弃能之和。

4. 联合站用能分析

1)能量转化与传输环节用能分析

在能量转化和传输环节中，主要转化和传输设备是加热炉和机泵，能量损失主要包括机泵损失、加热炉热损失两部分，因此决定该环节转化效率的主要是加热炉的热效率和泵机组效率，提高加热炉热效率和泵机组效率是提高该环节转化效率的关键。

2)工艺用能环节用能分析

联合站的工艺环节实际上就是原油的脱水过程，反映该环节能量利用水平的主要指标之一是单位质量工艺总用能。在该环节中，工艺总用能包括三部分：能量转化、传输设备的输入能，井排来液带入能以及污水、原油的回收利用能。能量输出也包括三部分，进入回收系统的污水、污油待回收能，合格原油、天然气输能以及该环节设备的散热量。

假设井排来液带入能一定，则影响该环节指标大小的主要因素是来自能量转化、传输设备的输入能和污水、原油回收能，而污水、原油回收能为零，所以也不予考虑。而来自能量转化、传输设备的输入能由两部分组成，一部分是加热炉提供的工艺总用热能，一部分是泵机组提够的工艺总用动力能。工艺总用热能一小部分通过设备、管线散失到环境中，其余用在原油脱水加热环节和原油稳定外输环节上。

(1)设备、管线的散热

在该环节的散热损失主要来自分水器、沉降罐、电脱水器、净化油罐等。如果各设备的进出口温降大，可以看出设备的散热损失相当大，会严重影响到联合站的热能利用率。

(2)原油脱水加热环节

对进入开发后期的油田而言，原油加热过程中往往存在令人尴尬的情况：即存在对高含水原油加热的现象，这是造成燃料单耗偏大，工艺总用能偏大的主要原因。

(3)原油稳定外输环节

原油稳定常用的方法基本可分为闪蒸法和分馏法两类，其中负压闪蒸方式在我国油田稳定工艺中应用较多。根据《油气集输设计规范与工程技术标准及集输安全规范使用手册》要求，负压闪蒸一般在0.06~0.08MPa(绝对压力)，55~65℃的条件下即可进行。而目前，有些联合站的负压闪蒸温度达到80℃左右，明显高于此要求温度，使工艺总用能增大。

工艺总用动力能主要是每天处理来液所需要的电能。造成工艺总用动力能偏大的原因有两个，一是泵机组的运行效率偏低；二是污水输出联合站的过程中，污水由各个站点来回调动，增大了污水外输泵的负荷，增大了电能消耗。

3)能量回收环节用能分析

能量回收环节的待回收能主要是油田污水和高温的外输原油。随着开采深度的加深，油井采出物的含水量越来越高，相应的采油污水量也就越来越大。但是，如果联合站没有对污水进行有效回收，而直接排放，不仅会将余热全部浪费，而且会污染环境。尽管油田污水含有巨大的可以回收的余热资源，但由于油田污水的特殊性(温度水平高、易结垢、腐蚀性强)，目前还没有成熟的利用技术。

外输原油的温度高于凝固点很多，这部分能量没有有效地加以利用，也造成了严重的热能浪费。

第四章　油气储运用泵节能技术

泵是将机械能传递给液体，以增加液体的位能、压能或动能的设备。泵在油气储运行业中的应用非常广泛。然而在泵的实际运行过程中，却经常出现由于泵的选择不合理、内部磨损、运行参数脱离额定值等原因，造成泵的节流损失严重、工作效率低下、电耗高的现象。针对这些泵的高能耗现象，急需采取措施，提高泵系统运行效率，降低输送电耗。

第一节　泵机结构改造节能技术

一、泵机结构改造原理

在离心泵内，能量的转换主要集中在叶轮和液体之间。假定叶轮叶片为无限多、无限薄，液体没有黏性，离心泵的理论压头 $H_{T\infty}$ 为

$$H_{T\infty} = (u_2^2 - u_2 \frac{\cot\beta_{2A}}{\pi D_2 b_2 \tau_2} Q_T)/g \qquad (4-1)$$

式中　Q_T——泵理论流量，m^3/s；

　　　u_2——叶轮出口处的圆周速度，m/s；

　　　D_2——叶轮外径，m；

　　　b_2——叶轮出口轴面流道宽度，m；

　　　β_{2A}——叶轮出口处的叶片角；

　　　τ_2——叶轮出口处的阻塞系数。

由于离心泵叶轮实际叶片数为有限个，此时离心泵的理论扬程 H_T 为

$$H_T = \mu H_{T\infty} \qquad (4-2)$$

式中　μ——滑移系数（或环流系数），表示叶轮叶片数有限时对理论扬程 $H_{T\infty}$ 的影响。

理论和实验均证明，滑移系数 μ 与叶片数、叶片角、叶轮内径和外径的比值、流体黏度等因素有关，多用半经验公式计算。

然而离心泵内是还存在各种能量损失的，可分为水力损失、容积损失和机械损失三种。

1. 水力损失

离心泵的水力损失是指油品流经叶轮、导叶等水力部件所产生的能量损失，主要包括沿程摩阻损失、冲击损失和尾迹损失。

沿程摩阻损失包括阻力损失和摩擦损失两部分。阻力损失指液体在流道部分的沿程阻力损失及局部阻力损失。它主要与泵内流道部分的表面粗糙度、流道形状和液体的黏度有关。摩擦损失是指由于液体黏性，造成液流分层，而层与层之间速度各不相同所产生的摩擦效应。

冲击损失为当液流进入叶道（或导叶流道）时，由于液流相对运动方向角 β_1 与叶片进口角 β_{1A} 不一致，以及液体离开叶轮进入转能装置的液流角与转能装置中叶片角不一致，而产

生冲击所引起的能量损失。对于没有导叶的离心泵而言，冲击损失主要与油品进入叶片流道时的方向有关。此外，由于流体惯性，叶轮旋转时流道内会产生轴向涡流，相应产生旋涡损失。

当泵运行工况偏离设计工况，即在流量大于或小于设计流量时，由于液流方向与设计工况时的液流方向偏离，β_1 与 β_{1A} 不等，存在冲角，将产生冲击损失。此外，冲击损失是一种分离损失，它还与叶片进口的冲击速度有关。故冲击损失随着运行流量与额定流量的差异增大而逐渐增大。

尾迹损失为尾迹区内液流的速度和压力由于与主流区内的速度和压力相差很大，而产生互相影响、混合所造成的能量损失。尾迹损失通常在水力损失中所占比例较小，可忽略。

2. 容积损失

流体经过叶轮后速度和压力得到提高，出口处的压力高于进口压力。由于泵的叶轮与静止部件存在间隙，间隙两侧存在压力差，使得一部分高压液体经叶轮与泵壳密封环之间的间隙，窜向进口低压区；还有一部分液体经轴与泵壳的轴封装置外漏，从而使泵有效流量减小，形成离心泵的容积损失。通常泵内窜流造成的容积损失较大，是主要的，而轴封装置处的漏失量较少，一般可略去不计。容积损失的泄漏量与实际扬程是平方根关系。

3. 机械损失

离心泵的机械损失包括圆盘摩擦损失、轴承损失和填料密封损失。圆盘摩擦损失是指叶轮在旋转时，叶轮盖板两侧面与液体之间的摩擦损失。而后两者在泵的机械损失中所占比例很小，一般处于 1% ~ 3% 之间（大泵取小值，小泵取大值），因此在研究泵效率时常被忽略。

由上述分析可知，泵的效率低下的主要原因有：

（1）随着泵的长期运行，泵内磨损严重，运行效率会逐渐下降；

（2）所选用泵的结构设计不合理或密封不严，泵的设计效率较低；

（3）设计人员选泵时为求可靠，往往在各设计阶段对设计要求层层加码，造成所选设备的额定流量及电动机功率超过实际所需；

（4）所选电动机功率不足，导致输油泵不能满负荷运行。

前两种情况是由于泵内结构参数不合理造成的泵效率低下。后两种情况则是由于泵运行工况与设计工况不匹配，冲击损失加大，而造成的泵运行效率低下。

泵机结构改造节能的原理在于优化泵内组件的结构参数，提高泵额定效率；或通过改变泵机组件结构参数，来调节泵机运行参数，使运行工况与额定工况相匹配，提高泵的运行效率。

二、泵结构优化技术

离心泵效率的影响因素很多，除了一元流动理论中研究的阻力损失、冲击损失等水力损失外，对于真实的黏性液体，还存在边界层分离、尾流等水力损失。因此，减少叶轮内水力损失根本途径是获得高效水力模型。

一方面，应用三元流动理论和先进的流体力学软件，提高泵的设计精度，改进旧部件水力性能。如某油田 6D 型注水泵的导叶水力质量差，水力损失的 2/3 产生于导叶中。后改造为具有连续而平滑过渡区段的流道式导叶，适当加大喉部尺寸（喉部面积增大 40%）和扩散度（扩散面积比由 1.72 增加到 2.08），增加了过流能力，提高了流量，降低了导叶中水力损失，使泵效率由 62.5% 提高到 70.5%。

另一方面，对泵、泵叶轮或压出室进行重新设计，做到"量体裁衣"，提高泵效。但对泵整体重新设计，投资大，耗时长。相对而言，只对泵的叶轮或压出室重新设计，则投资较少，见效较快。现在常用而有效的设计方法为三元设计法，是以一元流动理论为基础进行初步设计，再用三元流场分析理论进行校核，经过多次修改与校核，直到设计结果令人满意为止。

三、表面粗糙度降低技术

泵内流动与粗糙管内的紊流流动相似，阻力系数与流道表面粗糙度有很大的关系，粗糙度越大，阻力系数越大，因此叶轮内过流部分表面粗糙度对摩擦损失有很大影响。通常可采用的节能方法是打光泵体过流部件表面，有效提高泵的水力效率，如铸造的泵叶轮过流部分，经精细机械加工后泵的最高效率从 78% 升至 89%；对旧泵，叶片打磨后效率仍可提高 4% 左右。此外，减少泵的机械损失常采用的方法是打光叶轮外表面。

打光泵内流道和叶轮外表面常用的方法是电解抛光，也称电化学抛光，其工作原理是：当直流电源通入电极和电解液时，金属的阳极会发生溶解。由于工件的表面粗糙程度不一致，在电化学反应时，凹陷处形成的电解液黏膜要比凸起处的电解液黏膜厚一些。凸起处的电解液黏膜受电力线的冲击和流体的搅拌作用力较大，距阴极较近，电场强度也比凹陷处大，因尖端放电容易失去电子，形成正电荷高密度集中在凸起处，所以凸起处的金属溶解速度要比凹陷处快些。随着金属阳极表面逐渐整平，凸起处的高度降低，凸起处与凹陷处的溶解速度逐渐接近，整平速度减缓，抛光过程就基本完成。电解抛光去除的金属量极微，通过准确掌握抛光时间来控制工件的精度和表面粗糙度。

旧叶轮流道在电解抛光前，要对表面上粘有的原油油垢等进行处理，简单而有效的方法是电解除油除砂法。

四、叶轮改造技术

(一)切割叶轮技术

根据相似原理，任何一台离心泵通过改变叶轮直径，可以改变其流量、扬程和轴功率等技术性能参数，从而与输油管线流量匹配。一般说来，增大外轮外径受到泵结构的限制，所以在实际应用中往往是在流量要求减小时，切割叶轮外径。

1. 离心泵的切割定律

一台离心泵在某一定转速下，只能有一组 $H-Q$ 性能曲线，为了扩大泵的工作范围，常采用切割叶轮外径减小 D_2 的方法，使一台泵的工作范围由一条线变为一个面。

当叶轮切割量较小时，可以认为切割前后叶片的出口角和通流面积基本不变，泵效率近似相等，这样，切割后叶轮出口速度三角形与切割前的速度三角形近于相似。切割前后流量之间的关系为

$$\frac{Q'}{Q} = \frac{D_2'}{D_2} \tag{4-3-a}$$

扬程之间的关系：

$$\frac{H'}{H} = \left(\frac{D_2'}{D_2}\right)^2 \tag{4-3-b}$$

功率之间的关系：

$$\frac{N'}{N} = \left(\frac{D_2'}{D_2}\right)^3 \qquad (4-3-c)$$

式中 $Q(Q')$、$H(H')$、$N(N')$——叶轮外径切割前(后)的流量、扬程、功率;

$\qquad\qquad$ D_2、D_2'——叶轮切割前、后的外径,m。

式(4-3)为切割定律的表达式。但实践表明,切割叶轮外径后,流量、扬程和功率的变化与被切割泵的比转数 n_s 相关。上述切割定律对于中高比转数泵计算较准确,对于低比转数的离心泵会产生较大误差,且主要差别在于切割前后的流量比,扬程之间的关系则可沿用上述切割定律的表达式。对于低比转数泵,切割前后流量的关系通常可采用下式计算:

$$\frac{Q'}{Q} = \left(\frac{D_2'}{D_2}\right)^2 \qquad (4-4-a)$$

则功率之间的关系为

$$\frac{N'}{N} = \left(\frac{D_2'}{D_2}\right)^4 \qquad (4-4-b)$$

切割曲线是同一台泵,在同一转速下,叶轮有不程度的切割时各切割对应工况点的轨迹。根据切割定律的表达式可以推导得出中、高比转数泵切割曲线的方程式,如下

$$H = kQ^2 \qquad (4-5)$$

式中 k——随工况而异的常数。

对于低比转数泵则为

$$H = k_1 Q \qquad (4-6)$$

式中 k_1——随工况而异的常数。

切割曲线上的点是叶轮切割前后的对应工况点,但并不是相似工况点,因为切割后叶轮的其他尺寸并没有按同一比例缩小,切割前后的叶轮并不是保持几何相似,当叶轮切割量不大时,认为效率近似相等,所以切割曲线又称为等效率曲线。

利用切割曲线和切割定律,可以决定当工作点不在泵 $H-Q$ 曲线上的时候,采用叶轮切割的方法使泵在 $H-Q$ 上工作,从而确定切割后的叶轮外径。但叶轮的切割量不能太大,否则切割定律失效,并使泵效明显降低。试验研究表明,叶轮切削在5%以内,泵效基本不变;叶轮切削到10%时,泵效下降1% ~2%左右。而且泵的比转速越低,叶轮切削对泵效的影响相对较小,可切削的范围越大,如表4-1所示。

表4-1 叶轮允许最大切削量与 n_s 的关系

n_s	60	120	200	300	350	>350
允许最大切削量/%	20	15	11	9	7	0
效率下降	每切割10%下降1%		每切割4%下降1%			

一般低比转数泵叶轮与叶片同时切割,或只切割叶片保留叶轮的前后盖板。高比转数泵用斜切,切割后叶轮前盘直径大于后盘直径。由于切割量计算是近似的,因此应分次试割,切后注意调整转子平衡。

【例4-1】某油库 DZS250×340×4 型输油泵机组自投用以来,一直存在泵出口阀开度小、管道节流大、平均输油单耗(外输每吨原油平均耗电量)大等问题,特别是当泵出口阀开度为20%时,电机电流会升至近200A,输油泵无法满负荷工作。由于所配置电机的功率不能满足输油泵满负荷工作的要求,但改造电机的投入太大,就要求将泵轴功率

降低。根据实际情况需将泵轴功率降低10%以上才能满足要求。原泵轴功率为1 630kW，则改造后的轴功率应不大于1 467kW。若按照切割叶轮法改造，试确定改造方案。单泵性能参数见表4－2。

表4－2 DZS250×340×4型输油泵主要技术参数

扬程/m	流量/(m³/h)	额定轴功率/kW	转数/(r/min)	额定效率/%	额定电压/V	额定电流/A	电机功率/kW
600	800	1 630	2 980	81.97	6 000	200	1 800

解：①比转数的确定

在此采用切割叶轮的方法降低泵轴功率，首先就是计算DZS250×340×4型输油泵的比转数，根据 $n_s = \dfrac{3.6n\sqrt{Q}}{H^{3/4}}$，可得：

$$n_s = 3.35 \times 2980 \times 800^{1/2}/600^{3/4} = 119$$

②叶轮切割量的确定

由于DZS250×340×4型输油泵的比转数为119，属于中、高比转数泵，则切割定律的功率表达式为式(4－3－c)。

根据已知条件的交代，上式中的功率比要求不大于0.9，保险起见取其等于0.8，根据上式计算，可得出切割后叶轮外径 $D_2' = 315$mm，因此，叶轮切割量应为25mm。

③泵效复核

泵叶轮切削量过大时会影响输油泵的效率，为此按照相关标准，比转数约为120的泵，其叶轮切削系数小于0.15，泵的效率基本不变。计算泵叶轮外径由 D_2 变化到 D_2' 时，其切削系数为 $(D_2 - D_2')/D_2 = 0.073$。

由上式可以看出，切削系数远小于0.15，泵的效率不会受到影响。

该油库按照上述方法对输油泵改造后，采用一次只运行一台DZS250×340×4型输油泵的管输运行方式，统计并检测此输油泵在改造前后的平均运行参数值，结果见表4－3。可见，输油泵经改造后，其出口压力与管道压力相差不大，泵出口阀节流减少。外输同样排量时，电机的电流下降导致泵外输平均输油单耗很大程度的降低。

表4－3 DZS250×340×4型输油泵改造前后的平均运行参数值

阀门开度/%		泵压/MPa		管压/MPa		流量/(m³/h)		电流/A		振动速度/(mm/s)		泵房噪声/dB	
改造前	改造后	改造前	改造后	改造前	改造后	改造前	改造后	改造前	改造后	改造前	改造后	改造前	改造后
18	30	5.2	2.94	2.1	2.84	980	1040	187	151	5.4	1.6	90	70

2. 优缺点

切割泵叶轮技术在改变泵技术性能方面，具有工期短、投资省、见效快的优点，但也存在叶轮切割后不能恢复的缺点。

(二)叶轮拆级改造技术

储运常用输油泵类型中不乏多级输油泵，如SMI型梯森鲁尔泵、MSD型苏尔寿泵等。对于多级输油泵，若扬程或额定流量超过实际需要，则可采取拆除叶轮的办法来降低级数，使的流量基本保持不变的同时，扬程、功率随叶轮级数递减而降低，即泵的 $H-Q$、$N-Q$ 特性曲线随级数的减少向下方移动，从而实现调整泵的工作点，减少或消除节流损耗的目的。

以某原油库为例说明,该油库设计输转能力为 $600 \times 10^4 t/a$,实际输送量为 $(380 \sim 400) \times 10^4 t/a$,因任务输量远低于设计输量,输油泵出口阀开度在 10% 左右,节流损失严重,导致系统效率较低,电耗较高。对油库中 4 台输油泵中的 2#输油泵进行拆级改造,拆除该泵 4 个叶轮中的 2 个。拆级后,泵最大流量为 $467 m^3/h$,在该输量下,系统效率从 22.8% 提高到 44.1%,输油单耗从 $1.717 kW \cdot h/m^3$ 降至 $0.913 kW \cdot h/m^3$。

叶轮拆级改造方法的优点是施工方便,投资少,改造周期短,且泵效可看作不变,系统效率将大幅度升高。该法的缺点是调节灵活度差和调整范围有限。

五、电机改造节能技术

在电机配套选择时,应选择国家最新推荐的高效节能型电动机。在配电电压允许的条件下,容量在 200kW 以上时,应选择高压电动机。当电机功率选用过小或过大与泵的轴功率不匹配时,应当更换或改造电机,提高运行效率,节约电能。

(一)更换电机

按照相关标准,配套电机要考虑一定的功率富裕,通常配套电机功率与输油泵功率的比值系数在 $1.1 \sim 1.2$ 之间。电机的生产是按照有关标准确定档的,若要更换成大功率电机,一般选择原电机功率上一档功率的配套电机。但同时要防止所选择的电机功率出现过富裕,因为在这种情况下,还需对电机进行改造或更新,投资费用反而增加。

(二)电机增容

在绕组匝数不变的前提下,根据电机线圈的槽形尺寸、线圈对地的绝缘厚度和空槽面积,选择耐温、耐压的薄型绝缘材料,尽可能地增大绕组导线横截面积,可对电机进行增容改造。当电机功率选用过小时,电机增容是可采用的电机改造方案。电机增容改造虽然无额外工作量,无需改变原电机外形尺寸和安装尺寸,但投资(一般为原电机造价的 75%)和风险较大。

六、泵型替换技术

改造效率低、性能低下的泵,特别是因年久失修的泵和属于淘汰的泵,还可采用重新选型的方法,用新的高效泵替换原有低效泵。输油站的旧泵更新要做到合理选择输油泵的型号。选择输油泵,应使其运行工作点落在高效工作范围内,以保证泵的运转经济性和安全性。因此,输油泵的合理选型一般要遵循以下几点原则。

(1)准确计算设计参数。泵的工作点流量、扬程(压力)不当时,会影响泵运行的经济性,如偏离最佳工况点较远时,将导致泵低效率运行。输油泵的设计参数是根据工艺流程的需要来确定的,通常包括流量、扬程(压力)、介质种类、当地气候条件、转速及连接方式等。流体介质、气候条件、转速和连接方式根据现场使用情况比较容易确定,而设计流量和扬程的准确数据往往很难获得,最好是在同类或模拟系统中进行实测,以实际运行数据为依据。

如果没有实际运行数据,则要依靠计算得出流量和扬程。由于设备运行时操作运行、电源电压和频率会有波动,设计流量和扬程一般要在计算值的基础上加一定富裕量。但富裕量要适当。泵扬程富裕量一般取 15%,泵流量富裕量一般取 12%,泵功率富裕量一般取 10%。

(2)输油泵运行工况点的选择。要使输油泵在高效区运行,选型点应处于效率曲线的最高点或稍偏右运行。并且在输量的波动范围(设计任务书中的近期和远期输量)内,泵的级配应能使输油泵始终在高效区内工作。所选离心输油泵的输送效率，在规定输量范围内，不得低于 GB/T 13007 中的规定值。同时，可考虑采用适当的调速方式或其他措施，以求最大限度地减少能耗。

（3）选择输油泵性能曲线，与实际要求相适应，保证在正常工作区内泵不发生汽蚀及其他不稳定现象。

（4）所选择的输油泵应具有结构简单，易于维修，体积小，重量轻，设备投资少等特点，同时运行维护费用也要小。

第二节　泵送工艺调整节能技术

一、工艺调整节能原理

如图 4-1 所示，工程上将泵的效率最高点称为该泵的额定工作点或设计点，即最优工作点。离心泵的实际工作点，简称工作点，是泵特性曲线与管路特性曲线两者的交点。

在实际生产中，为适应油田产量变化和管线输量变化等生产要求，往往需要对泵的运行参数进行一定的调节，也就是要相应地移动工作点的位置。

泵送工艺调整节能技术的节能原理就是利用调节泵送工艺参数，调整泵送工艺流程等方法改变管路特性曲线或泵特性曲线，从而调节工作点位置，提高泵的运行效率。常用方法有调节泵出口阀法、调节泵出口吸入阀法和回注法。

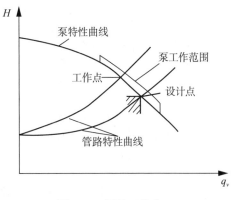

图 4-1　泵的工作点

二、调节泵出口阀法

随着管道流向的调整和管网结构的优化，实际应用中，泵往往不是在最佳工况点运行。由于工艺流程中运行参数（流量、压力、扬程）随着管网调整或输送计划的调整而不明确，调节离心泵出口管路阀门开度的节流调节法，即出口阀门节流法，是改变管路特性最简单而常用的调节方法之一。

出口阀门节流法的调节原理是：在阀门关小的节流过程中，泵的特性曲线不变，仅仅是依靠关小阀门，增加阀门的阻力损失，从而人为地增加管道的阻力，降低泵的运行流量。

此方法的优点是不需要添加额外的调节装置，调节方便、简单。但缺点是，若泵的流量降低至较高效点运行时，节流法虽然表面上提高了泵的效率，但节约的能量又消耗在管路阀门增加的阻力上，长期工作是不经济的。且节流运行时会产生较大噪声，对生产不利。

三、调节泵吸入阀法

在泵进口管道上加装阀门，调节阀门开度改变泵的工作点及输出流量的方法称为吸入阀门调节法。

吸入阀门调节法的调节原理是，调节吸入阀门的开度，以改变泵的吸入压力，使液体中的溶解气分离为自由气，它进泵以后，就可以改变泵的特性曲线。但进口阀门开度减小时，会增加管路中的能量损失，使泵进口压力下降，容易产生汽蚀。

调节吸入阀门法在我国一些油田的转油站上已用于输送含气原油的工作。这种调节方法比调节排出阀门的方法要节省能量消耗，但要防止泵发生汽蚀。

四、回注法

利用进、出口旁通阀调节流量的回注法也是一种通过改变管路特性来调节离心泵运行参数的方法。

回注法是通过将泵的进、出口管线用一旁通管线连接起来，使一部分出口液体流回入口管线，回流的大小用旁通阀的开度来调节，如图4-2所示。

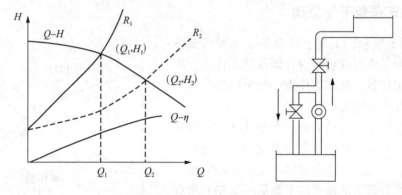

图 4-2　阀门调节法示意图

当旁通阀上的阀门开启时，两条管路开始并联工作，管线流动摩阻减少，泵所需要提供的压头下降，管路特性曲线变平，工作点由1移至2。这时，虽然泵的流量 Q 增加，但由于液体的回流，使排出管输出的流量减小。可见，从排出管经旁通管路流回吸入端的液体能量便白白消耗掉了。因此，这种调节法和出口阀节流调节法一样在调节的同时都伴有多余的能量损失。

第三节　输油泵调速节能技术

通过改变转速来调节泵的流量，管线的阻力不会发生变化，但泵的 $H-Q$ 特性曲线却随着转速 n 的下降，向流量与扬程同时减小的左下方向移动，从而使泵与管线的工作点发生变化，实现流量和扬程的调节。

一、离心泵调速节能原理

一台离心泵在某一恒定转速下，只能有一组 $H-Q$、$N-Q$、$\eta-Q$ 性能曲线，为了扩大泵的工作范围，常采用改变转速的方法，以得到不同转速下的性能曲线。在不同的转速下，泵相似工况点性能参数的变化规律用比例定律来确定。

比例定律是相似定律的延伸。根据相似定律，当泵转速由 n_1 变为 n_2 时，若输送的介质不变，几何尺寸的比例常数等于1，则在不同转速下相似工况点的对应参数与转速之间存在下列关系：

$$\frac{Q_2}{Q_1} = \frac{n_2}{n_1} \qquad (4-7-a)$$

$$\frac{H_2}{H_1} = \left(\frac{n_2}{n_1}\right)^2 \qquad\qquad (4-7-\mathrm{b})$$

$$\frac{N_2}{N_1} = \left(\frac{n_2}{n_1}\right)^2 \qquad\qquad (4-7-\mathrm{c})$$

上式为比例定律的表达式，表示泵转速变化时参数之间的关系。可以由上式把离心泵在某一转速下的性能曲线换算成其他转速下的性能曲线，一般画成图 4－3 所示的形式。其中曲线 n_1、n_2、n_3……n_m 表示在转速 n_1、n_2、n_3……n_m 下泵的 $H-Q$ 曲线，曲线 η_1、η_2、η_3……η_p 是各组相似工况点的连线，即泵的等效率线。

图 4－4 中所示为转速变化前后，泵的特性曲线及泵的工况点的变化情况。初始状态时，泵的转速为 n_1，泵特性曲线为 $H-Q(n_1)$，管路工作曲线为 R_1，泵的效率曲线为 η_{n1}。R_1 与 $H-Q(n_1)$ 交于 $A_1(Q_1,H_1)$ 点，A_1 为额定工况点，Q_1 为额定流量，H_1 为额定扬程，泵在高效区工作，泵效等于额定效率 η_1。若此时管输流量下降，由 Q_1 降至 Q_2。

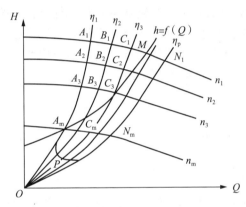

图 4－3　泵在不同转速下的特性曲线图

A_1—工频高效区左端点；N_1—工频高效区右端点；

M—设计最大工况点；η_1—通过 A_1 点的相似工况抛物线；

η_p—通过 N_1 点的相似工况抛物线；

$h=f(Q)$—管路特性曲线

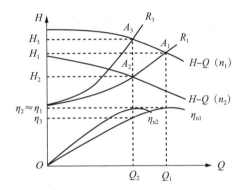

图 4－4　离心泵转速调节与节流调节的比较

（1）当采用改变泵出口阀开度进行调节时，必须关小阀门而使得阀门的摩阻变大，管路特性曲线由 R_1 改变为 R_3，而泵特性曲线不变，泵的工况点由 A_1 移至 $A_3(Q_2,H_3)$，扬程由 H_1 上升到 H_3，泵效率曲线不变，泵效由 η_1 降至 η_3，偏离泵高效区。

（2）当采用改变泵转速进行调节时，管路特性曲线不变，泵特性曲线由 $H-Q(n_1)$ 改变为 $H-Q(n_2)$，泵的工况点由 A_1 移至 $A_2(Q_2,H_2)$，扬程从 H_1 下降到 H_2，泵效率曲线改变为 η_{n2}，泵效由 η_1 变为 η_2，根据比例定律 $\eta_2=\eta_1$，泵仍在高效区工作。

依据泵有效功率的计算方法及其与电动机输入功率之间的关系，采用上述两种方法时电动机输入功率的表达式为

节流调节：$N_{sr3} = K_z Q_2 H_3 / \eta_3$ $\qquad\qquad (4-8)$

调速调节：$N_{sr2} = K_z Q_2 H_2 / \eta_2$ $\qquad\qquad (4-9)$

式中　K_z——系数，与电动机效率 η_d、传动效率 η_t 和流体密度 ρ 有关。

两种调节方法能耗差值为

$$\Delta N = N_{sr2} - N_{sr3} = K_z Q_2 (H_2/\eta_2 - H_3/\eta_3) \qquad (4-10)$$

由图 4 - 4 可知，$H_2 < H_3$，$\eta_2 > \eta_3$，所以 $\Delta N < 0$，即采用阀门控制流量时，有 ΔN 的功率被损耗掉了，随着阀门不断关小，损耗还要增加。而采用转速控制时，由于流量 Q 与转速的一次方成正比，扬程与转速的平方成正比，轴功率与转速的立方成正比，即功率与转速成 3 次方的关系下降。调速调节省的功率来源于两个方面，一是阀门节流损失的功率；二是泵在低效区工作运行多消耗的功率。调速调节增大了管网效率，提高了泵的运行效率，是离心泵节能的一个有效措施。此方法的缺点是需要采用变转速的电动机，或保持电动机转速不变而采用能改变泵转速的中间传动装置来实现，一次性投入大。

二、离心泵调速范围

虽然调速是离心泵节能的一个有效措施，但也不是所有的调速情况下，都是最优的。其具体实施时须考虑调速范围对调速机组效率的影响，即调速范围不宜过大。

调速范围过大影响泵自身效率。理论上，输油泵调速高效区为通过高效区左右端点的两条相似工况抛物线的中间区域 OA_1N_1（见图 4 - 3）。实际上，当输油泵转速过低时，泵的效率将会急剧下降，受此影响，输油泵调速高效区缩小为 PA_1N_1。显然，若运行工况点已超出该区域，则不宜采用调速来节能了。则 A_mM 段成为调速运行的高效区间。为简化计算，认为 A_m 点位于曲线 OA_1 上，因此，A_m 点和 A_1 点的效率在理论上是相等的，A_m 点就成为最小转速时水泵性能曲线高效区的左端点。

由于 A_m 点和 A_1 点工况相似，根据比例律有

$$(Q_{A_m}/Q_{A_1})^2 = H_{A_m}/H_{A_1} \qquad (4-11)$$

A_m 点在曲线 $h = f(Q)$ 上有：

$$H_{A_m} = f(Q_{A_m}) \qquad (4-12)$$

若已知管线特性曲线的具体表达式，就可联立上两式，计算出 Q_{A_m} 和 H_{A_m}，进而根据比例定律计算出 n_{A_m}，即最小高效转速 n_{min}。

此外，调速范围过大还会影响电机效率。在工况相似的情况下，一般有 $N \propto n^3$，因此随着转速的下降，轴功率会急剧下降。但若电机输出功率过度偏移额定功率，或者工作频率过度偏移工频，都会使电机效率下降过快。上海电机厂曾对其 JSQ 和 JRQ 系列电机在不同负荷率时的效率进行了实测。结果表明，当电机的负荷为 1/2 时，电机的效率要降低 2 ~ 3 个百分点。同时，频率过低也会影响电机效率。电机效率过低导致整个油泵机组的效率不理想，也就不能实现节能目的。而且自冷电机连续低速运转时，也会因风量不足影响散热，威胁电机安全运行。

一般认为，当采用具体调速节能方法时，调整后的转速不宜低于额定转速的 50%，最好处于 75% ~ 100% 之间，并应结合实际经计算确定。

三、恒速电动机带调速传动装置调速法

离心泵的调速方法一般可分为恒速电动机带调速传动装置调速与电动机直接调速两大类。恒速电动机带调速传动装置包括液力耦合器、液力调速离合器、电磁转差离合器等变速传动装置，它们具有一个共同点，就是传动效率近似等于转速比。

（一）液力耦合器

1. 基本结构和工作原理

液力耦合器是一种利用液体（多数为油）的动能来传递能量的叶片式传动机械，安装在定速电动机与离心泵之间，达到平滑调节转速的目的。液力耦合器主要由主动轴、从动轴、

泵轮、涡轮及旋转外壳等组成，如图 4 - 5 所示。泵轮与涡轮均为具有一定数量径向直叶片的工作轮，泵轮与主动轴固定连接，涡轮与从动轴固定连接。主动轴和从动轴又分别与电动机和泵相连接。泵轮与涡轮之间无机械联系，为相对布置，两者端面之间保持一定的间隙（约 3 ~ 4mm）。外壳与泵轮固连成一个密封腔，腔内充填工作液体以传递动力。

当电动机通过主动轴带动液力耦合器泵轮旋转时，充填在耦合器工作腔内的液体受离心力和泵轮叶片的双重作用，从半径较小的泵轮入口被加速加压抛向半径较大的泵轮出口。同时，液体的动量矩获得增量，即泵轮将电动机输入的机械能转化成了液体动能。当具有液体动能的工作液体由泵轮出口冲向对面的涡轮时，液流便冲击涡轮叶片使之与泵轮同方向转动，也就是说液体动能又转化成了机械能，驱动涡轮旋转并通过从动轴带动泵做功。释放完液体动能的工作液体由涡轮入口流向涡轮出口并再次进入泵轮入口，开始下一次循环流动。就这样，工作液体在泵轮与涡轮间周而复始不

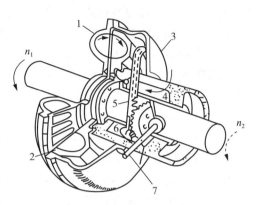

图 4 - 5　液力耦合器的基本结构

1—泵轮；2—涡轮；3—旋转外套；

4—供油腔；5—勺管；6—排油腔；7—连杆调速机构

停地作螺旋环流运动，于是主动轴与从动轴输在没有任何机械连接的情况下，仅靠液体动能便柔性地连接在一起了。由于液力耦合器传递力矩的能力与其工作腔内的充液率大致成正比，故若在输入转速不变的情况下，设法改变工作腔的充液率（通常以勺管调节），便可以调节输出力矩和输出转速，这便是调速型液力耦合器调速的基本原理。另外，调速型液力耦合器因自身结构原因和其输出转速调节幅度大、传递功率大的特点，必须有工作液体的外循环和冷却系统，使工作液体不断地进出工作腔，以调节工作腔的充满度和散逸热量。

2. 工作特点

由液力耦合器的调速原理可知，液力耦合器的调速效率等于其输出功率与输入功率之比。在忽略液力耦合器的机械损失和容积损失等损失时，液力耦合器的调速效率等于转速比。转速比越小，其调速效率也越低，这是液力耦合器的一个重要工作特性。虽然液力耦合器工作在低速时其调速效率很低（等于转速比），但在泵调速时，与节流调节相比较，仍具有显著的节能效果。

概括起来，液力耦合器调速主要具有以下工作特点。

（1）无级调速。加装液力耦合器后，可以方便地通过手动或电动遥控进行速度调节，调速范围大，以满足工况的流量需求。

（2）空载启动。液力耦合器主、被动轴之间没有机械连接，将流道中的液体排空，可以接近空载的形式迅速启动电机，然后逐步增加耦合器的充液量，使泵逐步启动进入工况运行，保证了大功率泵的安全平稳启动，还可降低电机启动时的电能消耗。

（3）过载保护。液力耦合器主、被动轴之间属于有滑差的柔性连接，可以阻断负载扭矩突然增加，或衰减负载的扭振对电机的冲击，防止闷车或传动部件损坏等事故发生，延长了电机及泵的寿命。

（4）无谐波影响。在与不同等级的高、低电压，中、大容量电机配套使用时，可保证电

机始终在额定转速下运行，电机效率高，功率因数高，无谐波污染电网。

(5)寿命周期长。除轴承外无磨损元件，液力耦合器能长期无检修安全运行，提高了投资使用效益。

(6)有转差损耗。液力耦合器是有附加转差的调速装置，不能使负载达到电机额定转速，调速的转差损耗以发热的形式升高油温，必须予以散发或反馈利用。

相比出口阀节流调节方式，液力耦合器调速方式的缺点是增加了初投资和安装空间。大功率的液力耦合器除本体设备外，还要一套附加的冷油器等辅助设备与管路系统。在运转中随着负载的变化，转速比也相应变化，因此不可能有精确的传动比。此外，液力耦合器一旦发生故障，泵不能继续工作。

(二)液力调速离合器

1. 基本结构和工作原理

液力调速离合器又称黏滞型调速离合器，是根据牛顿内摩擦定律，利用液体黏性和油膜剪切作用原理发展起来的一种液力无级调速传动装置。它既能实现无级调速，又能完全离合，同时具有无级变速器和离合器这两种装置的功能。

如图4-6所示，液体黏性调速离合器主机主要由主动部分、被动部分、控制系统执行元件部分、润滑密封与支承部分等组成。主动部分通过联轴器与电动机相连，接收电动机输入转矩，主要包括主动轴和主动摩擦片。主动轴左端有外齿、径向油孔、轴向油孔和油槽，便于润滑油通过。轴承装在主动轴的中部，用弹性挡圈将其定位。主动摩擦片有内齿，与主动轴以齿相连接同步旋转，且主动摩擦片可在主动轴上自由轴向移动。

被动部分与负载相联，向负载输出转矩，主要由被动轴、被动鼓、支承盘、被动盘和被动摩擦片组成。带外齿的被动摩擦片与带内齿的被动鼓通过花键相连接而同步旋转，且被动摩擦片可在被动鼓上自由轴向移动。主被动摩擦片在安装时要相间安放。

控制元件部分主要分为控制液压系统与控制油缸，通过改变液压系统液压油压力改变控制油缸的位置(即主被动摩擦片的位置)，从而改变油膜的厚度，以达到调速的目的。执行元件包括控制油缸(在被动盘上，为其组成部分)、活塞、复位弹簧和弹簧压盘。

润滑密封部分润滑油的压力较低，为保证主动轴和主动轴透盖之间充分润滑，二者之间采用间隙密封，并在透盖内孔车有油槽。O形橡胶密封圈紧套在主动轴上，与轴同步旋转。控制压力油压力较高，被动轴和被动轴透盖之间采用密封环密封。密封环有一定弹性，紧贴着透盖的内孔表面，起到密封作用。

液体黏性调速离合器主机的被动部分通过左右两个轴承和支承在上箱体和下箱体之间。主动部分右端通过轴承支承在箱体上，左端通过轴承支承在被动轴上。

当液力调速离合器工作时，由油泵供给的润滑油，经离合器输入轴(主动轴)的转鼓端部中心导入油管，把油注入转鼓内的主、从摩擦片之间，使主、从摩擦片之间充满润滑油。当原动机驱动液力调速离合器的输入轴(主动轴)旋转时，固定于其上的主动摩擦片也以相同的转速旋转。当主、从摩擦片之间产生相对运动时，主、从摩擦片之间的工作油各层之间也将产生内摩擦阻力，这个内摩擦阻力将带动从动摩擦片及泵的输入轴旋转。通常，主动摩擦片与从动摩擦片之间总是存在一定的相对转速差，于是离合器的输入轴和输出轴之间也有一定的转速差。在从动摩擦片的左侧装有一个控制活塞，可通过改变从左侧进入的压力油的油压，使活塞沿轴向的一定范围内移动，从而使离合器的输入轴产生轴向移动，使得主、从摩擦片间的油膜间隙的大小发生变化。

由流体力学的牛顿内摩擦定律得知，摩擦片所传递转矩的大小与主、从摩擦片间的转速差及油膜间隙的大小有关。于是，通过改变油泵的输出油压来控制活塞的轴向位置，亦即改变主、从摩擦片之间的油膜间隙，就可改变离合器所传递的转矩和离合器主、从摩擦片之间的转速差，实现离合器无级变速的目的。在大转差率范围内，液力调速离合器传递的转矩与主、从摩擦片之间油的速度梯度成正比。但当主、从摩擦片间的转速差很小时，主、从摩擦片间的间距已非常小，这时候液力调速离合器的传动功率将由油膜的内摩擦阻力传递功率转变为主、从两组摩擦片之间的固体表面摩擦力传递功率。此时，液力调速离合器的作用已相当于一个普通型的湿式离合器。因此，液力调速离合器既可以无级调速，又可以实现无转差的同步运行。

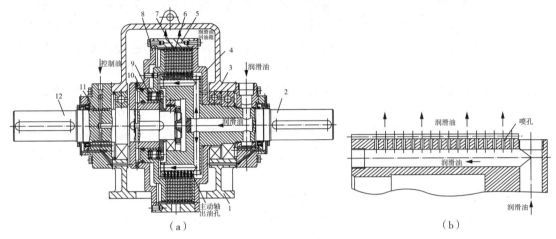

图 4-6 液体黏性调速离合器主机的结构原理

1—下箱体；2—主动轴；3—上箱体；4—支承盘；5—被动毂；6—被动摩擦片；
7—主动摩擦片；8—被动盘；9—弹簧；10—活塞；11—胀圈；12—被动轴

2. 工作特点

概括起来，液力调速离合器调速主要具有以下特点：

(1)恒转矩传递，输入转矩等于输出转矩。

(2)调速范围宽，可在额定转速的30%～100%范围内无级调速。

(3)调速效率也等于转速比，但它的输出轴可以达到同步转速，这是黏滞型调速离合器优于液力耦合器和电磁转差离合器的最大特点。

(4)传动时的转差损失功率随转速比变化；调速运行时，主、从动摩擦片之间完全是油膜润滑，磨损小，工作寿命长。

(5)结构紧凑、体积小、占地面积小，全封闭结构、噪声低。

(6)调速性能对液黏油的质量依赖较大。实际工作中，液黏油经常出现浸水、跑漏等现象，影响了液黏油的质量，从而影响调速性能与精度；而且液黏油需循环水冷却，需定期添加或更换且价格较贵，这就加大了维护的工作量，增加了维护费用。

(7)一般液黏调速只适合大功率电机的调速，使用范围相对狭窄。

(三)电磁转差离合器

1. 基本结构和工作原理

电磁转差离合器又称电磁调速器，主要由电枢与磁极两个旋转部分组成。这两者之间没有机械联系，可各自自由旋转。电枢部分与调速异步电动机的输出轴连接，是主动部分，并由电动机带动其旋转。磁极部分与离合器的输出轴硬性连接，是从动部分。图4-7为电磁转差离合器的结构示意图。图4-7中的电枢部分可以装鼠笼绕组，也可以是整块铸钢。为整块铸钢时，可以看成是无数多根鼠笼条相联，其中流过的涡流便为鼠笼导条中的电流。磁极上装有励磁绕组由直流电流励磁，极数可多可少。

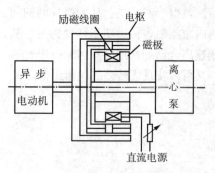

图4-7 电磁转差离合器的结构示意图

电磁转差离合器的电枢部分在异步电机运行时，随异步电动机转子同速旋转，转向设为顺时针方向，转速为 n，如图4-8所示。若励磁绕组通入的励磁电流 $I_L = 0$，电枢与磁极二者之间既无电的联系，也无磁的联系，磁极及所联之负载不转动。这时负载相当于被"离开"。若励磁电流 $I_L \neq 0$，则磁极有了磁性，磁极与电枢二者之间就有了磁的联系，由于电枢与磁极之间有相对运动，电枢鼠笼条要感应电动势，并产生电流，对着 N 极的导条电流流出纸面，对着 S 极的则流入纸面。电流在磁场中流过，受力 F 使电枢受到逆时针方向的电磁转矩 M，由于电枢由异步电动机拖着同速转动，M 就是与异步电动机输出转矩相平衡的阻转矩。磁极则受到与电枢同样大小、相反方向的电磁转矩，也就是顺时针方向的电磁转矩 M，在它的作用下，磁极部分以及负载便顺时针转动，转速为 n'，此时负载相当于被"合上"。若异步电动机旋转方向为逆时针，通过电磁转差离合器的作用，负载转向也为逆时针，二者是一致的。显然，转差离合器电磁转矩 M 的产生，还有一个先决条件是电枢与磁极两部分之间有相对运动，因此负载转速 n' 必定小于电动机转速 n（若 $n' = n$，则 $M = 0$）。

电磁转差离合器原理与异步电动机很相似，但理想空载点的转速为异步电动机转速 n 而不是同步转速 n'。电磁转差离合器的机械特性如图4-9所示。改变励磁电流 I_L，就可以调节负载的转速。

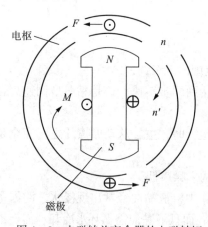

图4-8 电磁转差离合器的电磁转矩

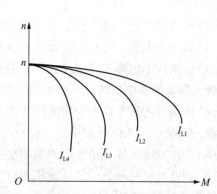

图4-9 电磁转差离合器的机械特性

2. 工作特点

与液力耦合器一样，电磁转差离合器也是利用主动轴和从动轴间的滑差作用来调速的，调速效率为调速装置的转速比。其优点有可靠性高，只要把绝缘处理好，就能实现长期无检修工作；占地面积小，控制功率小，一般仅为电动机额定功率的 0.6% ~ 2%；结构简单，加工容易，价格低廉。但缺点是存在转差损耗，尤其是当转速比较低时，运行经济性较差。

而且，调速的经济性比液力耦合器及液力调速离合器更差。电磁转差离合器适用于转速不很高、调速范围不很宽的中小流量泵的调速传动。

四、变频调速法

变频调速属于电动机直接调速方法之一。

（一）变频调速原理

三相异步电动机的转子转速 n，可由下式计算

$$n = n_1(1-s) = \frac{60f_1}{p}(1-s) \tag{4-13}$$

式中 n_1——异步电动机的定子转速，r/min；

f_1——异步电动机的定子电压供电频率，Hz；

p——异步电动机的极对数；

s——异步电动机的转差率。

由式（4-13）知，极数一定的异步电动机，在转差率变化不大时，转速基本上与电源频率成正比。因此，只要能设法改变异步电动机定子绕组供电电源的频率 f_1，就可改变转速 n。如果频率 f_1 连续可调，则可平滑的调节转速，此为变频调速原理。

实际上，若仅改变电源的频率并不能获得异步电动机满意的调速性能。必须在调节的同时，对定子相电压 U_1 也进行调节，使 f_1 与 U_1 之间存在一定的比例关系。三相异步电动机运行时，忽略定子阻抗压降时，定子每相电压为

$$U_1 \approx E_1 = 4.44 f_1 N_1 k_{W1} \varPhi_m \tag{4-14}$$

式中 E_1——气隙磁通在定子每相中的感应电动势；

f_1——定子电源频率；

N_1——定子每相绕组匝数；

k_{W1}——基波绕组系数；

$\varPhi_m$——每极气隙磁通量。

如果改变频率 f_1，且保持定子电源电压 U_1 不变，则气隙每极磁通量 $\varPhi_m$ 将增大，会引起电动机铁芯磁路饱和，从而导致大的励磁电流，严重时会因绕组过热而损坏电机。因此，降低电源频率 f_1 时，必须同时降低电源电压，已达到控制磁通量 $\varPhi_m$ 的目的。对此，需要考虑基频（额定频率）以下的调速和基频以上调速两种情况。

1. 基频以下变频调速

一般在电动机设计时，为了充分利用铁心材料，都把 $\varPhi_m$ 值选在接近磁饱和的数值附近。因此，$\varPhi_m$ 的增大就会导致磁路过饱和，励磁电流大大增加，这将使电动机带负载的能力降低，功率因数值变小，铁损增加，电动机过热。从式（4-14）可知，当 f_1 从额定值（我国通常为50Hz）往下调节时，为了防止磁路的饱和，应使电压和频率按比例的配合调节，即当降低定子电源频率 f_1 时，保持 U_1/f_1 为常数，使气隙每极磁通量 $\varPhi_m$ 为常数。这时，电动机的最大电磁转矩和临界转差率为

$$T_m = \frac{m_1 p U_1^2}{4\pi f_1 \left(r_1 + \sqrt{r_1^2 + (x_1 + x_2')^2}\right)} = \frac{m_1 p}{4\pi}\left(\frac{U_1^2}{f_1}\right)^2 \frac{f_1}{r_1 + \sqrt{r_1^2 + (x_1 + x_2')^2}} \tag{4-15}$$

$$s_m = \frac{r_2'}{\sqrt{r_1^2 + (x_1 + x_2')^2}} \tag{4-16}$$

式中 r_1、r_2'——定子阻抗、调频后转子阻抗；

$\quad\quad x_1$、x_2'——定子漏抗、调频后转子漏抗；

$\quad\quad m_1$——相数。

由上式可知，当 $U_1/f_1 = \text{const}$ 时，在 f_1 较高接近额定频率情况下，$r_1 < < (x_1 + x_2')$，随 f_1 降低，T_m 减少的不多；当 f_1 较低时，$(x_1 + x_2')$ 较小，r_1 相对变大，则随 f_1 降低，T_m 就减小了。因此，采用电压频率比为常数的近似恒转矩控制方式，低频段加以电压补偿；在额定频率 50Hz 以下时，采用只调频不调压的近似恒功率控制方式。

2. 基频以上变频调速

当电动机在额定转速以上运行时，定子频率将大于额定频率。这时若仍采用恒磁通变频调速，则要求电动机的定子电压随着升高。可是电动机绕组本身不允许耐受过高的电压，电压必须限制在允许值范围内，这就不能再应用恒磁通变频调速。在这种情况下，只能保持电压为 U_N 不变，频率 f_1 越高，磁通 Φ_m 越低，是一种降低磁通升速的方法。

（二）变频调速技术特点

（1）变频调速设备（简称变频器）结构复杂，价格昂贵，容量有限。但随着电力电子技术的发展，变频器向着简单可靠、性能优异、价格便宜、操作方便等趋势发展。

（2）变频器具有机械特性较硬，静差率小，转速稳定性好，调速范围广（可达 20:1），线性好，控制精度高，平滑性高等特点，可实现无极调速。

（3）变频调速时，转差率 s 较小，则转差功率损耗较小，效率较高。

（4）变频装置发生故障，泵仍可改由电网供电继续运行。

（5）启、制动能耗少。

（6）变频调速装置的初投资比较高；变频器输出的电流或电压的波形为非正弦波而产生的高次谐波，会对电动机及电源产生种种不良影响，应采取措施加以清除。

可见，变频调速有着效率高、精度高、范围宽、转矩脉动小以及使用、安装简便等特点，是异步电动机的一种比较理想的调速方法。

（三）变频调速技术应用方案

1. 经济性论证

是否选用变频调速，首先要明确利用变频调速装置的目的是以节能为主还是仅作为调节系统性能的操作执行机构。对用于节能目的的变频调速装置，应考虑其投入与产出比和投资回收期，若投资回收期远大于 2.5 年，应优选其他调速方案。对于某个在固有管网中运行的机泵，是否选择变频调速装置，一是看其实际工况点是否在最佳效率点的 84% ~20% 之间；二是看其工况是否具有一定的波动范围。若二者兼备，则应优选变频调速装置，否则应考虑其他调速装置或换泵。

2. 变频器选用

变频调速系统通常由变频器、变送器和调节器及仪表柜等构成。

在具体的变频调速系统设计时，首先要认真分析管网的特性，在此基础上做出正确的机泵选型方案，再根据管网、机泵之间的变化特性选择变频器。一般来说，长输管道沿途地形复杂，如兰成渝输油管道全长 1 250km，途经甘、陕、川、渝三省一市，穿越黄土高原、秦岭山地、成都平原和川渝丘陵，海拔高差大（最高点和最低点高差为 2 268.3m）。为保证输油管道长时间正常输油，需要变频器具有足够大的调速范围和输出转矩，良好的动、静态性能，很高的可靠性和可维护性，运行大容量变频器，还应考虑尽量减少其对供电电网谐波和功率因数的影响。

对于不同管网环境、不同机泵及不同流量变化类型等工况特点，变频器及其控制信号的选择也大不相同，这就涉及控制方式的选择。控制方式有压力控制方式和流量控制方式两种。下面以长输管道的串联泵系统和油田的并联泵系统为例说明控制方法的选择。

长输管道串联泵选用的变频调速装置，应采取压力控制方式，特别是在密闭输送的情况下。调速系统可按下述方案设计：

(1) 在串联的 n 台泵机组中，只需一台配置变频调速装置即可。

(2) 未配置调速装置的泵的扬程设定应为

$$H = (h_{max} - \Delta h_{max}) / (n - 1) \qquad (4-17)$$

式中　h_{max}——全程最大流阻，m；

　　　Δh_{max}——全程流阻波动的最大值，m。

(3) 配置变频调速装置泵的扬程应为 Δh_{max}，尽量使此泵的扬程处于全程变化状态。

油田并联泵的工作情况可归纳为两种，一种是同站多泵并联用于高液位供液。此种情况下，管线流阻大大小于高差，并联泵应为流量控制方式，且可按下述方案设计：

(1) 在并联的 m 台泵机组中，只需一台配置变频调速装置即可。

(2) 未配置变频装置的泵的流量设定为

$$Q = (Q_{smax} - \Delta Q_{smax}) / (m - 1) \qquad (4-18)$$

式中　Q_{smax}——系统最大流量，m³/h；

　　　ΔQ_{smax}——系统流量波动的最大差值，m³/h。

配置变频调速装置泵的流量应为 ΔQ_{smax}，尽量使此泵的流量处于全程变化状态。

另一种情况是油田生产管网中，多个不同区块的泵站，排液于同一条管线。这时仅以本站泵出口压力作为控制信号已不能完全满足控制要求，为随时根据生产需要协调各站之间的流量分配，就必须在各站均安装一台变频调速装置，并统一由计算机(或 PCL 单片机)进行联网智能控制，同时必须采用流量控制方式，否则就不能达到预期目的。

变频系统运转频率的调节采用闭环控制方式还是开环手动调节方式则要视输油系统管网波动情况而定。若管网运行参数波动较小，一般可采用闭环控制方式。假设采用的是压力控制方式，则控制系统就会根据压力变送器变送输出的电流值来决定变频器的输出频率。这样保障输油系统的安全运行又使整套系统更加方便操作，智能自动化更强。若管网运行参数波动较大，考虑到输油系统要求安全平稳运行的特点，系统不宜采用闭环调节控制。虽然闭环控制能自动调节各种原因引起的输油管网压力波动，但容易引起振荡造成系统因自动保护而停机，甚至引起输油系统的扰动，给输油生产的调度指挥带来不利的影响。而采用开环人为控制，在不同工况下，人为地设定和调整变频系统的参数，可保障输油系统的安全平稳运行。

3. 变频器应用系统方案

变频调速系统应用到输油泵机组固然可产生较好的节能效益，但由于输油系统属于油田或长输管道生产中的一个重要枢纽环节，长时间连续运转，除对变频器本身要求有极高的可靠性之外，在技术方案上必须与现场的工艺特点相结合，适应现场操作，并完全能与原来的电气系统互相兼容，做到诸如启动、停机以及调节等方面的安全性、适用性和方便性。因此，变频调速系统在设计应用时通常具备以下功能。

(1) 设置工频、变频手动切换功能。变频系统与原动力矩的工频软启动器系统能手动自由切换。一旦变频系统出现种故障，可以手动切换到工频挡，将变频系统甩开，在变频系统维修期间可保障输油泵的正常运行，满足输油企业生产的需要。

（2）现场设置启动、停止以及紧急停机按钮，控制室内设上位机对运行参数进行实时显示，极大地方便了现场操作人员的操作和对设备运行状态的监视。

（3）优选系统的保护参数，确保输油系统的连续平稳运行，在应用于输油系统时必须慎重选择，并对一些保护的参数按实际需要进行设置。

（4）在变频调速系统内设置适合于现场实际的报警功能，并对运行的参数、操作情况和故障情况等具有详细的记录功能。

除了变频调速外，电动机直接调速的方法还有串级调速、转子回路串电阻调速、改变定子电压调速以及变极调速，但在储运系统中的应用不如变频调速广泛。

五、调速方式对比

泵调速节能的经济潜力巨大。但是由于各种调速方式在性能指标、节能效果、资金投入等方面各有其优缺点，究竟应采用何种调速方案，应根据其设计余量、场地位置、资金投入等情况全面考虑，选择合适的节能调速方案。

各种调速方式的一般性能和特点汇总于表4-4之中。

表4-4　各种调速方法的性能、特点对比表

调速方式	转子串电阻	定子调压	电磁离合器	液力耦合器	液黏离合器	变极	串级	变频
调速方法	改变转子串电阻	改变定子输入调压	改变离合器励磁电流	改变耦合器工作腔充油量	改变离合器摩擦片间隙	改变定子极对数	改变逆变器的逆变角	改变定子输入频率和电压
调速性质	无级	无级	无级	无级	无级	有级	无级	无级
调速范围	50%~100%	80%~100%	10%~80%	30%~97%	20%~100%	2, 3, 4, 挡转速	50%~100%	5%~100%
响应能力	差	快	较快	差	差	快	快	快
电网干扰	无	大	无	无	无	无	较大	有
节电效果	中	中	中	中	中	高	高	高
初始投资	低	较低	较高	中	较低	低	中	高
故障处理	停车	不停车	停车	停车	停车	停车	停车	不停车
安装条件	易	易	较易	场地	场地	易	易	易
适用范围	绕线型异步机	绕线型、笼型异步机	笼型异步机	笼型异步机、同步电动机	笼型异步机、同步电动机	笼型异步机	绕线型异步机	异步电动机、同步电动机

在具体进行流量调节方案选择时，除了考虑要各方案的效率、耗能外，还要结合改造泵的具体工作状况以及各种方案的经济性进行综合比较。

1. 单台泵独立工作的情况

对于外输油泵、灌装泵等独立工作的泵，若对其流量调节没有特别要求的应不考虑选用调速装置。此时，泵可通过连续或间歇工作制调节流量，泵的额定扬程可在高于管道流阻的

10%之内选取。若将来输送液量发生变化时，应考虑输送液量的变化是逐渐增长还是阶跃性增长，若是阶跃性的，它的时间间隔是多少，变化幅度多大。在此基础上，进行经济评估，合理选择调速装置类型。

对于加药泵、锅炉给水泵等来说，其工况要求频繁调节。其流量变化类型一般为全程变化，因此，此类调速装置应优选变频调速。这类泵一般排量较小，同时对排量变化的精度要求较高，在排量许可的情况下宜选用柱塞泵等容积式泵，以便控制。这类泵的控制方式多为流量、温度、液位等控制方式。

因此，对于流量较固定的泵而言，当流量裕度在10%左右时，采用变频调速、串级调速和液力调速离合器调速的经济性还不及节流调节或与之相当，因而此时只要采用节流调节即可，不必采用变速调节。当流量裕度在20%左右时，则采用变频调速、串级调速较为经济，而采用变极调速和液力调速离合器不能起到节电作用。当泵的流量裕度在30%时，选用变极调速最为经济，即使在满负荷连续运行工况下，电机也可在低速挡运行，并满足流量要求，但变极调速是有极调速，若不能适应流量变化时，则要采用变频调速或串级调速方案。

2. 泵联合工作的情况

对于长期处于低负荷运行的泵机组，考虑到长期运行的安全可靠性、经济性和操作维护工作量等，应优先选择变频调速和串级调速方案。其中，变频调速的优势较为突出，故目前，变频调速是大部分离心泵机组最理想的调速方案。只是对于不同联合方式的泵机组，其变频调速控制方式有所不同。

第五章　加热炉节能技术

第一节　高效燃烧技术

　　表征加热炉燃料完全燃烧程度，评价各种燃烧室运行经济性的主要指标是燃烧效率。燃烧效率亦称燃烧室效率，定义为一定量的燃料在燃烧室（或火筒）内燃烧时实际可用来加热燃烧产物的热量，与该燃料在绝热条件下实现完全燃烧时所释放出来的低发热量之比。要想提高加热炉燃烧效率，必须设法调整和组织好炉内的燃烧工况，使燃料充分燃烧，降低不完全燃烧损失。而燃料充分燃烧有三个必须的条件，一是要有足够的空气量，燃料与空气能充分混合；二是要有燃料着火所必须的温度，即有足够的炉膛温度；三是要能保证燃料与氧的接触时间满足其所必需的反应时间，即要求燃料在炉内停留一定的时间。

一、控制合理的过量空气系数

（一）最佳过量空气系数的取值

　　加热炉合理的过量空气系数 α 对于促进燃料充分燃烧非常重要，是燃烧调节的关键。α 过低，可燃物往往由于得不到氧气而不能完全燃烧，造成不完全燃烧损失增大；α 过高，会使排烟损失加大，并使加热炉内的燃烧温度下降，恶化燃烧条件，从而使不完全燃烧损失加大。因此，过量空气系数应控制在一个经济的数值，即最佳过量空气系数，这一数值使排烟热损失 q_{py}、气体不完全燃烧热损失 q_{ql} 和固体不完全燃烧热损失 q_{gl} 三者之和最小，如图 5－1 所示。

　　加热炉设计和操作中的过量空气系数控制值可参考表 5－1 和 5－2 选取。表 5－1 是国外加热炉设计和操作中的过量空气系数控制值表。

　　表 5－2 中的数据是我国石油化工管式加热炉设计标准中规定的过量空气系数值。

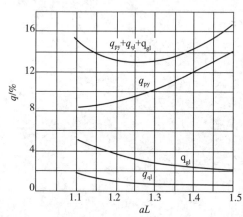

图 5－1　最佳过量空气系数

表 5－1　国外有关设计标准规定的加热炉过量空气系数

燃烧器类型		操作	燃料名称	过量空气系数 －100/%	
				单个燃烧器	多个燃烧器
气体燃烧器	外混式	自然通风		10～15	15～20
		强制通风		5～10	10～15
	预混式	自然通风和强制通风		5～10	10～20

燃烧器类型	操作	燃料名称	过量空气系数 -100/%	
			单个燃烧器	多个燃烧器
燃油燃烧器	自然通风	石脑油	10 ~ 15	15 ~ 20
		重油	20 ~ 35	25 ~ 30
		渣油	25 ~ 30	30 ~ 35
	强制通风	石脑油	10 ~ 12	10 ~ 15
		重油	10 ~ 15	15 ~ 25
		渣油	15 ~ 20	20 ~ 25

表 5 - 2 我国管式加热炉设计标准要求的过量空气系数

燃烧器类型	过量空气系数	
	燃油	燃气
自然通风	1. 25	1. 20
强制通风	1. 20	1. 15

国内的规范要比表 5 - 1 中的数值稍显严格，但国内加热炉操作中的过量空气系数实际控制值通常大于表 5 - 2 中的数值。

(二)过量空气系数的调节方法

要实现加热炉的过量空气系数的调节，并保持在最佳值，需要合理选定送风量、送风压力等参数，从而将过量空气系数调节至最佳值，并实行科学控制。

(1)负压加热炉引风的调节。对负压燃油炉的风量调节，主要是通过调节炉膛负压大小来调节引风量。而炉膛负压可通过改变油嘴的送风挡板开度进行调节。当引风量过大时，应开大油嘴的送风挡板，降低负压，减少引风量；当引风量过小时，应关小油嘴送风挡板，提高负压，增加引风量。但由于炉膛热强度随负压增加而减弱，漏风量随负压增强而增加，因此负压的调节不可盲目增大，不然会降低加热炉效率。正常运行的炉膛负压应控制在 30 ~ 50Pa 范围内。

(2)微正压加热炉送风的调节。微正压加热炉多采用鼓风送风方式，可通过自动空气调节器调整送风压力来调节送风量。在可能的情况下可适当提高风压，以利于节约燃料。但风压不能过高，过高会加大送风阻力，增加电耗。同时，当风压过高时风速也会过大，可引起火焰变短，火速变快，容易使过剩空气系数偏大，严重时甚至发生断火和爆炸事故。

当通过燃烧器配风挡板和风道挡板配合调整来调节送风量时，应注意，风道挡板开大使风压增大(关小使风压减小)，而燃烧器配风挡板的开大则使风压减小(关小使风压增大)。由此当燃烧的风量偏小，同时风压偏高时，可调大燃烧器配风挡板。若风压偏低，则开大风道挡板。当燃烧的风量偏大，同时风压偏高时，可关小风道挡板。若此时风压偏低，则调小燃烧器配风挡板。

(3)科学控制。所谓科学控制是指应动态观察和分析炉内燃烧状况及烟气残氧含量，并合理调节。通常采用的控制手段是根据烟气中残氧量的多少来控制燃烧过程，残氧量越少越好。除了要控制加热炉烟气中的氧含量，还要控制烟气中的 CO 含量，正常的 CO 含量为 50 ~ 150mL/m³。为了准确地控制燃烧实际需要空气量，可以采用氧化锆氧量计等烟气分析仪表，与送风部分组成闭环控制系统，实现运行测控，及时调整送风量，使加热炉燃烧工况达到理想状态，即通过自动运行控制系统实现，将在本节第六部分作出具体介绍。

（三）控制加热炉的漏风量

除了控制过量空气系数处于合理值外，还要控制加热炉的漏风量。目前新设计加热炉的对流室漏风量很少，控制漏风主要是要控制辐射室的漏风。因此，对炉体（辐射室）所有缝隙特别是加热炉防爆门、看火孔等，缝隙较大、漏风严重部位用硅酸岩保温层进行填充和密封。

其次，与微正压燃烧比较，负压炉的燃烧强度小，炉膛烟道等负压部位容易漏入空气，致使负压炉比微正压炉的热效率低。因此，对于负压炉，经常检查、堵塞漏风是提高炉效的重要措施。

二、改善加热炉燃料质量

国内长输管道加热炉大多就地取用管道干线原油为主要燃料。但国产原油黏度高，含蜡、无机盐、硫等成分高，燃烧易产生炭黑等不完全燃烧产物，不完全燃烧损失较大，还会使加热炉结炭和结盐，对环境造成污染。油气田加热炉所用燃料一般为含水和轻烃的天然气，或含水、沙和腐蚀性介质的原油等，也属于只经过粗处理的燃料。如果不采取有效措施，这些燃料会给使用带来许多麻烦，出现如，冬季燃气管路和控制阀冻结，原油含水高不易点火甚至熄火，细沙磨损堵塞喷嘴，磨损供油泵的密封件等问题。这些问题的发生会严重影响加热炉运行效率和可靠性。为了提高加热炉燃烧效率，减少运行时的安全隐患，对加热炉燃料质量的改善非常必要。

（一）用天然气代替燃油

天然气是一种清洁能源，对加热炉设备和环境影响很小，是当前燃油、燃煤最可行的替代燃料。但燃油加热炉不能盲目改用天然气。其原因在于，燃气后辐射段吸热不足，排烟温度升高，热损失大，与原油相比存在热效率不高的问题。

根据加热炉热力计算可知，在不考虑余热回收的情况下，影响排出烟气温度的因素有辐射段辐射物的数量、辐射温度和被辐射面积以及对流段的对流温度和对流面积等。由此可见，造成燃气排烟温度高的原因有三，一是原油发热量高于天然气，理论燃烧温度较高；二是天然气燃烧时炉内辐射成分主要为三原子气体，而燃料油燃烧时辐射成分中除三原子气体外，还有大量炭黑，其结果必然是燃油炉内热辐射强，炉内热负荷大；三是加热炉以天然气为燃料燃烧时，炉膛传热不足，改变了加热炉内温度分布，影响辐射段与对流段吸收热量的比例。

因此，燃油加热炉换烧天然气时，应对原加热炉进行必要的技术改造，增大其受热面或增设余热回收装置，降低烟温，从而达到提高效率的目的。

（二）乳化燃料

乳化燃料的燃烧过程，同一般液体燃料扩散燃烧相似，主要需经历雾化、蒸发、混合燃烧三个阶段。雾化的好坏（主要是雾化粒度的粗细和雾炬形状）、油雾蒸发的快慢、与助燃剂（空气）混合的好坏直接影响燃烧效果。

与普通液体燃料有所不同的是，乳化燃料（尤其乳化重油）含有一定量分散较为均匀的水和少量的乳化剂。水在乳化燃料燃烧中的性质和变化对其节能降耗效果的影响较大，主要体现在以下几个方面。

(1)"微爆"引起二次雾化。二次雾化使油滴再次得到细化，其直径大多小于 $15\mu m$，大大增加了油的相对蒸发面。此时，油几乎以单分子量级与空气直接迅速发生燃烧反应，使燃烧更充分、更安全，提高了燃烧效率。

(2)水蒸气的溶解作用，减少炭黑和氮氧化物生成。温度高于 498.15K 后，过热水蒸气介电常数与有机溶剂接近，使高温水蒸气对大部分非极性有机烃类化合物具有很强的溶解能力，与油雾成为胶体(气溶胶)，进而油微粒汽化比率显著增加，汽化时间缩短到原汽化时间的 1/7~1/8，迅速形成油汽。由于油汽与空气的混合接触面积远大于液体油粒与空气，乳化油汽与空气可得以充分混合，提高了燃烧完全程度，减少了炭黑生成。此外，水蒸气对油粒的溶解作用使油汽和空气混合均匀，火焰中心尤其最高点温度下降，炉膛温度趋于均匀，显著降低了氮氧化物(NO_x)的生成量。

(3)发生连锁反应，改善燃烧过程。少量高温热裂解产生的浮状炭粒会与水蒸气发生水煤气反应，生成可燃气体 CO 和 H_2。这些产物在高温下与空气接触后又发生剧烈的链式反应，其生成热量远大于水煤气反应所吸收的热量，提高了燃料单位质量发热量，减少了烟气中的烟尘含量，从而改善了燃烧过程，提高了燃烧效率，净化了环境。

(4)水蒸气的热辐射能力。乳化燃料燃烧时，水蒸气的迅速气化使得燃烧产物中含有的无辐射能力的 N、O 浓度降低，CO 和 H_2O(汽)三原子物质浓度增加，辐射能力显著提高。并且水蒸气的辐射能力远高于 CO，同时使烟气的黑度增加，使炉内高温烟气的辐射换热得到强化，单位体积炉膛的燃烧能量密度增加。

(5)降低 SO_3 生成量。一般燃料油中的 S 燃烧后全部生成 SO_2，但在通常的过量空气系数条件下，约有 1%~3% SO_2 转化成 SO_3。在 400℃以上，烟气中的 SO_3 不腐蚀金属，但当烟气温度降到 400℃以下，SO_3 将与水蒸气化合生成硫酸蒸汽，当其凝结到炉子尾部低温受热面上时就会发生低温硫酸腐蚀。与此同时，凝结在低温受热面上的硫酸液体还会黏附烟气中的灰尘形成不易清除的积垢，使烟气通道不畅甚至堵塞。乳化油雾化燃烧时过量空气系数由普通燃烧的 1.3 左右可降到 1.02~1.05，显著降低了 SO_3 的生成量。其次，由于 SO_2 氧化生成 SO_3 是放热可逆反应，当升高温度时，SO_3 生成量减少。一般认为，燃烧区温度高于 1127℃以上，燃烧中不会有 SO_3 生成，露点相对降低，有利于烟气余热回收。

此外，乳化燃料中含有的少量乳化剂也有提高燃烧效率的作用，这是因为其中的乳化剂含有分散剂成分，可以分散燃料油中的焦炭状物质、沥青及游渣等，防止生成"凝胶－溶胶"堵塞管道和喷嘴。同时，乳化燃料低温黏度较低(70℃时一般远低于 $100mPa\cdot s$)，比较容易实现充分雾化，平均雾化粒径相对较小，有利于燃料与空气的混合，为降低过量空气系数提供了有利条件。

掺水乳化燃烧技术现已是一项成熟的节能技术，其乳化装置主要包括乳化剂水罐、计量泵、乳化器。乳化剂用量控制在万分之二左右，掺水量控制在 60% 左右，通过乳化燃烧，节油效果显著。图 5-2 是某输油站乳化油制备及传输工艺流程的示意图，该图具有一定的普遍适用性。如图所示，乳化水和燃油按一定比例加压后经过静态乳化器，就可制备成品乳化燃料油。而乳化水在进入静态乳化器前经历调配和传输两个过程。乳化水的配制过程是用量筒量取一定量的乳化剂加入乳化剂罐中间隔板的一侧，再往其中加入乳化水调配比例对应量的自来水，按下乳化剂罐电加热器电源按钮给乳化剂罐中的水加热至设定值备用。乳化剂的传输过程是先打开静态乳化器前后阀门，再打开乳化剂罐一侧(另一侧备用)出口阀门及

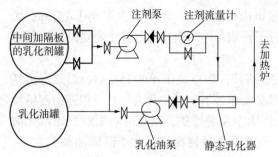

图 5-2 某输油站乳化油制备及传输简图

注剂泵入口阀，然后开启注剂泵，调整泵出口阀，使通过流量计的乳化水与燃料油的比例为设定比例，关闭静态乳化器的旁通阀。

在设计燃料油掺水并添加乳化剂乳化的工艺流程时，还应充分利用原燃料油供给系统，满足简单实用、占地少、空间利用合理、易于实施和操作、自动化程度高等要求。但目前乳化油存在经过燃烧器一次加热容易破乳、燃料油中的水分易造成燃烧器点火困难或无故灭火等问题，因此还需进一步研究可靠的燃油乳化燃烧技术。

（三）添加燃油助燃剂

燃油助燃剂是高度浓缩的燃烧促进剂，由一些油溶性有机金属盐（如磺酸盐、环烷酸盐等）界面活性剂、抗氧稳定剂及部分高效能溶剂组成。采用助燃剂可收到分散、助燃、抗氧和防腐的效果，其作用机理在于：

（1）燃油助燃剂掺入重质燃油中，对燃油起着催化氧化作用，在燃烧时能与残留在燃烧室内的残炭作用，使之燃尽，有效地防止游离炭的生成，减少积炭灰，有助于传热。

（2）重质燃油助燃剂中含有抗氧化剂及降凝剂等，对重油有强扩散渗透作用，能有效阻止蜡析聚成网状物，并减少沥青质沉淀、油泥的积沉，改善燃油的流动性，使燃油雾化状态良好，燃烧效率提高。

（3）在防腐方面，由于重质燃油助燃剂是微碱性，其中的组分能使硫酸生成硫酸盐，从而可防低温腐蚀。且掺入重质燃油助燃剂后，该助燃剂中的有机镁盐组分能同燃油中的钒钠化合物形成高燃点的络合钒酸盐。这种化合物不易融蚀，从而能防止燃油中的钠和钒对炉子产生高温腐蚀，同时它干而脆，易被清除。

根据燃油助燃剂催化燃烧后的产物的不同，一般将其分为两类：一类是含金属或固体非金属氧化物的有灰型助燃剂，一类是含纯有机物的无灰型助燃剂。

1. 有灰型助燃剂

有灰型助燃剂根据其金属特性，又可分为以下几类：碱金属盐（无机盐，有机盐）；碱土金属盐（无机盐，有机盐），氧化物；过渡金属盐，氧化物；稀土金属盐，氧化物；贵金属及其有机配合物。

这些化合物以可溶性的羧酸盐、环烷酸盐、碳酸盐、磺酸和磷酸有机盐、酚盐、有机配合物、金属及其氧化物等形式引入燃料，主要通过金属功能元素的催化作用，如变价金属化合物的电荷转移作用，主族元素的电子发射作用，燃油分子和氧的活化吸附作用以及对炭烟前身物的催化加氢作用等，产生助燃、消烟、除积炭和节油功能。表 5-3 给出了一些有灰型助燃剂的性质组成及作用效果。

2. 无灰型助燃添加剂

无灰型助燃剂是含有多种官能团，不含金属的纯有机化合物，主要是通过整体分子在高温下分解产生活性自由基，对燃料氧化燃烧，使其产生具有催化助燃和节能助燃的作用。

根据结构和组成，无灰型助燃剂可主要分为以下几类：羧基及酯类助燃剂、胺类助燃剂、复合有机物助燃剂、聚合物类助燃剂和多效复合助燃剂。表 5-4 给出了一些无灰型助燃剂的结构、组成及作用效果。其最大特点是燃烧后无灰，不会对燃烧系统造成不利影响。

表 5 – 3　有灰型助燃剂的性质组成和作用效果

类别	组成	添加量/%	使用燃油种类	功效
碱金属化合物	KNO_3，N_aNO_3，K_2CO_3，$KClO_3$，$KMnO_4$	0.1 ~ 5	重油、柴油	助燃、消烟，洁净喷油嘴，节油 10% ~ 20%
碱土金属化合物	$(RCO_2)_3Al$　$(RCO_2)_2Mg$　$(RCO_2)_2Ca$　$(RCO_2)_2Ba$	0.05 ~ 2	柴油、重油	消烟、助燃，降低 SO_2 排放，减少炭烟 60% ~ 80%
过渡金属化合物	二茂铁、苦味酸铁、甲基环戊二烯三羰基锰，环烷酸 Fe、Co、Zn、Mn，有机铜锰复合物，金属氧化物	0.01 ~ 2	汽油、柴油、重油	消烟、助燃，降低烟度 ≥40%，节油 15% ~ 20%
稀土化合物	Ce，La 的羰基配合物脂肪酸盐、环烷酸盐乙酰丙酮盐	0.0025 ~ 1.5	汽油、柴油、重油	助燃、节能，消烟 ≥20%
贵金属	铂、钯、铑金属配合物	0.00001 ~ 0.0003	汽油、柴油、重油	消烟、助燃，降低 CO ≥60%，降低 NO_x ≥50%

表 5 – 4　无灰型助燃剂的结构、组成及作用效果

类别	组成	添加量/%	使用燃油种类	功效
羧基及酯类助燃剂	乳酸酯类	0.05 ~ 0.1	柴油、重油	助燃、节油 10% ~ 20%
	有机过氧化物	0.001 ~ 0.1	柴油、重油	助燃，降低 CO，NO_x 排放
	酮醚、酯醚	0.1 ~ 10	汽油、柴油、重油	助燃、节能、降污
	硝酸酯	0.01 ~ 0.1	柴油、重油	消烟、助燃
	羧酸混合物	0.01 ~ 1	柴油、重油	助燃，降低 HC，NO_x 排放
胺类助燃剂	多乙烯多胺醇胺 $CH_3(CH_2)n(CO)mNH_2$	0.01 ~ 0.3	汽油、柴油、重油	助燃、清净，降低 CO 和炭烟排放
复合有机物类	酚醛基取代丁二酰亚胺	0.01 ~ 0.5	汽油、柴油、重油	清净、助燃、节能
聚合物类助燃剂	聚异丁烯、聚烯醇、聚异丁烯丁二酰亚胺	0.01 ~ 1	汽油、柴油、重油	清净、助燃，减少积炭结焦
多功能复合物	多功能单剂复合	0.04 ~ 1	柴油、重油	助燃、清净，降低废气排放

根据助燃剂作用机理分析，多组分燃油助燃剂比单组分效果好。

（四）磁化处理

燃油由碳氢化合物组成，当其以一定流速通过强磁场时，其磁力线与燃料流动方向垂直，让磁力线切割碳氢化合物的分子链而减弱其分子间的作用力，使之易与空气接触并提高了雾化程度。同时，由于经磁化过的油分子的碳链断开，大分子物质变成了小分子物质，降低了油的黏度和表面张力，其表面积骤增，加强了燃料与空气的混合，所以可最大限度地减少助燃空气量，避免了多余空气带走热量，并相应地减少其附带产生的 NO_x，因此在达到完全燃烧目的的同时，又减轻了对环境的污染。

实践证明，经磁化处理过的燃油比未处理的可提高效益 5% ~ 10%，同时，它还具有节省能源，便于油管输送，避免了燃油嘴结焦等优点。

三、应用高效节能燃烧器

燃烧器是加热炉的核心部件和核心技术，很大程度上决定了加热炉的燃烧效率、环保排放等运行指标。选用高性能燃烧器也是完善燃烧系统，提高燃烧效率的主要措施之一。高效节能燃烧器应具备的特征主要有两点，一是燃烧器本身具有良好的燃烧特性，二是具备便于准确操作的自动控制性能。而燃烧器具有良好燃烧特性的关键技术在于空气与燃料的混合效果，对于燃油燃烧器而言就是燃烧器的燃油雾化效果，对于燃气燃烧器而言就是气体燃料与空气的混合效果。

（一）燃油燃烧器

燃油的燃烧方法主要有雾化燃烧法、气化燃烧法和乳化燃烧法3种。其中，雾化燃烧是加热炉中燃油的主要燃烧方式。燃油的雾化燃烧过程主要分为四个阶段，即雾化、混合、预热蒸发和着火燃烧。雾化阶段是决定燃油最终燃烧效率的关键，其过程可简单地描述成：燃油从喷嘴喷出时形成油流，由于初始湍流状态和空气对油流的作用，使油流表面发生波动，在外力作用下，油流开始变为薄膜并被碎裂成细油滴。油滴在飞行过程中，受外力（油压形成的推进力、空气阻力和重力）和内力（内摩擦力和表面张力）作用，只要外力大于内力，油滴便会再分裂，直到最后内力和外力达到平衡，油粒不再破碎。

为了尽量减少不完全燃烧损失，通常对燃油的雾化程度提出以下要求：

（1）雾滴要细，一般要求直径不大于$50\mu m$，但也不能太细，否则要消耗更多的能量；

（2）雾滴大小要均一，要求不大于$50\mu m$的雾滴量不少于85%；

（3）油流股断面上雾滴的分布要均匀。

通常采用的雾化方法有机械式雾化法和介质式雾化法。机械式雾化属于间接雾化，是指燃油在高压下以较大的速度并以旋转运动的方式从小孔喷入气体空间使油雾化，通过喷油嘴喷出，如图5－3所示。按该原理工作的雾化喷嘴有直流式、离心式和转杯式三种，如图5－4所示，前两者也称为油压式喷嘴。

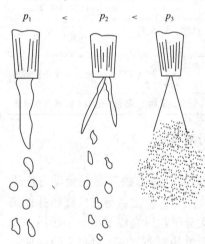

图5－3　雾化后的油滴直径随雾化器内油压变化的示意图

介质式雾化属于直接雾化，是指利用以一定角度高速喷出的雾化介质（即雾化剂），使油流股分散成细雾。其原理在于雾化介质冲击油流股时，摩擦力或冲击力大于油的表面张力，油流先分散成夹有空隙气泡的细流，继而破裂成细带或细线，最后又在油本身的表面张力作用下形成雾滴。根据雾化剂压力的不同，分为高压雾化（1×10^5Pa以上）、中压雾化（$1\times10^4 \sim 1\times10^5$Pa）和低压雾化（$3\times10^3 \sim 1\times10^4$Pa）。常用的雾化剂有空气、压缩空气、水蒸气等。

因此，根据雾化方法不同，雾化喷嘴分为油压式喷嘴、转杯式喷嘴和气体介质雾化式喷嘴。其中转杯式喷嘴和气体介质雾化式喷嘴的综合雾化效果较好。

1. 转杯式喷嘴

转杯式喷嘴的结构如图5－5所示，其旋转部分由高速（3000～6000r/min）转杯和通油的空心轴组成。转杯是一个耐热空心圆锥体。空心轴上设有一次风机叶轮，在高速旋转下能产生较高压力（2.5～7.5kPa）的一次风。喷嘴工作时，燃油从油管引至转杯的根部，随着转杯的旋转运动沿杯壁向外流到杯的边缘，在离心力的作用下飞出。一次风通过导流片后作旋转运动，旋流方向与燃油的旋转方向相反，从而帮助把油雾化得更细，得到更好的雾化效果。

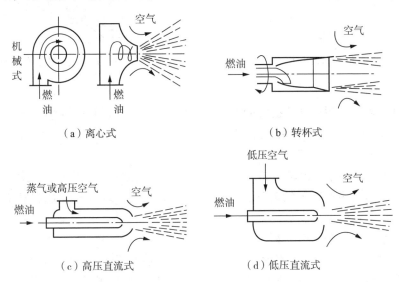

（a）离心式   （b）转杯式

（c）高压直流式   （d）低压直流式

图 5-4　雾化方法简图

　　转杯式喷嘴由于不存在喷孔堵塞和磨损问题，因而对油的杂质不敏感，油黏度也允许高一些。且这种喷嘴在低负荷时不降低雾化质量，甚至会因油膜减薄而改善雾化细度，因此调节比最高，可达1:8。转杯式喷嘴油粒大小和分布比较均匀，雾化角较大，火焰短宽，进油压力低，易于控制，但雾化油粒较粗。此外，它的最大缺点是由于其具有一套高速旋转机构，结构复杂，对材料、制造和运行的要求较高。

　　2. 气体介质雾化式喷嘴

　　气体介质雾化式喷嘴根据介质压力可分为低、中、高压喷嘴三种。其中高压介质雾化式喷嘴利用高速喷射的介质(0.3~1.2MPa 的蒸汽或 0.3~0.6MPa 的空气) 冲击油流，雾化效果最好。该型喷嘴可分为内混式(图 5-6)和外混式(图 5-7)两种。总的特点是结构简单运行可靠，雾化质量好而且稳定，火焰细长(2.5~7m)，调节比可达1:5，对油种的适应性好。但耗汽量大，有噪音。

　　由于我国油田及长输管道加热炉的燃油燃料重组分较多，可能还含有多种杂质，因此对于燃油燃烧器，除了要选用高效雾化喷嘴外，适时的更换燃烧器的喷嘴是非常必要的。此外，经过雾

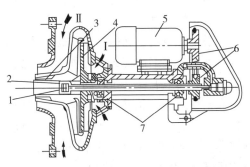

图 5-5　转杯式喷嘴

Ⅰ——一次风；Ⅱ——二次风

1—空心轴；2—旋杯；3—一次风导流片；

4—一次风机叶轮；5—电动机；

6—传动轮；7—轴承

化的油滴以极高的速度(当地音速或亚音速)喷出混合喷口，长时间的工作必然要造成磨损，混合喷孔磨损后，不但雾化质量下降，而且雾化剂的耗量增加，造成过剩空气增加、露点温度增加等一系列问题。所以油喷嘴的硬化处理也是必须要重视的。

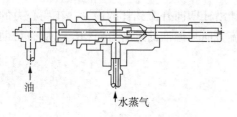

图 5-6　内混式蒸汽雾化喷嘴

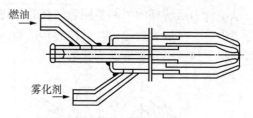

图 5-7　外混式蒸汽雾化喷嘴

(二)燃气燃烧器

气体燃料和空气这两种气体射流的混合,本质是湍流扩散和机械掺混过程。因此,若要选择高效的燃气燃烧器应主要综合考虑以下几个影响因素。

1. 气体燃料和空气的流动方式

气体燃料和空气的主要流动方式有,气体燃料喷射到静止的空气中,气体燃料和空气互相平行流动,气体燃料和空气的流动方向之间有一定交角,以及气体燃料和空气呈旋转运动。理论和实验研究结果都表明:

(1)平行流动时的混合速度最慢,火焰也最长;

(2)如果气体燃料和空气在流动方向上有一定的交角,交角越大则越有利于混合。这是因为夹角的设置不仅加强了两射流间的湍流扩散,而且也加强了机械掺混的作用;

(3)气体燃料和空气射流过程中,有一股射流进行旋转或者两者都是旋流,可促进混合过程的进行。这是因为旋转射流的流线较长,使气体燃料和空气射流有足够的相互扩散的接触表面,而且气流的涡动程度较平行流动加剧,因而在相同的空间距离内,比直流气流混合速度快得多,可获得较短的火焰或平焰。

2. 气体燃料和空气的混合方式

根据与空气的混合方式不同,气体燃料的燃烧方法通常分为长焰燃烧法、短焰燃烧法和无焰燃烧法 3 种。

长焰燃烧法,又称扩散式燃烧法,是指气体燃料与空气边混合边燃烧,燃烧速度取决于混合速度,火焰比较长的一种燃烧方法。长焰燃烧法的特点是,燃烧速度一般比较慢,在火焰长度方向上温度分布较均匀,火焰稳定性好,不会产生回火现象,且易控制火焰,气体燃料和空气可分别预热到较高温度。但易产生脱火现象,混合均匀性差,a 值大($a = 1.2 \sim 1.6$)、燃烧温度低,易出现不完全燃烧现象。对应燃烧器有自然引风式燃烧器和鼓风式燃烧器。自然引风式燃烧器靠炉膛内的负压将空气吸入燃烧系统,可利用低压(如 $200 \sim 400\text{Pa}$ 或更低)燃气工作,结构简单,制造方便,但为长焰燃烧,且炉体负压易导致漏风。鼓风式燃烧器用鼓风设备将空气送入燃烧系统,要求燃气压力较低,可以预热空气或预热燃气,易实现煤粉-燃气、油-燃气联合燃烧,但需要鼓风,耗费电能,且火焰较长,燃烧室容积热强度通常比无焰燃烧器小,主要用于各种工业加热炉及锅炉中。

短焰燃烧法是指气体燃料预先与部分空气(称一次空气,一次空气系数处于 0~1 之间)混合后燃烧,并进一步与二次空气混合燃烧,火焰较短的一种燃烧方法。这种燃烧方法的优点是燃烧温度较高,a 值较小,燃烧较易完全,且混合较好,燃烧速度快,火焰较短。但稳定性差,易发生脱火及回火,并且一次空气系数越大,稳定性越差。对应燃烧器为引射式燃烧器,通过燃气射流吸入空气或空气射流吸入燃气,不需要送风设备。其特点是比自然引风扩散式燃烧器火焰短、火力强、燃烧温度高,同时可以燃烧不同性质的燃气,燃烧比较完全，燃烧效率比较高，但当热负荷较大时，燃烧器的结构比较笨重。

无焰燃烧法，是指在燃烧前气体燃料与空气已充分混合，燃烧时火焰短，且无明显轮廓的一种燃烧方法。这种燃烧方法燃烧速度快，空间热强度比长焰法大 100 ~ 1000 倍，燃烧温度高，但容易回火、脱火，空气、煤气预热受限制，稳定性较差。对应燃烧器为无焰式燃烧器，其燃气和空气在着火前按化学计量比混合均匀，并设专门火道（或网格等），使燃烧区保持稳定高温。该燃烧其特点是燃烧温度高，容易满足高温工艺的要求，且不需鼓风，节省电能及鼓风设备，但发生回火的可能性大，调节范围比较小，当热负荷大时，结构庞大和笨重，主要应用在工业加热装置上。

3. 气流速度

气流的混合在一定程度上可以看作是扩散过程，层流时混合是通过分子扩散方式进行的，混合速度与气流前进速度无关，因此此时流速越大，火焰就越长。当气流速度增大到一定程度后，气流向湍流状态过渡，过渡区内除了分子间的扩散作用外，气体微团也产生了湍流脉动，形成了湍流扩散，气流速度越大，湍流扩散作用就越加剧，混合过程也就越快，使得火焰的长度随气流速度的增大而有所减小。当气流进入完全湍流状态后，湍流扩散速度随气流速度近似呈正比关系增加，所以火焰长度不再随气流速度的增加而改变，但若喷口直径增大，则火焰长度会有所增加。

4. 气流动量差

对两个平行流动的射流来说，二者动量之差越大，越促进混合过程的进行，改善混合状况，加速燃烧过程，缩短火焰。增大两者动量差的方法很多，如可在流量保持不变的情况下提高中心射流速度或周围气流的速度等。

5. 喷口直径

中心射流的喷口直径越小，射流中心线上混合就越快，如煤气燃烧器多采用多喷口，细流股，扁流股，都可以提高其混合速度，促进燃烧过程进行。

（三）全自动燃烧器

若燃烧器研究与开发只是注重燃烧器本身燃烧特性的研究，而在燃烧器如何更便于控制方面努力不够，其结果是易造成燃烧参数控制不及时，或调整不到位，运行安全系数降低，以及在设计自动控制的加热炉时还需另外配置复杂的燃烧管路控制系统。因此，燃烧器除了考虑其燃烧特性之外，还应配备该种燃烧器相适应的控制阀件和自动调节系统，如专用风机、定量油泵、调压阀、稳压阀、流量调节阀、切断阀、自动点火及火焰监测装置等。

全自动的燃油或燃气燃烧器，能够实现燃烧的自动控制，具备程序自动点火、高低液位联锁保护、熄火保护等安全保护功能。另外，还能够根据加热炉运行负荷的变化，自动控制燃烧器大小火起停等，使加热炉一直处于高效运行状况。

下面介绍一种在油田加热炉上应用的全自动高效节能型燃烧器——自力式燃气/空气比例调节燃烧器。

自力式燃气/空气比例调节燃烧器由主燃烧器、副燃烧器、气动薄膜执行机构、风门、调节痛、压力平衡器、燃料气调节阀等组成，如图 5 - 8 所示。自力式燃气/空气比例调节燃烧器的工作原理为，燃料气经主燃烧器调节阀、压力平衡器进入主燃烧器燃烧，从压力平衡器上引出短管接到气动薄膜执行机构上，利用天然气压力推动气动薄膜执行机构薄膜并压缩弹簧，使风门产生位移，进风截面积发生变化。在压力平衡器的作用下，推动风门的天然气压力始终与主燃烧器天然气压力相等，风门位移又与天然气压力成等比线形关系，通过风门及进风筒形状尺寸的计算确定，可使天然气压力（及流量）与空气进入量成一定比例关系。当调节燃烧器调节阀时，在压力平衡器的作用下，主燃烧器及气动薄膜执行机构上的压力变化相同，而燃料气压力与流量成正比，从而实现自动调节燃料气与空气的比例。

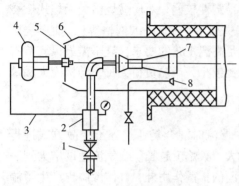

图 5 – 8　自力式燃气/空气比例
调节燃烧器结构

1—燃料气调节阀；2—压力平衡器；3—引压管；
4—气动薄膜执行机构；5—风门；6—调风筒；
7—主燃烧器；8—点火燃烧器

自力式燃气腔气比例调节燃烧器采用最简单的调节系统，实现了燃气与空气比例的自动调节，能把燃烧过程的过剩空气量控制在 1.02 ~ 1.25 的范围内，可使加热炉运行热效率提高 5% ~ 10%。此外，该装置还具有操作控制简单、投资少、经济效益显著等特点。

某采油厂在老加热炉的技术改造中采用了包括，在加热炉烟箱内增设换热器，采用硅酸铝耐火纤维砖铺设燃烧道以及采用燃烧性能较好的火嘴等在内的节能措施。实践证明，在上述措施中，改造简单、投资少、见效快的方法是采用燃烧性能较好的火嘴。其中自力式燃气/空气比例调节燃烧装置效果最好，其应用效果参数见表 5 – 5。

表 5 – 5　采用自力式比例调节燃烧装置前后测试数据

类别	燃气压力/kPa	排烟温度/℃	过量空气系数	运行热效率/%
采用自力式比例调节燃烧装置前(额定热负荷)	10 ~ 60	285	1.50 ~ 2.00	74.9
采用自力式比例调节燃烧装置后(额定热负荷)	10 ~ 60	246	1.02 ~ 1.25	84.0

四、增设预热器

在正常燃烧工况下，燃油及燃气炉炉膛温度高达 1300 ~ 1600℃，炉膛出口烟温也高达 900 ~ 1050℃左右，维持炉膛高温是燃烧系统的完善措施之一。

炉膛内维持高温节能的原理在于，一是提高燃烧化学反应速度，降低不完全燃烧损失；二是提高辐射传热段的辐射换热强度。除了配置合适的过量空气系数，保证燃料与空气充分混合外，加热炉增设预热器也是维持炉膛高温的有效措施之一。

预热器根据预热对象的不同分为空气预热器和燃料预热器。空气预热器是将将冷风预热后送入炉膛，以提高入炉热量。空气预热器的热量一般来源于加热炉烟气的余热，既可提高炉内温度又能降低排烟温度。燃料预热器是用于预热入炉燃料温度，也有助于减少不完全燃烧损失，提高炉膛温度。

第二节　强化传热技术

加热炉内传热效果是决定加热炉热效率的重要因素。传热效果越好，被加热介质实质获得的热量越多，排烟温度降低，排烟损失降低，加热炉热效率和㶲效率均获得提高。增强炉内传热效果的手段主要有如下几种。

一、热管与无机导热管技术

(一)热管技术

热管是一种巧妙地把热阻极小的沸腾和凝结两种相变换热过程结合在一起的高效传热元件。热管的主要特点是具有极好的导热性和均热性,被广泛应用于热流的输送、控制和需要温度均匀的场合。近年来,热管元件被用于油田火筒式加热炉上,增强其内部传热效果。此外,热管技术已逐步应用于加热炉的余热回收设备上。有关热管在加热炉余热回收上的应用将在本章第四节具体介绍。

1. 热管的结构和工作原理

热管的典型结构如图5-9所示,由壳体、起毛细管作用的多孔结构物吸液芯以及传递热能的工作流体组成,吸液芯镶套在壳体的内表面上。管子的一端为蒸发段,另一端为冷凝段,根据实际需要可以在蒸发段和冷凝段之间布置绝热段。装配时将管内抽成高真空,在吸液芯的毛细多孔材料中充入适量的工作液体后密封形成热管。

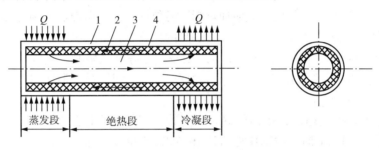

图5-9　热管工作原理示意图
1—壳体;2—毛细吸液芯;3—工作蒸气;4—工作液体

当热源对热管的蒸发段加热时,在管芯内的工作液体受热沸腾而蒸发,并带走潜热。工作液蒸汽在压差的作用下高速地从中心通道流向冷凝段,凝结成液体,同时放出潜热。然后,凝结液在吸液芯毛细管抽吸力的作用下,从冷凝段又流回蒸发段,这样完成了一个循环,将热量从加热段传到散热段。如此反复循环,热量就从热端不断地传到冷端。因此热管的正常工作过程是由液体的蒸发、蒸汽的流动、蒸汽的凝结和凝结液的回流组成的闭合循环。由于热管是靠工质相变过程的潜热传热,所以尽管热管的冷、热段温降非常小,仍然可以传输很大的热流。

热管的密闭管壳一般为两头由端盖封装的金属圆管,从而将工作介质与外界隔离,并承受一定的压力。管壳材料要根据使用温度范围和选用工质的性能、传热介质等因素来确定,要求其具有高导热率,从而使得管芯和管壁间的温降最小,并要求其具有不泄漏、寿命长、工质不起反应等特性。管内的吸液芯为紧贴在管壁的多孔金属、金属丝网或烧结的多孔陶瓷材料,除了储存工作流体外,主要作用是产生一定的抽吸力,并提供冷凝液的通道。装在密闭管壳内的工作流体决定热管能在多高的温度范围工作,是热管的关键。一般要求工作流体具有潜热大、导热系数高、黏度小、渗透润湿性好、表面张力大、密度大、化学稳定性好等特性。在热管材料的设计选择中,一般先根据热源温度选用合适的工质,再根据工质选用管壳材料,同时要充分考虑到工质和壳体材料的相容性。热管内工质的填充量约为热管蒸发段的25%左右。

2. 热管的特性

热管之所以被广泛应用,源于它良好的特性。

(1)高效传热性能。由于热管是利用工作流体的蒸发和冷凝来传送热量，与通过显热的增减传递热量比，传热热阻小，传热性能大大提高，因此具有很高的导热能力。由于热管内高度真空，工作流体受热极易蒸发而产生压差，向冷凝段传输基本不存在阻力，使热管近于等温传热，并具有回收低温余热的能力。与相同外部尺寸的铜、铝等金属比，热管的导热系数可高出三四个数量级甚至更高。但热管的高效的传热性能一般仅体现在轴向，径向并无太大的改善(径向热管除外)。

(2)等温特性。热管内腔的蒸汽处于汽液两相共存状态，即为饱和蒸汽。由于管内饱和蒸汽从蒸发段流向凝结段所产生的压降甚微，因此温度的变化也很小，这使得热管具有良好的均温性。

(3)热流密度可变。由于热管本身不发热，不蓄热，不耗热，根据能量平衡定理，在热管稳定工作时，加热段吸收的热量等于冷却段放出的热量。而热量的大小又可表示成传热面积和热流密度的乘积。由此，可以通过改变换热面积改变热管两工作段的热流密度。

(4)热流方向可逆。热管的蒸发段和凝结段内部结构相同，由于有芯热管内部循环动力是毛细力，任何一端受热，则该端成为加热端，另外一端向外散热就成为冷却端。若要改变热流方向，无需变更热管的位置，只需改变加热的位置。

(5)实用性较强。主要体现在无外加辅助设备，热源不受限制，热管形状不受限制，既可用于地面(有重力场)又可用于空间(无重力场)，适用温度范围广，以及可实现单向传热等。

(6)易爆管及产生气阻。常用的碳钢–水热管，工作温度达到250℃时，热管压力接近4MPa，当温度达到350℃时，内部压力达到16.5MPa。由于工作压力比较高，存在易爆管及产生气阻的缺点。

3. 热管的分类

1)按热管的工作温度划分

按照工作温度可将热管分为基地温热管、低温热管、常温热管、中温热管和高温热管。极低温热管是指工作流体的工作温度低于–20℃；而低温热管的工作温度在–20~50℃之间，所用工作流体多为低沸点的工质，如氨、乙醇、各种氟里昂等；常温热管的工作温度在50~250℃之间，最常用的工作流体是水；中温热管指工作流体的温度在250~600℃之间的热管，常用的工作流体是萘、硫以及混合工质等；高温热管指工作流体的温度在600℃以上的热管，常用的工作流体是银、锂、钠、汞、钾和铯等贵金属。由于成本昂贵，高温热管通常用于高温余热利用等特殊场合。

2)按工作液体回流方式划分

按照工作液体回流方式可将热管分为：

(1)有芯热管(又称标准热管)。即工作液体的回流主要依靠吸液芯毛细力作用的吸液芯型热管。吸液芯是具有微孔的毛细材料，如丝网、纤维材料、金属烧结材料和槽道等。它既可以用于无重力场的空间，也可以用在地面上。

(2)重力热管(又称两相虹吸热管)。即工作液体的回流主要依靠液体自身的重力作用的热管。这种热管制作方便，结构简单。但重力热管无法在外太空使用，且只能自下向上传热。

(3)重力辅助热管。由有芯热管和重力热管结合而成。它既依靠吸液芯的毛细力又依靠重力来使工作液回流，在倾角较小时用吸液芯来弥补重力的不足。重力辅助热管只限于在地面上应用，加热段必须放在下部。

（4）旋转热管。即主要依靠离心力作用使工作液体回流的热管。

（5）特殊型热管。特殊型热管包括磁流体动力热管和渗透热管等，指工作液体的回流主要依靠磁体积力作用或依靠渗透力作用的热管。

其中最为典型的是吸液芯型热管，重力型热管结构最为简单。

另外，按结构可将热管划分为单管型热管、平板型热管、回路型热管和挠性热管；按形状可将热管划分为管形、板形、室形、L形、可弯曲形等，此外还有径向热管和分离形热管。径向热管的内外层分别为加热段和冷却段，热量既可沿径向导出，也可以由径向导入。

4. 热管元件增强加热炉传热效果的改造方案

加热炉改造方案的确定，涉及到改造后加热炉安全性和经济性，对改造成败至关重要。与通常安装热管换热器方式不同，基于热管技术的加热炉改造方案应是在不改造加热炉外部结构和工艺管线条件下，通过加强烟管的综合换热能力来减少排烟损失。

具体实施时，可参考如下方法，即在原加热炉烟管上开孔安装热管，原加热炉的其他结构均不改动。根据热管安全性能要求，依照烟气温度分布梯度，在烟管上布置多种不同型号的热管，形成双级传热方式。热管在加热炉上的安装位置和安装方式见图5-10、图5-11。热管在烟管上的安装可采用两种安装倾斜角度，使得热管传热能力得以充分发挥，图5-11所取的两种安装倾角为30°、60°。

此外，热管兼起到了绕流片的作用，因为热管在加强了烟管传热量的同时，还改变了烟气在管内的流动状态，加强了烟气的扰动，从而提高了烟管的传热系数。

某台1.745MW火筒式加热炉经安装热管元件改造后有效地加强了低温区的换热，进一步降低了排烟热损失，提高了热效率，额定负荷下正平衡热效率提高7.53%，反平衡效率提高7.67%，每天节约天然气409.44m³，节气率为8.71%。相同的换热条件下，热管表面壁温高于烟管表面壁温，这样热管在烟气低温区

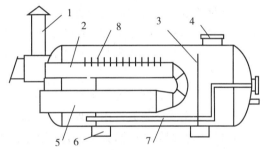

图5-10 热管安装位置示意图

1—烟囱；2—烟管；3—隔板；
4—人孔；5—火管；6—支座；
7—进水管；8—热管

换热时，其抗低温腐蚀能力比烟管好得多。由于热管内部为真空，独特的传热机理使其启停非常迅速，加热炉操作更加灵活，加热炉的升降温速度都加快。

（二）无机热传导技术

无机热传导技术是利用无机热传导元件进行高效传热的技术。无机热传导元件是以无机元素为导热介质，将其注入到各类金属（或非金属）状的夹层板腔内，经密封成型而形成的具有导热特性的元件。在一定温度下，无机热传导元件内的无机导热介质受热迅速激发后，利用介质分子的振荡、摩擦，将热能以波的形式从元件一端向另一端快速传递。在整个传热过程中，元件的表面呈现出无热阻、快速、波状的导热特性。

同传统热管相比，无机热传导元件具有以下突出特点：

（1）启动迅速，导热速度快；

（2）轴向热阻小，沿无机热传导元件轴向的温差基本上等于零，均温性能好；

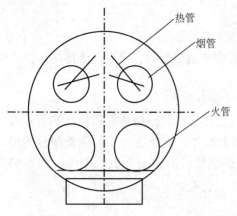

热管
烟管
火管

图 5-11　热管安装形式示意图

(3) 传热能力大, 轴向当量导热系数 λ_e 可达 $3.2MW/(m^2 \cdot ℃)$, 是已知的导热系数最高的金属材料白银 ($\lambda = 427W/(m^2 \cdot ℃)$) 的 7500 倍左右;

(4) 传热功率大, 轴向热流密度最高可达 $27.2MW/m^2$;

(5) 温度适用范围广, 工质工作温度范围在 $-30 \sim 1100℃$ 内;

(6) 无机热传导元件内部无相变, 操作压力较低, 不易产生爆管;

(7) 工质寿命长, 高温老化方式检验传热工质寿命 11 万小时;

(8) 材料相容性好, 不易产生不凝气体;

(9) 无机热传导元件造价比热管元件高出 30% 左右。

无机热传导元件的结构与碳钢-水热管相同, 可以分成加热段和冷却段以及绝热段三个部分, 工作过程也类似, 即无机热传导元件的加热段换热面从高温烟气吸收热量, 内部的无机导热介质快速激发, 通过震荡和摩擦将热量从加热段快速传递到冷却段, 在冷却段介质放出热量。可以看出, 热量传递过程由以下五个环节组成: ①热源与加热段外壁间的对流换热过程; ②加热段固体壁的导热过程; ③元件内部无机介子快速激发、传递热量; ④冷却段固体壁的导热过程; ⑤冷源与元件冷却段外壁间的对流换热过程。可见, 无机热传导元件不仅兼有碳钢-水热管技术的优良特点, 而且解决了碳钢-水热管技术温度使用范围窄、工作压力高、易爆管和传热工质与元件壳体材料不相容等问题, 所以无机热传导元件是热管元件的更新替代产品。

与热管元件相同, 无机热传导元件内部热阻只占总热阻的很少部分, 传热的主要矛盾在外部环节。由于热管元件用于加热炉节能改造的成功, 可以借鉴热管加热炉改造经验, 采用与热管加热炉相似的改造方案, 进行无机热传导元件的加热炉应用改造, 无机热传导元件安装位置图参见图 5-10 和图 5-11。由于加热炉内部空间的限制, 无机热传导元件必须采用与热管相同的长度才能满足安装要求。

在水套加热炉中, 除了可在烟筒上安装无机热传导元件外, 还可在火筒壁上安装, 一方面增加了火筒与热载体水的接触面积, 提高了换热效率; 另一方面提高了水与火筒的换热频率, 加快了炉体内水的对流速度。

二、对流烟管强化传热技术

油田集输和原油长输管道常用加热炉多为水套加热炉。实际运行发现, 水套加热炉排烟温度一般在 300℃ 左右, 烟气传热效率低下。

强化烟气传热的最为直接有效的方法就是增强对流烟管的传热效果。除了在对流烟管上采用钉头或增加翅片管、插管等增大其传热面积, 和对流段采用烟气二回程或三回程外, 对流烟管段强化传热的主要方法还有采用螺纹烟管。

螺纹烟管为单头凹纹螺旋槽异型管, 采用特制的压制设备将光管碾制成外形为螺纹状的凹槽, 管内为相应的螺纹状(凸起), 促使管内烟气不但产生轴向运动, 还发生螺旋状运动及沿着螺纹形凸出界面的周期性扰动。螺纹烟管的外形和结构参数如图 5-12 所示。

（a）外形

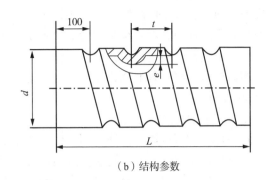
（b）结构参数

图 5 - 12 螺纹管结构参数和外形图

螺纹烟管传热系数可依照式(5-1)变换后计算。

$$Nu = RePr\left(\frac{f}{8}\right)^{0.5} / \left\{2.5\ln\left(\frac{d}{2\varepsilon}\right) + 10.77\left(\frac{\varepsilon}{d}\right)^{0.33} \times \left(\frac{l}{\varepsilon}\right)^{0.096}\left[\frac{\varepsilon}{d}Re\left(\frac{f}{8}\right)^{0.5}\right]^{0.273}Pr^{0.5} - 3.75\right\}$$

$$(5-1)$$

其中，$Re = \frac{u}{\nu}d$，$Pr = c_p\frac{\mu}{\lambda}$

式中
  λ——导热系数，$W/m^2 \cdot ℃$；

  d——螺纹管内直径(不考虑螺纹)，m；

  ε——螺纹深度，m；

  l——螺纹节距，m；

  f——流阻系数；

  ν——运动黏度，m^2/s；

  u——流速，m/s；

  c_p——比定压热容，$kJ/(kg \cdot ℃)$；

  μ——动力黏度，$Pa \cdot s$；

Nu、Pr、Re——分别为努赛尔数、普朗特数、雷诺数。

与同样直径和 Re 数的光管相比，螺纹管的放热系数比光管可提高 $1.23 \sim 2.2$ 倍，特别是在低 Re 数的紊流区域，提高的幅度较大，而螺纹管阻力系数比光管增加 $1.58 \sim 2.5$ 倍。烟气对流段采用高流速、小管径的螺纹烟管，不仅改变了烟气的流动状态，而且改变了烟管的几何特性，强化了烟气的对流传热。当烟气流速为 15m/s，烟气温度为 365℃时，螺纹烟管的对流放热系数达 $69W/(m^2 \cdot ℃)$；而烟气流速为 15m/s，管径为 $DN100$ 的光滑烟管的对流放热系数仅为 $16W/(m^2 \cdot ℃)$。

三、加热盘管强化传热技术

强化加热盘管传热的方法之一是采用小管径($DN10 \sim DN32$)螺旋槽管、波纹管等异型管代替光滑管作为加热盘管，不仅相对增加了盘管的表面积，而且由于螺旋槽管和波纹管截面积不断变化，有效地破坏了管内流动介质形成的热边界层，强化了管内传热。另外，当采用小管径螺旋槽管或波纹管等作为加热盘管时，由于其整体结构较为紧凑，一般设计为可拆卸式结构，即法兰与加热炉壳体形成可拆卸式连接，对加热盘管的维护和更换较为方便。

但是在实际应用过程中，由于原油携砂，在盘管内流动速度又较低，异型加热盘管经常出现集砂问题，集砂清理频率高，维护难度大。另外，由于异型管的造价较高，一般应根据被加热介质的性质，经过综合评价后决定是否采用。

强化加热盘管传热的另一有效、便捷方法是应用相变传热技术。将相变换热技术应用于水套加热炉后，蒸汽释放汽化潜热，将热量传递给管内被加热介质，中间介质与盘管的传热温差有所降低。

1. 相变传热的原理

同一种物质可以以气、液、固三种形式存在，而且三种不同的存在形式可以相互转化，利用同一种物质存在形式的转化实现热量传递的过程称为相变传热。将相变换热技术应用于加热炉的设计，通常采用蒸汽横掠水平管的换热方式。其具体过程为，燃料燃烧的热量经加热炉火筒(辐射受热面)及烟管(对流受热面)传递给锅壳内中间介质水，水受热沸腾由液相变为气相蒸汽，蒸汽逐步充满炉体的气相空间，由于盘管内被加热介质及管壁温度远低于蒸汽温度，从而使蒸汽在盘管外壁冷凝，并把热量传递给盘管内介质，冷凝后的水在重力作用下落回水空间，如此循环往复将热量传递给盘管内被加热介质。

2. 传统水套加热炉的改造方案

1) 锅壳的负压改造

传统水套加热炉锅壳工作压力通常为正压。通过锅壳的负压改造，使其额定工作压力处于 $-0.03 \sim 0.01$ MPa 之间，可以增强加热炉运行时安全性，也会降低水汽化时所需吸收的热量，从而降低燃料耗量。锅壳的负压改造可通过在加热炉锅壳顶部设置蒸汽排放空阀和真空阀来实现。真空阀利用阀心自重控制锅筒内压力。锅筒内压力超过阀心重力时，阀心升起，真空阀向外泄放压力；锅筒内压力低于阀心重力时，阀心与阀座接触并密封，使得锅筒内形成负压。当加热炉启动运行后，用原油或天然气做为燃料，通过燃烧器燃烧产生热量使锅筒内水沸腾汽化，产生大量蒸汽，打开炉顶放空阀，利用蒸汽排放排净锅筒内空气。排汽适当时间(约5min)后，关闭放空阀，此时真空阀自动开启向外排汽。加热盘管置于蒸汽空间内，缓慢打开其进出口阀门，使被加热介质通过加热盘管，蒸汽热量被加热介质携带走，低压蒸汽凝结成水，靠水的自重回落到锅壳内，蒸汽空间压力降低，真空阀自动关闭，锅壳内形成一定的真空。冷凝水继续被加热，反复循环。

2) 加热盘管、烟管的结构改造

常规加热炉为了运行安全，布置的烟管直径都比较大，换热面积较小，造成排烟温度高，燃料浪费严重。加热炉锅壳改造后，由原来的正压变为负压运行，锅筒介质温度有所降低。所以在空间允许的情况下，应尽可能增加盘管的换热面积，并达到最大的热量吸收效果。且同等烟道截面积上，烟管直径应减小，增大换热面积。此外，还可采用清理管内污垢等增大传热系数的方法，增强传热效果。但也要考虑到排烟温度不能过低，以避免烟管尾部出现低温腐蚀，缩短烟管使用寿命。一般出口烟温控制在 $120 \sim 180$℃为宜。

在改造过程中，尽量利用原水套加热炉的部件，同时要优化改造炉胆和烟管，并且配备高效节能的全自动燃烧器，利用新型的真空阀装置，以求达到节能、安全、高效运行的目的。

加热炉应用了相变传热方式后，可具备以下几方面的优点：

(1)采用蒸汽换热，温度范围($100 \sim 170$℃)较宽，增加了汽化潜热的能量传递，有效提高了换热能力。

（2）蒸汽发生器与管壳式换热器上下安装，依靠重力作用实现水的蒸发、冷凝、回落、再蒸发的自然对流，无需外界动力，运行成本很低。

（3）中间传热介质水在封闭状态下运行，极少损失不需经常添加。这样系统在无氧无垢状态运行，提高了加热炉的使用寿命。

（4）蒸汽的搅动性比较强，加快传热速度。

（5）可改善锅壳内的温度均匀性，提高实际传热温差，相对缩小加热炉外形尺寸。

某台传统水套加热炉改造后的结构示意图如图5-13所示。

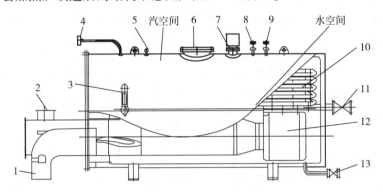

图5-13 加热炉结构示意图

1—燃烧器；2—烟囱底座；3—水位表；4—压力表弯管；5—温度表；6—人孔盖；
7—真空阀；8—放空阀；9—进水阀门；10—加热盘管；11—加热盘管进出口管线；
12—炉胆；13—排污阀

四、火筒结构优化技术

辐射段火筒由传统的U型火筒优化发展成波型炉胆（图5-14）、锥形炉胆和回燃室组合件。

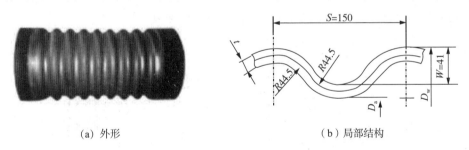

（a）外形 　　　　　　　　（b）局部结构

图5-14 波型炉胆外形和局部结构图

采用波型炉胆后，可以有效增加受热面，强化传热，提高整个炉胆的柔性，防止炉胆在较高温度下产生较大的膨胀量破坏结构的完整性。波型炉胆两端通常采用锥形炉胆，可以缩小回燃室和加热炉的整体尺寸，并且可以布置足够换热面的烟管，一般情况下，加热炉壳体直径可减小100~200mm。增加回燃室可以使燃料进一步充分燃烧，从而提高燃料利用率和加热炉热效率。

五、高效吹、清灰技术

（一）高效吹灰技术

为使加热炉保持稳定高效运行，吹灰是一项行之有效的措施。吹灰能达到减少烟管积灰的目的，起到增大烟管传热系数，强化烟管传热效果的作用，同时还可降低加热炉运行安全隐患。经能源测试部门测试，通常吹灰可使炉效提高3%~5%。

加热炉常用的吹灰器有气动旋转式吹灰器和声波吹灰器两种。声波吹灰器吹灰效果不如气动吹灰器。

气动旋转式吹灰器主要由吹灰杆、气动旋转脉动机构、空气过滤器及控制阀等组成，结构如图5-15所示。其工作原理如下，当吹灰器开始工作时，由受控电源输出电压供给气动旋转机构中的时间振荡器，从而控制电控换向阀使汽缸来回运动，继而推动摇臂由机爪拨动棘轮使其转动。棘轮中心装有吹灰杆，吹扫风经电磁阀进入吹灰杆，而电磁阀也受时间振荡器控制作脉动式开关。脉动气流对炉子进行有效的吹扫。

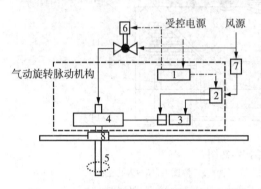

图5-15 气动旋转脉动吹灰器结构示意图

1—时间振荡器；2—电控换向阀；3—汽缸；
4—棘轮；5—吹灰杆；6—电磁阀；
7—空气过滤器；8—密封盒

但在吹灰过程中，排出的烟尘对周围环境会造成污染，因此必须同时对烟尘采取治理措施，其中有效方法是采用滤袋式除尘器，结构如图5-16所示。其工作原理是：当含尘气体从进风口进入除尘器预沉降室后，沿进、出风口中间的斜隔板自上而下转向积灰斗，由于气流速度变慢，使气体中粗颗粒粉尘直接落入灰斗，起到预除尘的作用。经积灰斗后，气流折转向上进到过滤室，经过滤袋，捕集其中的粉尘。净化后的气体经由滤袋室上部的过道进入清洁室，汇集到清洁烟气出口通过风管由引风机排出。

某台加热炉的"吹灰+除尘"的整个工艺控制流程如图5-17所示。该台炉的空气换热器上各安装一台吹灰器，其吹杆采用"丁"字形结构，喷嘴安装在对着烟管的方向。热媒/烟气换热器顶部安装四套吹灰器，气源由该加热炉所在站原有压缩风系统供给。

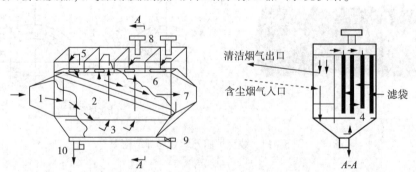

图5-16 滤袋式除尘器结构示意图

1—含尘烟气入口；2—预沉降室；3—积灰斗；4—过滤室；5—过道；6—清洁烟尘室；
7—清洁烟气出口；8—脉冲阀；9—绞龙机；10—下料器；11—滤袋

(二)高效清灰技术

炉管在管式加热炉中起着传热面的作用，由于长时间运行，炉管表面产生氧化皮，增加了炉管的传热热阻，造成排烟热损失增加。这不仅使加热炉能耗上升，也影响了装置的安全生产。因此，对加热炉进行高效清灰作业，不仅有利于增强炉内传热效果，提高加热炉热效率，也会提高加热炉的运行安全性。

1. 高压蒸汽清灰技术

加热炉对流炉管表面的积灰包括浮灰、结焦和结渣，其中焦渣的黏附力较强。高压蒸汽清灰技术是清除黏性结焦、结渣和盐垢非常有效的一种方法。其利用具有一定压力和温度的蒸汽，从喷枪喷口高速喷出，对对流炉管积灰受热面进行吹扫，利用高温使炉管上的结焦、结渣和结垢软化，甚至粉碎，从炉管表面剥离，以达到清除积灰的目的。

高压蒸汽清灰系统主要由自来水软化设备、蒸汽发生器、金属软管、喷枪、自动升降机等组成。喷枪尺寸选择时需保证其能在对流室炉管层间间隙中自由使用，如在2500kW加热炉内应用时，可

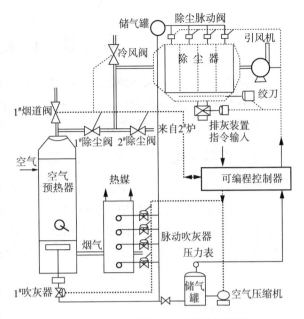

图 5 – 17 "吹灰 + 除尘"工艺控制流程图

选喷枪头直径为18mm。结合喷枪蒸汽的力学特性，喷枪头应选择耐磨不锈钢材料。

喷枪的喷头结构如图 5 – 18 所示，其中图 5 – 18(b)型喷头的制造工艺及相应的高温蒸汽的力学性能较好。

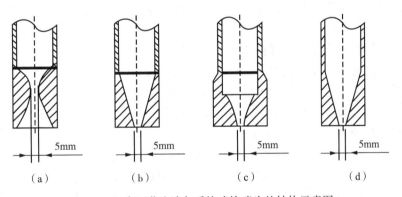

图 5 – 18 高压蒸汽清灰系统喷枪喷头的结构示意图

喷枪杆长度根据与喷枪伸入方向平行的加热炉对流室尺寸选定，即在对流室宽(长)度的基础上取 0.2m 的裕量。

2. 干冰清灰技术

干冰清灰是以压缩空气为动力，以干冰颗粒为被加速粒子，通过清洗机喷射到炉管表面，将炉管表面的积灰、积盐迅速冷冻，使其凝结、脆化、剥离。与喷沙清灰、水洗清灰相比，干冰清灰可以减少灰尘对环境的污染，确保加热炉保温材料不受破坏。

传统加热炉在进行改造或设计新型加热炉时，往往会综合应用以上强化传热技术。当设计新型加热炉时，通常还要结合设计参数的合理选择强化传热、优化结构，如合理选择有效角系数或者热有效系数及经济流速等。这些参数合理选择的方法是综合考虑烟气流速、温度、受热面形式以及燃料类型等因素。

第三节　保温节能技术

加热炉运行时，各部分炉墙、钢架等的表面温度均比周围温度高，所以其部分热量以辐射和对流方式向周围空气散失，成为加热炉的散热损失。加热炉炉体散热损失的大小主要取决于炉墙的保温结构、材料和方法。

一、保温结构

在保温结构设计中，加热炉一般采用复合型保温结构，在不同位置，根据需要采用适用的保温结构和保温材料。全炉除烟囱和梯子平台外均采用内保温，炉体上的人孔及看火孔等处采用异形模块。而对于外保温的加热炉，由于炉体直接受高温烟气的冲刷，炉体表面本身的温度高，容易发生高温氧化，严重影响加热炉的使用寿命，因此，对于外保温结构的加热炉不推荐使用。

二、保温材料

在保温材料上，全炉保温中经常采用是轻质保温材料高铝纤维毡，如硅酸铝耐火纤维针刺平铺毯、硅酸铝耐火纤维针刺折叠毯或硅酸铝耐火纤维毡。而燃烧道则通常采用耐火浇筑料或耐火成型砖。针对加热炉人孔或看火视镜过热问题，可采用含锆纤维异形件，其特点是质地坚硬，抗风蚀强；低蓄热，热损失小，抗热震性强；可直接接触火焰用于耐热面。现在普遍采用的还有岩棉和陶纤复合式耐火炉衬，其特点是与炉壁固定牢靠，粘接紧密，以减少散热损失。

虽然高铝纤维毡具有较好的材料性能，但是作为制品在施工中受块度、炉体的拐角、开孔等方面的限制，势必存在接缝等缺陷。另外在施工过程中受施工人员等人为因素的影响，施工质量不易得到保证。在生产使用中易受气流冲刷，产生分层、破损及脱落，尤其在拐角处最为明显。因此，为了弥补高铝纤维毡存在的缺陷，减少散热损失另一有效的方法是采用先进的耐火纤维喷涂技术。

耐火纤维喷涂是国外20世纪80年代中期研究开发的纤维机械化施工的一种新工艺，通过专用纤维喷涂机，将预处理的散状纤维棉高压送出喷枪，同时有机与无机结合剂通过几套专用流体输送设备均匀地经喷枪外环喷入纤维棉中，两者带有一定冲量在枪外混成一体喷射到炉内壁上。外混方式使纤维棉成絮状附着在被喷涂面上，纤维棉可随炉壁形状形成炉衬层，在被喷涂面上纤维衬层呈现三维网络结构，在炉壁平行和垂直两个方向都有很好的自身结构强度，保证喷涂层具有足够的机械强度。且喷涂使整个衬形成一个均匀无接缝的整体制品结构，使之密封性能特别好，并且与炉皮钢板具有很好的结合强度，使炉皮钢板保持良好的状态。由于喷后成型，没有内应力存在。由于其接触面较大，无单元接缝，粘贴后无撬起和剥层脱落现象，这样纤维喷涂方法的绝热效果和使用寿命要高于纤维制品的其他传统使用方法。

耐火陶瓷纤维喷涂施工技术具有方法简便，速度快；衬里无接缝，气密性好，施工造价低；特别适用于复杂、异形炉墙部位的施工。

此外还有在加热炉保温层表面喷涂微纳米高温远红外节能涂料，提高保温效果的措施。实测结果表明该节能涂料能明显降低加热炉的单位能耗，提高加热炉的热效率，但随着加热炉运行时间的延长，其节能效果逐年下降，使应用成本升高。为此，只有少数热负荷高、年耗油量大的加热炉使用该涂料才能产生经济收益。

第四节 烟气余热回收技术

余热属于二次能源，它是为完成某一工艺过程而输入的能量在完成该工艺过程后排出的部分能量。耗用燃料的工业炉排出的高温烟气是最常见的一种余热，由它带走的热量占总热量40%～50%，有的甚至更多。它的特点是产量大，产出点集中，连续排放，便于回收利用。

加热炉的烟气余热回收技术可以降低排烟温度、预热燃料、助燃空气等，达到明显提高加热炉热效率的目的。当过量空气系数 $\alpha = 1.2$ 时，排烟温度每降低50℃，可以提高热效率5%，因而在加热炉改造中应尽可能降低排烟温度。但烟气温度不能无限制地降低，选择最佳排烟温度必须考虑到以下两点。第一，它必须比被加热物料温度高出40～80℃，才能进行有效的热交换。由于输油管道加热炉的原油进炉温度一般在35～40℃，所以从工艺上可以较大幅度地降低排烟温度。第二，排烟温度必须高于露点温度。我国原油温度一般含硫1%以下，露点温度在140℃以下。选择最低排烟温度在160℃～170℃之间较为合适，此时的排烟热损失约7.5%（$\alpha = 1.2$ 时）。美国API标准推荐的最低排烟温度为350 ℉（76℃）。

一、烟气余热的特点

烟气余热按温度可分为高温（高于650℃）烟气余热、中温（200～650℃）烟气余热和低温（小于200℃）烟气余热。由于高温烟气的热品味比较高，利用难度相对较小，所以这部分余热基本上都得到了利用，中低温烟气特别是低温烟气不易回收。概括来说，烟气余热有如下特点。

1. 余热量不稳定

余热资源的数量不稳定，一般是由工艺生产过程来决定的。有的生产工艺是周期性的，有的是间断性的，有的工艺生产过程虽然连续稳定，但也有生产的波动。这样余热资源的数量会出现不稳定情况。

2. 烟气含尘量大

高温烟气是最重要的一种余热资源，但工业上排放出的高温烟气中往往含有大量灰尘。例如，氧气顶吹炉烟气中的含尘量达 $80～150g/m^3$。含尘量大大超过一般锅炉烟气的含尘量。同时，烟尘的物理和化学性质也比较差，高温时易结垢积灰，有可能对余能回收设备产生严重的磨损和堵渣，影响设备的寿命。

3. 腐蚀性强

中低温烟气中常常含有腐蚀性气体，如 SO_2、SO_3、NO_x 等。这些气体不仅使受热面产生低温腐蚀，减少设备寿命，影响正常运行，而且容易使受热面积灰，引起烟气通道堵塞，风机阻力增加，增加电耗。

4. 烟气的品位较低

由于中低温烟气的温度较低，能级较小，做功能力较小，根据能量匹配、能量梯极应用的原则很难找到合适的热用户，而且利用这部分的能量相对来说成本较大，资金回收周期长，制定方案时应综合考虑投资与回收之间的关系。

以上这些烟气特点对于余热的回收和利用产生了很大的影响。此外，余热利用设备经常受到安装、工艺等固有条件的限制，如有的对前后工艺设备的连接有一定的要求，有的排烟温度要求保持在一定的范围内等，必须全面考虑，统筹解决。

二、烟气余热的回收利用方向

余热利用总的原则是从用户需要出发，根据余热数量和品位高低，选用合适的系统和设备，在符合技术经济原则的条件下，使余热利用发挥应有的效果。

工业余热的利用途径主要有3方面，即热的直接利用、发电及综合利用。

1. 热的直接作用

热的直接利用有以下几种方式：

（1）预热空气。利用高温（1000℃以上）烟道排气的热量，通过高温换热器来加热进入加热炉的空气，可以提高燃烧效率，节省燃料消耗。在现代钢铁及有色金属冶炼过程中，广泛采用这种预热空气的方法，有效地节约了能源。

（2）干燥。利用各种工业生产过程的排气，来干燥加工的材料和部件。例如，冶炼厂的矿料和铸造厂的翻砂模型等。

（3）生产热水和蒸汽。利用中低温余热源，产生70～80℃或更高温度的热水及低压蒸汽，以供应工艺和生活方面的不同需要，在纺织、造纸、食品、医药等工业，以及人们生活上都需要大量热水和蒸汽。

（4）制冷。利用低温余热作为热源来加热吸收式制冷系统（如氨水循环或溴化锂循环）的蒸发器，以达到制冷或空调的效果。

2. 余热发电

（1）利用余热锅炉产生的蒸汽，推动汽轮发电机组，按凝汽循环和供热循环发电。

（2）以高温余热作为燃气轮机工质的热源，使燃气轮机运转带动发电机发电。

（3）以低温余热为热源，采用低沸点工质（如正丁烷、F－114等），按朗肯循环进行能量转换，达到发电的目的。

3. 余热综合利用

这是最有效利用余热的途径，因为它是根据工业余热温度的高低，采用不同的利用方法，以达到"热尽其用"，如下列利用方式：

（1）利用高温余热产生蒸汽，通过热化汽轮机组，以取得电热合供的效果。

（2）利用有一定压力的高温废气，先通过燃气轮机做功，然后再利用其排气通过余热锅炉产生蒸汽进入汽轮机做功，形成燃气－蒸汽联合循环，以提高余热利用效率。如果汽轮机排气再用来供热，则余热经过多次利用就更扩大其利用效果。

在工矿企业中，存在着很多的中低温烟气余热，但只有一小部分烟气余热是得到利用的，而大多数中低温烟气的余热是未经过利用而直接排放，造成了很大的能源浪费。这不仅是由于中低温烟气余热的能级较低，适合的热用户较少，回收成本较大，还有一个重要的原因是烟气中含有粉尘、SO_2、NO_x 等杂质，严重制约了中低温烟气的余热利用。所以在中低温烟气余热利用的过程中要综合考虑烟气的温度、烟气的成分、热用户具体情况、投资成本等因素来设计出最佳的烟气余热利用方案。例如，燃气加热炉的烟气，因其含硫量较低，受热面腐蚀很小，且烟气中含有大量蒸汽，所以可用换热器或余热锅炉将烟气冷凝下来，充分利用烟气中蒸汽的汽化潜热。如果烟气中含有粉尘、SO_3 等杂质，在余热利用的过程中，要做好防止腐蚀、防止积灰的措施，比如控制管壁温度大于烟气的酸露点温度，控制好烟气流速，安装吹灰器，使用有防腐材料的换热器等。

油田集输和长输管道用加热炉常用的烟气余热回收方法有，在加热炉烟管尾部设置空气预热器，以及在加热炉出口与烟囱进口之间的烟道上加装换热器预热被加热介质（水）等。对于许多工业加热炉，增设空气预热器要比增设换热器的效果好些。其优点在于，它一方面可以降低排烟温度，减少排烟热损失；另一方面可提高燃烧温度，既改善燃烧条件，降低不完全燃烧热损失；又强化传热，相应地提高了受热面蒸发率。但某些水套加热炉因结构所限难以改造，或已经采用一体化全自动燃气燃烧器，若再安装空气预热器预热燃烧用空气有很多技术上的困难，如鼓风机耐温问题、现场布置热风管道问题，而采用给被加热介质（水）预热则较为可行。因此，设计在水套炉出口与烟囱进口之间的烟道上加装换热器预热给水，一则使进入烟囱的排烟温度适当降低，二则也使进入水套炉的给水温度有所升高。

三、烟气余热回收装置

烟气余热回收装置以各种换热器为主。按工质类型，换热器可分成气体对气体、气体对液体、液体对液体换热器，以及有相变的蒸发器、冷凝器等。气－气换热器在烟气余热利用中常被用作空气预热器，有时也用作预热燃料气体。气－液换热器（如给水预热器），常被用于将烟气的余热转换给生产热水供采暖和生活用，或用来加热炉子给水，也有用来预热燃料油或加热有机流体作中间载热介质。此外，还有相变蒸发器（如余热锅炉）等。

（一）空气预热器

空气预热器是利用加热炉尾部烟气余热来加热其助燃空气的一种热交换器，是常见的气－气式换热器。其主要作用有，降低排烟温度，提高加热炉效率；改善燃料着火与燃烧条件，降低不完全燃烧损失；提高炉膛平均温度，强化炉内辐射传热，减少水冷壁布置，降低造价。

按传热方式不同，空气换热器可分为间壁式和蓄热式两类。间壁式预热器是使烟气和空气在被壁面分开的空间里流动，通过壁面的导热和流体在壁表面对流进行换热。根据传热面的结构不同，间壁式预热器可分为管式、板式和其他型式。对于管式空气预热器来说，有管式（钢管、铸铁管、玻璃管、搪瓷管等）空气预热器和热管式空气预热器之分。一般，前者热交换率较低，为了强化传热，其可采用钉头管、高频焊翅片管、挤制螺纹管、挤制翅片管、铸铁翅片（钉头）管等方式；还可采用扰流子、钎焊式纵向翅片或铸造内翅片（钉头）等来强化管内传热。

随着热管技术的完善和发展，热管式空气预热器作为余热回收装置得到了广泛应用。与一般空气预热器相比，热管式空气预热器气体两侧都可以方便地实现肋化，传热过程得以大大强化。其次可将传统的烟气－空气交叉流型改为纯逆流流型，提高了传热的对数平均温差。此外还可把一侧气体的管内流动改为外掠绕流，可使该侧的平均换热系数提高30%。基于以上几个原因，热管空气预热器的传热系数比普通管壳式空气预热器高得多。同时，采用热管回收技术不需要对送引风系统进行改造，原有的计算余量一般足以克服排烟阻力的提升，也提高了炉膛温度，有利于燃油掺水乳化燃烧，进一步优化了加热炉的经济运行工艺。

热管式空气预热器由若干热管组装而成。如图5－19所示，热管式空气预热器主要部件为热管管束、壳体和隔板。热管的蒸发段和凝结段被隔板隔开。隔板、外壳和热管管束组成了冷、热流体的流道。隔板对热管管束起部分支撑作用，其功能主要是密封流道，以防止两种流体的相互渗透。热管元件蒸发段和凝结段的肋化系数一般为 5 ~ 30，为防止烟气积尘堵塞，烟气侧肋片间距较大。在空气侧，气流较清洁，为获得较高的肋化系数，肋片间距可取小些。热管管束一般为叉排布置，这样可使换热系数提高。热管管束安装位置有水平、倾斜和垂直三种。重力热管用于空气预热器时，热管必须倾斜或垂直布置，且下部只能为加热段等。

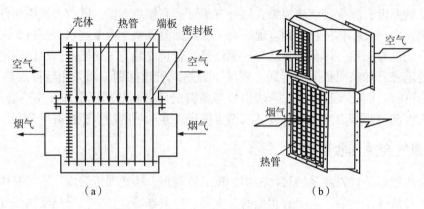

图 5 - 19 热管式空气预热器结构示意图

蓄热式预热器是使烟气先通过加热固体物质达到一定温度后，空气再通过固体物质被加热，使之达到热量传递的目的，其中固体物质作为蓄热体，主要有回转式空气预热器等。

(二) 给水预热器

给水预热器，也称省煤器，是一种位于燃烧设备尾部烟道中，利用排烟余热预热设备给水的气 - 液式换热器。对于直接被加热介质为水的燃烧设备而言，预热给水能够节省燃料消耗量，优化设备结构，改善汽包工作条件。传统给水预热器多为壳管式，按照使用材料不同，可分为铸铁管式和钢管式。其中，钢管式由于承压能力强、体积小、造价低而应用较广泛。但在中小型工业炉中，被加热水一般没有前置加热，低温给水易造成壳管式给水预热器金属壁面的低温腐蚀，其原因在于给水预热器气侧热阻较水侧热阻大，壁温与供水温度接近，当壁温低于酸露点时，就会造成金属壁的酸腐蚀，从而阻碍了给水预热器的应用。

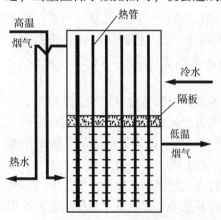

图 5 - 20 热管给水预热器结构示意图

热管技术的应用使得低温腐蚀问题得到了较好的解决。这是因为热管具有均温性，热管给水预热器可以获得较高的壁温。此外，热管给水预热器还具有传热强度高、结构紧凑、便于更换等优点，使热管给水预热器能在工业炉上应用推广。如图 5 - 20 所示，热管给水预热器主要由排列布置着的若干热管、下部的烟气流道、上部的水箱以及中间的隔板组成。顶部一般设有安全阀、压力表、温度表接口，水箱有进出水和排污口。工作时，烟气流经热管给水预热器烟道冲刷热管下端，热管吸热后将热量导至上端，热管上端放热将水加热。为了防止堵灰和腐蚀，热管给水预热器出口烟气温度一般控制在露点以上。因为水侧的热阻比气侧低得多，热管给水预热器的水侧一般不需肋化。

对于大型燃烧设备，给水预热器通常与空气预热器一起联合使用。

（三）余热锅炉

对于排烟温度处于在 300～450℃ 之间，且产量大、产出点集中、连续性强，便于回收利用的烟气而言，可采用余热锅炉回收余热。余热锅炉是由安装于烟道中的蒸发器与烟气进行热交换，利用水在饱和状态下由水变为蒸汽的相变过程中需要吸收大量汽化潜热这一特性来吸收烟气中的热量，从而降低排烟温度。产生的蒸汽可供外网生产、生活用。

余热锅炉系统通常包括：烟气系统、循环水系统、蒸汽系统、除氧给水系统、排污系统、排汽系统、取样系统等。烟气系统中主要受热面为蒸发器，根据所需蒸汽参数及烟气排烟温度的设置，还可以在烟道中设置过热器和给水预热器。循环水系统的循环方式有两种，据此可将余热锅炉分为强制循环余热锅炉和自然循环余热锅炉。

随着热管技术的应用，热管式余热锅炉应运而生，其工作原理是，由单根热管组成管束，每根热管上部冷却段和下部受热侧分别与上部冷却水段、下部烟气段相连，烟气横向冲刷热管受热侧，热管通过相变传热至上部饱和水，饱和水吸热变成汽水混合物进入汽包，汽水分离后，饱和水下降流动至冷水段，再次受热蒸发，如此反复循环，将烟气热量传入水侧产生蒸汽。如图 5-21 所示，热管式余

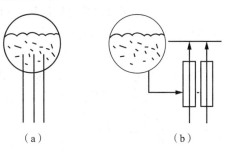

图 5-21　热管式余热锅炉的两种型式

热锅炉具体结构型式有两种：（a）是为汽包式，热管直接插入汽包，其特点是体积小、重量轻、结构紧凑；（b）是为联箱式，热管先插入垂直布置的套管（联箱），水在联箱中形成汽水混合物后再进入汽包，其特点是布置比较灵活、汽包开孔数量少、制造较方便。

热管式余热锅炉与常规余热锅炉相比，具有下列特点：

（1）结构紧凑；

（2）热应力小；

（3）蒸汽与热源之间有双重隔离；

（4）烟气侧采用扩展换热面，改善了传热过程；

（5）水循环及沸腾工况的稳定性得到改善；

（6）容易清灰；

（7）单根热管可以拆换；

（8）烟气侧阻力小。

四、烟气回收中应考虑的问题

节能设计中采取哪种措施降低排烟温度为好，首先应考虑的是低温腐蚀问题。低温腐蚀的形成在于，烟气中含有的部分 SO_2 进一步氧化为 SO_3，SO_3 与烟气中的水蒸气生成硫酸蒸汽。烟气中硫酸蒸气的凝结温度称为烟气的酸露点。当烟气温度低于烟气露点，硫酸蒸气就会凝结在烟道受热面上，造成低温腐蚀。影响低温腐蚀的因素有：

（1）烟气中 SO_3 浓度的影响。通常当烟气不含 SO_3 时，其露点温度（即水露点）大约为 40～50℃。研究表明，烟气中只要有 0.005% 左右 SO_3，烟气酸露点温度可高达 150℃ 以上。烟气中 SO_3 浓度越高，其分压力越高，烟气酸露点越高，余热回收过程中越易结露，更易造

成低温腐蚀。

(2)换热器管壁温度的影响。对于低温腐蚀，金属壁温有两个严重腐蚀区，即在酸露点以下20~45℃及水露点以下的区域。为防止受热面产生严重腐蚀，必须通过运行参数调整，使换热器的管壁温度避开这两个严重腐蚀区。

(3)烟气中蒸汽含量的影响。在同样条件下，烟气中蒸汽含量越多，烟气酸露点越高，越易发生低温腐蚀。

(4)烟气中碱金属化合物含量的影响。当烟气中含有钙或其他碱金属化合物时，它能与SO_3化合成硫酸盐，从而减少了烟气中SO_3浓度，降低了烟气酸露点。

为避免在烟道受热面上产生低温腐蚀，应使排烟温度和换热器管壁温度均高于燃料的露点，或采用耐腐蚀材料的换热器，其具体措施有：

(1)合理控制换热器管壁温度。对于常规换热器，可利用流体的再循环，或者设置进口流体预热器，如空气预热器暖风机，来增加进口流体的入口温度实现换热器管壁温度的升高。对于热管换热器，在设计阶段，可通过适当改变热管蒸发段和冷凝段的长度调整冷热两段的面积，以及改变冷热两段翅片间距、数量等调整烟气侧与空气侧的热阻比，从而调节烟气侧管壁的温度，使其高于烟气酸露点，避免受热面低温腐蚀。

(2)采用耐腐蚀材料(如 ND 钢、搪玻璃钢等)的换热器或在换热器的表面涂上防腐蚀材料，如对换热器金属表面进行渗铝、渗铬处理。但是每一种方案都有各自的优缺点，应综合比较选择适合的防腐蚀材料。

(3)利用吹灰器及时清除受热面积灰。当受热面积灰时，换热热阻将会增大，管壁温度易低于露点，造成表面腐蚀，严重时还会堵塞烟气流动通道，甚至影响燃烧设备安全运行。为保证烟气余热回收装置不发生堵塞，应保持传热管积灰为干灰状态。

(4)烟道采用密封装置。如果烟道处密封不好，外界冷空气会大量地漏入烟道内，使烟气含氧量和水蒸汽含量增加，导致酸露点上升，增加了受热面腐蚀的可能性。

(5)减少烟气SO_3含量。在烟气中注入某种能和SO_3化合的非腐蚀性物质，如亚铅、镁的化合物、白云石、氨等。

第五节 运行控制节能技术

为保证加热炉正常高效运行，加热炉运行控制主要是利用自动控制技术，使加热炉输出介质的温度在设定温度范围内运行，避免输出温度过高所造成的不必要能耗。

一、加热炉运行参数的特征

加热炉系统工艺复杂，辅助系统多，故其运行参数通常具有以下特点。

1. 高耦合特性

加热炉是一个多输入、多输出参数的复杂系统，各工艺参数间相互耦合。对长输管道燃油加热炉而言，只有燃油温度(燃油一般采用长输管道中原油)、燃油流量、助燃空气温度、助燃空气流量、雾化压力合理搭配，才能保证燃油充分燃烧。但如果烟道挡板位置不合适，也会降低加热炉热效率。

2. 纯滞后特性

由于加热炉的工艺特点和各参数采集点位置的差异，烟道含氧量的采集远远滞后于燃油

(气)流量、助燃空气流量等参数的采集；原油出炉温度也滞后于其他参数。部分重要参数的滞后性给加热炉的自动控制带来了很大的负面影响。

3. 不确定特性

由于长输原油的成分是变化的，即燃料油热值是不定的，使最佳风油比(助燃空气量与燃料油量之比)也是不定的。对于燃气加热炉，油井伴生气成分也是变化的，也存在上述问题。另外，在加热炉运行过程中，随着预热器不断结垢，加热炉温度场也随之发生变化。这些因素都给燃料油(气)优化控制带来难度。

4. 大惯性特性

加热炉熄火后，仍有大量热量存储在其中。加热炉的这种大惯性特点给防止加热炉管道原油汽化带来很大困难。

二、加热炉的检测参数

加热炉系统在运行过程中需要检测的参数繁多，如进、出炉原油温度，进、出炉原油压力，炉膛负压，炉膛温度，烟气出口温度，燃料油耗量，燃料油压力等。对这些参数需要进行实时的监测、调节和计量。系统运行过程中，传感器在线检测运行参数信号传给控制室数显仪表，仪表显示工况参数值，同时将信号传输给计算机，计算机根据信号做出判断，并输出执行信号给调节器。计算机显示加热炉运行的实时参数，形象地显示加热炉的工艺流程，并对主要实时参数进行任意时刻前一段时间的曲线显示，以便观察变化趋势和加热炉的运行工况。

以直接式燃油加热炉为例，将所有需传感器采集的加热炉模拟量参数列于表 5 - 6 中。从表中可以看出，加热炉系统需采集近 30 个模拟量。通过试验发现，调节燃油阀位会引起燃油流量、炉膛温度、左右侧出炉原油温度、左右侧炉管管壁温度、烟道温度等参数一系列的变化，可以认为某些参数包含有其他一些模拟量的冗余信息。

表 5 - 6　加热炉系统采集的模拟量表

编号	1	2	3	4	5	6
采集参数	左侧原油入炉温度	右侧原油入炉温度	左侧原油出炉温度	右侧原油出炉温度	左侧原油入炉压力	右侧原油入炉压力
编号	7	8	9	10	11	12
采集参数	左侧原油出炉压力	右侧原油出炉压力	燃料油压力	燃料油流量	助燃风流量	烟道含氧量
编号	13	14	15	16	17	18
采集参数	燃料油温度	雾化空气压力	左侧原油管壁温度	右侧原油管壁温度	烟道排烟量	炉膛温度
编号	19	20	21	22	23	24
采集参数	进站原油温度	出站原油温度	燃料油阀位	助燃空气阀位	烟道挡板开度	炉膛压力

三、加热炉自动控制系统

自动化控制系统通常由传感器、控制器和调节器组成。但具体控制系统中，传感器的设置类型、位置；控制器的控制软件编制；调节器的执行设置等均与控制对象的运行工艺和特点息息相关。

在采集加热炉运行参数的基础上，介绍加热炉自动控制系统主要实现的功能和实现方法。

(一)精确控制出炉温度

加热炉原油出炉温度自动控制的方式是设定值控制。因为如果原油出炉温度过高，会增加燃料耗量，如果原油出炉温度过低，会影响原油在管道中的正常输送。因此要求原油出炉温度严格控制在工艺设定值。

控制原油出炉温度在工艺设定值是加热炉温度控制的核心。出炉温度控制过程(简称 PLC)主要由温度传感器、控制器和燃料调节器完成，如图 5-22 所示。其中，温度传感器由热电偶(或热电阻)和温度变送器组成，其一端与加热炉介质输出口连接，另一端与控制器连接，主要功能是检测加热炉输出介质的温度，并转换成电信号输给控制器。而控制器的两端分别与温度传感器和燃料调节器连接，主要功能是接收温度传感器输出的信号，根据信号作出判断，并输出执行信号给燃料调节器，在临界工况下，还能发出报警信号。燃料调节器则由调节阀和电动执行机构组成，其一端与控制器连接，另一端与加热器燃料输出口连接，主要功能是使按照控制器输出的执行信号，调节加热炉的燃料供给量。如果加热炉的出炉温度超出设定温度，就自动调节调节阀的开度，减少燃料油的输入量，同时调节燃烧器的进风挡板装置，实行优化低氧燃烧，使出炉温度降低；反之亦然。

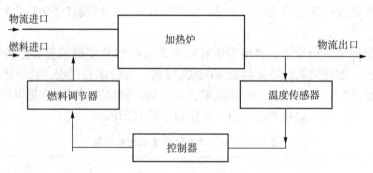

图 5-22　加热炉出炉温度控制示意图

(二)控制烟气含氧量

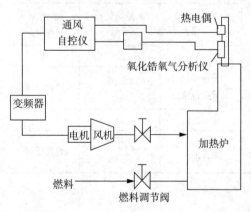

图 5-23　加热炉烟气含氧量控制示意图

烟气含氧量通常由氧化锆氧气分析仪测得，排烟温度可通过镍铬-镍硅热电偶测温仪测试。如图 5-23 所示，烟气含氧量的自动控制流程为，氧化锆氧气分析仪及热电偶测温仪将测试信号传给加热炉通风自控仪，通过仪器中的软件计算出排烟与大气温差、过剩空气系数及排烟热损失，然后输出信号来控制变频调速器，由变频调速器调节电机频率和转速，使风量与燃料量相匹配，将过量空气系数控制在一个最佳的范围内。

(三)防止管道原油汽化

为防止管道原油汽化，加热炉的控制系统设置了多个报警停炉控制点，包括：左、右侧原油出炉温度高报警，停炉；左、右侧原油管壁温度高报警，停炉等。另外，为了以备传感器出现故障或者工业现场的电磁干扰影响数据采集的准确性，系统还应具备鉴别故障传感器和工业干扰的能力。

除了以上主要运行参数的控制外，自动化控制还能实现自动吹扫、供空气、自动点火、燃烧、自动停机和启动。应用监测技术实现熄火保护、低水位保护、超温超压保护等，保证设备安全运行。自动控制与监测技术将趋于远程化，既能保证设备高效、安全运行，又能提高设备的管理水平。

第六节　加热炉经济运行节能技术

一、原油换烧渣油

渣油是原油提炼出汽油、柴油、煤油等而剩下的重成分。渣油作为燃料油与原油相比其黏度较高、凝固点也较高，但价格优势较明显，可实现换烧。

加热炉换烧渣油给企业带来了效益，但也给设备的运行及维护带来了困难。改烧渣油后，燃料油的风油配比需要及时准确的调整。否则，不是冒黑烟，就是点不起来炉，再就是火嘴密封不严造成的二次燃烧，这些对炉内绝热材料的使用寿命都非常不利。因此，在利用原油换烧渣油的技术时，一定要同时建立一个可靠的维修队伍，来保证加热炉在良好的状态下运行。

二、降低动力费用

由于目前部分加热炉存在负荷低的问题，所以送风机往往裕量过大，对此虽然可以采用控制转速的方法，但这样做对于普通加热炉所能获得的效益，大都不能与设备投资相抵。如果预计加热炉会持续低负荷运转，还是减小叶轮直径或换用低速电机为好。

采用空气预热系统时，应将空气预热器的压力损失换算成动力费，以便选型。在烟囱有足够抽力的情况下，或加热炉负荷低时，有时可以不用送风机，采用加大空气预热器的方案较好。通过复核加热炉系统的抽力，往往有可能不要送风机而减少动力费用。

第六章 油气集输系统节能技术

油气集输系统是由油井和各种功能站、库以及连接它们的各种工艺管道组成的工艺系统，主要工作是收集、输送和处理油田生产过程中的原油和天然气。油气集输处理系统投资十分巨大，一般占整个油田地面工程的 60%～70%，占整个油田工程的 40% 左右。它还是一个巨大的能量消耗系统，在油田能量消耗中占主导地位。据统计，油气集输处理系统能耗一般占原油生产总能耗的 30%～40%，是油田节能的重点对象。

第一节 集油工艺节能技术

集油系统能耗在集输系统总能耗中所占比例约处于 60%～80% 之间，因此设法降低集油工艺能耗是集输系统节能的关键。在集油流程能耗中，热能消耗是主要能耗，如果集油过程不额外加热，即采用不加热集输流程是从根本上节约油气集输系统耗能的一项有效措施。当油井参数不能满足不加热集油工艺适用条件时，采用技术措施实现少加热集油也能够达到节能降耗的目的。

一、原油乳状液的流变性

(一)原油乳状液的类型

原油与水形成的乳状液主要有两种类型，一种是水相以液滴形式分散于油中，称为"油包水"型乳状液，用符号 W/O 表示；另一种是原油以液滴形式分散于水中称为"水包油"型乳状液，用符号 O/W 表示。此外，还有多重乳状液，即油包水包油型、水包油包水型等，分别以 O/W/O 和 W/O/W 表示。

世界开采出的原油有近 80% 以原油乳状液形式存在。一方面是在原油开采和油气集输过程中，在天然气参与下，经紊流混合、激烈搅拌而成。另外，在油田开采过程中，尤其是开采进入中后期，随含水率升高，原油与水一起被采出，在从井底流至地面，并进一步经集输管线流至联合站的流动过程中，经过油嘴、管道、阀门、机泵时的搅拌作用，使其混合成为乳状液。原油乳状液的乳化剂一般是原油中天然存在的高分子表面活性剂(如环烷酸或环烷酸皂)及胶质、沥青质、石蜡、固体岩屑粉末等。除高含水期外，往往形成 W/O 型乳化剂。原油破乳对原油开采、运输及加工十分重要。

(二)影响原油乳状液流变性的因素

1. 含水体积分数

油井采出液大多为 W/O 型乳状液，且不含有专用的人工乳化剂。图 6-1 给出了 W/O 型乳状液视黏度随含水体积分数的变化关系。可见，含水体积分数 Φ 对流变性的影响可分为三个区：Ⅰ区为低含水体积分数范围，乳状液呈牛顿流体；Ⅱ区为中等浓度范围，乳状液呈非牛顿流体，随 Φ 增大最初为假塑性流体，在浓度较高时表现出塑性流体性质，当 Φ 接近临界转相浓度 Φ_{max} 且在低剪切应力作用下，乳状液表现出黏弹性；Ⅲ区乳状液转相，一般为牛顿流体。

　　原油含水体积分数也是影响管壁结蜡量的主要因素。通过分析大庆含水原油的室内模拟实验结果(如图 6-2),可总结出管壁结蜡量随原油含水体积分数的变化规律。由图 6-2 可知,管壁结蜡量随原油含水体积分数增加而递减。但在随含水体积分数增加过程中,递减梯度呈上升趋势。当原油含水体积分数控制在 70% 以上时,管壁结蜡量处于较低水平。

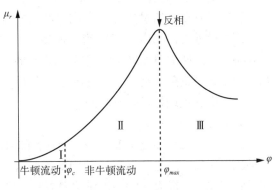

图 6-1　W/O 型乳状液视黏度随含水体积分数的变化曲线

　　因此,对于原油含水体积分数较高(如上述大庆含水原油含水体积分数超过 70%)的油井,由于其含水体积分数处于较低视黏度和较低管壁结蜡量的原油含水区间,这有利于实现不加热集油。对于原油含水体积分数较低的油井,其含水体积分数处在视黏度和管壁结蜡量均较高的原油含水区间内,可采用掺常温水的技术措施来改变原油含水体积分数,改善其流动性,为实现不加热集油创造条件。

　　2. 连续相黏度的影响

　　连续相黏度是决定乳状液黏度的重要因素之一,多数公式表明乳状液黏度与连续相黏度成正比。对于 W/O 型乳状液,连续相黏度与原油的性质有关,原油中胶质、沥青质等重组分含量越高,油相黏度越大,则乳状液的黏度越大。

　　3. 分散相颗粒大小及分布

　　分散相液滴颗粒直径越小,分布越均匀,乳状液表观黏度越大,非牛顿性越强。这是因为液滴颗粒直径变小后,界面膜面积增大,单位体积内的液滴数目增多,液滴颗粒间接触点增多,相互摩擦作用增强。

　　4. 温度

　　温度对乳状液流变性影响很大,随温度升高,乳状液表观黏度减小,并由非牛顿流体转变为牛顿流体(如图 6-3)。但对不同原油甚至同一原油不同含水率条件下,乳状液由非牛顿流体转变为牛顿流体的临界温度不同。

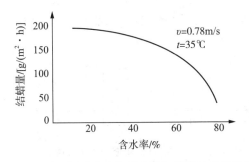

图 6-2　原油含水体积分数与管壁结蜡量关系曲线

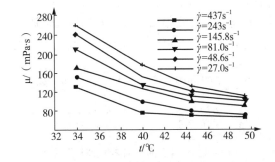

图 6-3　含水体积分数为 65% 乳状液黏温曲线

　　由于原油视黏度随温度降低而上升,使原油流动性变差,对不加热集油不利。但可通过掺常温水改变原油含水体积分数,使视黏度的降低值足以弥补由于集油温度降低而引起的视黏度升高值，从而实现不加热集油。

温度对管壁结蜡量也存在影响。有关实验表明，含水原油存在一管壁结蜡高峰温度区间，即在此温度区间内管壁结蜡量最多，如大庆萨南油田原油的管壁结蜡高峰温度区间为 35~40℃。当原油温度处于此温度区间之外时，管壁结蜡量会大大减少。另外，通过试验得知，管壁结蜡量随液流与管壁的温差增大而增加。因此，加强管道保温，减少原油与管壁温差，对减少管壁结蜡量是有利的。

5. 静置时间

新鲜乳状液在环境温度下静置储存，随时间延长，乳状液的流变性会有所变化。主要由两种原因所致。一是分散在原油中的天然乳化剂固体颗粒、胶质、沥青质等以胶体形式存在，它们在油水界面吸附并构成致密薄膜需要一定时间。因此，随时间推移，界面膜强度增大，水化作用增强，从而表观黏度上升。二是由于大小液滴的化学势不同，导致乳状液液滴颗粒直径有自动增大的趋势，导致乳状液表观黏度减小。

二、自然不加热集油工艺

自然不加热集油工艺特指油井参数达到不加热集油条件，除常规定期洗井外，不需采用额外辅助措施的不加热集油工艺，按照油井出油管线数量可分为双管出油不加热集油工艺和单管出油不加热集油工艺。

(一) 双管出油不加热集油工艺

双管出油不加热集油工艺流程如图 6-4 所示。该工艺流程的特点是，由于采用双管出油，油井产出物同时通过出油管线和洗井管线输至计量站，使管输流通面积增大，输送阻力减小；并且可随时进行热洗和掺水循环。该工艺技术适用于高含水、高产液量的油井，可解决其出油温度高、集输耗气量大的问题。油井形式可为电泵井、自喷井或大液量的抽油机井。

目前，大庆主力产油区喇萨杏油田产液量 80t/d 以上、含水体积分数 80% 以上的油井，或产液量 60t/d 以上、含水体积分数 85% 以上的油井，可实现双管出油不加热集油。

(二) 单管出油不加热集油工艺流程

单管出油不加热集油工艺以双管流程为基础，并定期热水洗井清蜡。与双管流程不同的是正常生产时，洗井管线被扫空并关闭，不作为出油管线之用，从井口经计量站、接转站到集中处理站均为单管，如图 6-5 所示。该种工艺要求单井生产条件苛刻，适用油井类型为：一种是井口温度很高，或油井的原油性质较好，原油黏度低，管道不结蜡的油井；另一种是油井含水很高，形成水包油乳状液，管道也不结蜡的油井。

图 6-4　双管出油不加热集油工艺示意图

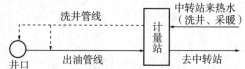

图 6-5　单管不加热集油工艺示意图

经大庆油田试验表明，产液量 40t/d 以上、含水体积分数 80% 以上的油井，或产液量 30t/d 以上、含水体积分数 85% 以上的油井，或产液量 25t/d 以上、含水体积分数 90% 以上的油井，可实现全年单管出油不加热集油。产液量 25~30t/d、含水体积分数 85% 以上的油井，或产液量 15～25t/d、含水体积分数 90% 以上的油井，可实现夏秋季单管出油不加热集油。相比双管流程，单管流程的管线长度大致要减少 40%～60%。如果能妥善解决单管集油存在的各种工艺问题，则采用单管流程集油是降低集油过程管网散热损失的有效途径之一。

三、掺液集油工艺

(一)掺常温水不加热集油工艺

掺常温水不加热集油工艺的节能原理是，在一定条件(温度、混合条件等)下，给低含水、低产液量的油井回掺联合站(或中转站)脱出的常温游离水，增加井口原油含水体积分数，直至其在油井出油管线中形成水包油(O/W)型乳状液，降低含水原油黏度，抑制集油管线管壁结蜡，从而降低油井回压，实现常温输送。掺常温水量是影响掺水集油效果的主要因素，可通过掺水前后原油油水体积比来确定。

根据集油管网形式不同，掺常温水不加热集油工艺可分为双管掺常温水不加热集油工艺和环状掺常温水不加热集油工艺。双管掺常温水集油工艺流程示意图见图 6-6。该工艺具有很强的适应性，对已建双管掺水流程的中间站系统，若系统的高、低产液井交错布局，且高含水的高产井产液量占总产液量一半以上，则不需进行系统改造，即可使全系统实现不加热集油。但该工艺缺点是掺水造成附加动力消耗大，且增加计量难度，操作较复杂。

环状掺常温水集油工艺流程如图 6-7 所示。该工艺是将各单井的出油管线直接串联成环状，各井口安装定向阀，环线的首端和末端分别接至计量间的热水汇管和生产汇管。正常生产时，各油井的产出物经出油环线输至计量间；当回压升高时，开启环线首端热

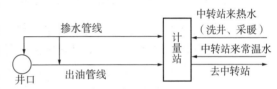

图 6-6　为双管掺水不加热集油工艺流程示意图

水管道掺入热水，保证其不冻堵。该流程起源于大庆外围油田，适用于产液量为 5～10t/d 的油井，其特点是：简化流程、节省投资、降低能耗，提高了经济效益。与双管掺水固定洗井集油工艺相比，可缩短洗井管线的长度，降低工程投资。但管理较为严格，容易造成系统运行不平稳，单井计量难度较大。

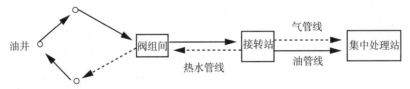

图 6-7　环状掺水不加热集油工艺流程示意图

(二)掺稀油集油工艺

掺稀油降黏是国内外稠油集输降黏的主要方法之一。国内外研究表明，稠油是一种由可溶沥青粒子组成的胶体，沥青粒子相互缠结在软沥青组成的溶剂中。因此，稠油的高黏度主要是由于可溶沥青粒子相互缠结引起的。掺入稀油，其作用在于减少了沥青的质量分数，从而减少了可溶沥青粒子相互缠结的程度，降低了原油黏度，同时降低集油摩阻。但对于含蜡量和凝固点较低而胶质、沥青质含量较高的高黏原油，其降凝降黏作用较差。

影响掺油降黏效果的主要因素是掺油种类、掺稀油量和掺油温度。一般而言，所掺稀油

相对密度和黏度越小，降凝降黏效果也越好；掺稀油量常以稀释比来表示，即稀油占混合原油中的质量分数，稀释比越大，降凝降黏作用也越显著；稠油与稀油混合温度越低，降黏效果越好，但混合温度应高于混合油凝点 3~5℃，等于或低于混合油凝点时，降黏效果反而变差。

一般当稠油和稀油黏度指数接近时，混合油黏度符合式(6-1)

$$\lg\lg\mu_{混} = x\lg\lg\mu_{稀} + (1-x)\lg\lg\mu_{稠} \tag{6-1}$$

式中 $\mu_{混}$、$\mu_{稀}$、$\mu_{稠}$——分别为混合油、稀油及稠油在同一温度的黏度，mPa·s；

  x——稀油的质量分数。

与掺水相比，轻质稀油不仅有稳定的降黏效果，且能增加产油量，对低产、间隙油井输送更有利。此外，掺稀油比(平均约 0.6)远小于掺水比(平均约 1.8)，使掺稀油后的混合液量比掺水时减少约 40%，显著降低了集输量。在油井含水升高后，总液量增加，掺输管可改作出油管，能适应油田的变化。掺稀油集油工艺流程与掺活性水类似。

对稀油资源丰富的油田，轻油稀释降黏具有更好的经济性和适应性。它解决了稠油的地面集输和脱水处理困难等问题，其优点是工艺较简单，管理、操作较方便。但是，掺稀油降黏需要有充足的稀油资源，同时，稀油掺到稠油中后，会影响油田销售收入。因此，需要以经济效益为目标进行论证和评价。

四、单管电热解堵保护不加热集油工艺

电热解堵技术为稠油或高凝油集输工艺的配套技术，按其电流种类可分为直流电热解堵技术和交流电热解堵技术。对于单管集油工艺，可采用交流电热解堵技术，其原理在于交流电在钢管中会产生很强的集肤效应，电流在钢管外表面流动，使导电截面减小，交流阻抗显著增加，在相同电流下，管线会得到较大的加热功率，温度上升，管内原油从靠近管壁处开始融化，并逐渐向管中心发展，当温度达到一定值时，便可向管内原油加压，将原油挤出，完成解堵任务。交流电热解堵技术按其频率又可分为工频和中频两种。相对而言，工频电热解堵技术设备简单，维修方便，造价低，适宜在管线解堵中应用。

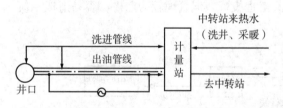

图 6-8 单管电解堵保护不加热集油工艺流程

单管电热解堵保护不加热集油流程如图 6-8 所示。该工艺流程以双管流程为基础，采用热水定期洗井清蜡。正常生产时，将洗井管线扫空并关闭，实现单管不加热出油。当出油管线凝堵时，启用电热解堵装置给其加热解堵，可实现管道安全、快捷解堵。该工艺技术可使 30t/d 左右的中等产液量油井实现不加热集油。大庆油田采油二厂的试验表明，若电热解堵装置工频电源功率为 70W/m，变压器额定电压为 600V，可以满足 1000m 集油管线的解堵要求。但存在每次洗井都要进行扫线操作，管理不方便，油井停输后再启动困难。

五、加流动改性剂集油工艺

在原油中加入少量流动改进剂，可以大大降低原油黏度，起到降低集油管道摩阻的作用，从而实现降低油井回压，降温集油的目的。如果集油温度降至混合出油温度以下，还可实现不加热集油。

原油流动改进剂是一种高分子化学药剂，主要包括表面活性剂型、高分子聚合物型和复配型。其中，高分子聚合物型流动改性剂可作为降凝剂或降黏剂使用，表面活性剂型流动改性剂可作为乳化剂使用。具体应用方案如下：

（1）当原油性质较好，原油含水较低时，可加入一定量的高分子聚合物型流动改进剂，改善原油低温流动特性，从而降低集油温度或实现常温集油。

（2）当原油性质较好，但原油含水较高时，加入一定量的表面活性剂，乳化原油，形成水包油（O/W）型乳状液，降低原油黏度，从而降低集油温度或实现常温集油。

（3）当原油为高黏原油，原油含水也较低时，通常需结合掺水降黏技术实现大幅度降黏的目的，即在原油中掺入由水溶性表面活性剂调配而成的水溶液，这种水溶液称为活性水。目前，掺活性水降黏工艺中水相的体积分数一般在30%左右，但要避免形成油包水乳状液，造成破乳脱水困难。活性水可通过空心杆、油管和环空通道掺入油井，掺入位置可泵上掺入，也可泵下掺入。某油田掺活性水集油工艺流程如图6-9所示。

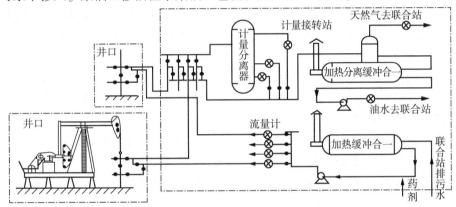

图6-9　掺活性水集输工艺流程

由于不同地区原油物性差别较大，流动改性剂与原油的配伍性和加药参数要通过室内和现场试验确定。

六、防蜡和清蜡技术

国内各油田的油井、集油管线均有结蜡现象。油井、集油管线的清防蜡技术是保障不加热集油工艺安全运行的关键技术之一，同时可进一步拓宽不加热集油工艺的适用范围。

（一）防蜡技术

根据对结蜡机理的认知和生产实践经验，为了防止油井结蜡，应从两个方面着手。

（1）创造不利于石蜡在管壁上沉积的条件。由于管壁粗糙度越高，油流速度越小，表面亲油性越强，越容易结蜡。因此，防止结蜡的一条重要途径是提高管壁光滑度，改善其表面润湿性。

（2）抑制蜡晶聚集。在油井开采过程中，不可避免会发生石蜡结晶析出现象，但从蜡晶析出到蜡晶在管壁上沉积，还有一个使蜡晶聚集和生长的过程，因此，在蜡晶析出过程中，利用物理或化学方法抑制蜡晶聚集与长大也是防止结蜡的一条重要途径。

常用油井、集油管线防蜡方法有下述几种。

1. 油管内衬和涂层防蜡

油管内衬和涂层防蜡的作用主要是使油管表面光滑，改善管壁表面的亲水性，使蜡不易沉积，达到防蜡的目的。

玻璃衬里油管及涂料油管的应用最多。玻璃衬里油管是通过提高管壁的光滑度来防蜡；而涂料油管是在油管内壁涂一层固化后表面光滑且亲水性强的物质，从而改善表面润湿性。最早使用的涂料是普通清漆，但由于其在管壁上黏合强度低，因而效果较差，不适用于有杆泵和螺杆泵油井，主要用于自喷井和连续自喷井防蜡。目前应用得较广泛的一种涂料为聚氨苯甲酸酯，可用于有杆泵油井防蜡。

2. 在油流中加入防蜡抑制剂

防蜡抑制剂的主要作用是，改变油管、出油管表面性质，使由亲油变成亲水；分散蜡晶，防止聚集和沉积，从而延长清管周期，减少清管次数，节约能源，减少产量损失等。防蜡抑制剂主要有高分子聚合物型和表面活性剂型两种类型。

(1)高分子聚合物型防蜡剂，也称降凝剂。这种防蜡剂基于蜡晶改进理论的防蜡依据，由带有支链或极性基团的高分子聚合物构成，且这些高分子聚合物通常具有和蜡分子结构相同或相近的正构烷烃。高分子聚合物型防蜡剂加入原油中以后具有干扰或改变蜡结晶状态的特性，从而起到防蜡、降凝、降黏的作用。但在使用中要注意的是，药剂要在原油析蜡点温度以上加入原油中。

(2)表面活性剂型防蜡剂。该种防蜡剂基于水膜理论的防蜡依据，通常是以具有破乳、润湿、渗透、石蜡分散等性能的多种表面活性剂复合而成。这类防蜡剂加入油井后，能迅速破乳，释放一部分游离水，或使 W/O 型油水乳状液转变为 O/W 型，从而在管壁形成一层活性水膜，使非极性的石蜡不易在管壁上粘附。此外，表面活性剂型防蜡剂分子还能够吸附在蜡晶表面上，其亲油基朝向石蜡结晶，亲水基向外，使蜡晶表面成为一个极性亲水表面，不利于非极性石蜡分子的靠近，使石蜡晶体保持细碎状态，被油流带走，起到防蜡的作用。

一般，防蜡剂的选择与使用主要遵循以下几点原则：

(1)选择与石蜡结构和性能相似的药剂，即选择两者溶解度参数相近的药剂。

(2)应选择溶解速度较快的药剂。

(3)要针对不同油井的生产状况和特点，采用与之相适应的加药方式、加药周期和加药量。根据油井产出原油的不同物性，选择适用的药剂。

3. 强磁防蜡

强磁防蜡技术主要是利用物质经过磁处理，能够改变其结晶状态和形式的特性，对原油进行磁化处理，减少石蜡在管道表面的析出和结晶，并阻碍蜡晶聚结，以起到防蜡的作用，此外还可起到降黏效果。

磁化技术对原油的防蜡、降黏效果主要影响因素有磁感应强度、磁化温度、磁处理次数和磁化时间等。

(1)磁感应强度。原油磁化处理的磁感应强度不是越大越好，也不是越小越好，而是有一个有效范围，一般在 100～200mT 之间可取得较好的磁防蜡和磁降黏效果。

(2)磁化温度。有实验表明，当油温处于管壁结蜡高峰区内时，结蜡强度、原油黏度降低效果更为明显。

(3)磁化时间。在实际应用中，磁处理器要有一定的有效磁程，以及原油通过磁处理器时的速度不能太快，否则就会降低原油磁化的效果。

(4)磁处理次数。增加磁处理次数可以改善磁处理效果，但并不是处理次数越多越好。磁处理的效果具有饱和性。

因此，在实际应用中，有必要进行磁处理参数优化。

磁防蜡设备通常安装在井口出油管线上，主要有永磁防蜡器和电磁防蜡器两种。永磁防蜡器采用永磁材料作为磁能体，既不需要电能，也不需要任何化学剂，在多数情况下无须提升油管，在自喷和机械采油（电泵、杆式泵）井中均可应用，但存在退磁、老化等现象，而且成本较高。电磁防蜡器通常由电源变换和电磁变换两部分组成（如图6-10），电磁转换部分通过法兰与井口输油管线相连，用两芯电缆将电源控制装置内电源输入端子与供电电源相连。交流电经电源变换后，给设备的电磁转换部分直接供电，电磁转换部分将电能转变为交变电磁场，作为磁力传输源。

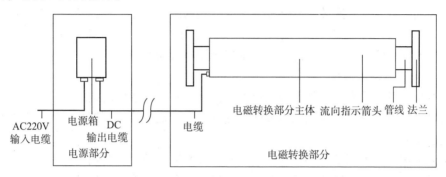

图6-10 电磁防蜡器结构示意图

4. 声波防蜡

声波防蜡技术是将声波发生器接在流动管柱上，利用流体动力式声波原理，实现防蜡目的。该技术防蜡效果较好，有效期长，可降低抽油机电能消耗，延长洗井及检泵周期，增加油井的产液量和产油量。

声波防蜡的基本原理是依靠流体自身动力激发弹性振动装置产生声波振动，反馈作用于流体，使其受到强烈的机械作用、空化作用和热作用。机械作用是指声波发生器产生的声波以较高频率产生剧烈机械振动，搅拌、分散原油，减少了原油中蜡晶相互结合的几率，或导致蜡晶网状结构破坏，从而减少蜡晶管壁沉积，降低原油流动阻力。空化作用是指在声波场中可以降低空化阈和空化产生的条件，更易发生空化现象，由此产生局部的高温高压的能量爆发，从而改变流体结构。其次是声波的热作用，但热作用的大小与声波振动的频率及振动幅度有关，频率不高时，这种作用较弱。

声振动强度的大小直接影响着声波发生器的作用效果。因此，声波防蜡器选型时，油井产液量要与防蜡器的型号相适应。该种防蜡技术对出砂严重和油井气液比太大的油井不适用。

5. 微生物防蜡

微生物防蜡技术是针对原油含蜡的特点以及结蜡机理，筛选合适的细菌组合注入井筒，利用微生物细菌及其代谢产物的作用，阻止石蜡结晶，防止或缓解井筒结蜡，达到代替或逐渐替代传统清防蜡措施的目的。此外，微生物还有清蜡作用。

菌种的筛选是微生物采油技术的关键，目标是选能适应地层环境的菌种，同时要从两个方面发展，一是提高菌种的耐温性，以适合更广的油藏范围；二是只提供部分无机营养物，希望以原油为碳源，降低注入营养物成本。还有筛选希望得到耐矿化度的菌种。

（二）清蜡技术

以往，对于油管内结蜡的主要清蜡措施是热水洗井。利用热水清蜡虽然能有效地清除管内结蜡，但洗井时要消耗大量的水、电和天然气，而且每次热洗时，油井停产，热洗时间越长，周期越短，影响产量越严重。此外，热洗时石蜡的熔化主要靠热介质通过油管传热进行，为了有效地利用传热效率，热洗开始时，要求排量较大，当热介质充满油管套管环形空间，液柱压力往往大于井壁附近的地层压力，热洗液常常会进入地层。由于热洗液难免含有杂质，从而会污染地层堵塞地层孔道，影响油井的正常生产。

减少或代替热水洗井工艺的清蜡技术有机械清蜡、化学清蜡、微生物清蜡等。

1. 机械清蜡

机械清蜡方式是以机械刮削的方式清除油管、抽油杆及输油管线中沉积的蜡质物，只能延长洗井周期，减少洗井次数，并不能完全取代热水洗井工艺。特别是对于中低产液量、中低含水油井，结蜡高峰区在井下，避免不了频繁的洗井、扫线所带来操作、管理上的麻烦，从而妨碍了不加热集油工艺技术的大面积推广应用和长期实施。

2. 加入化学清蜡剂清蜡

化学清蜡剂清蜡是利用化学药剂的特性来清除油井、油管中的结蜡，可以避免热水洗井清蜡的缺陷。因此，利用该项技术代替热水洗井，具有延长热洗周期，减少热洗次数，节约能源等优点。

化学清蜡剂是一类用于清除油井或输油管道管壁结蜡的化学药剂，如二硫化碳、四氯化碳、三氯甲烷、芳烃、重链烷烃等与其他助剂复配的产物。作为蜡的良溶剂，清蜡剂加入油井或输油管道以后，可将已沉积的蜡全部溶解，然后被油流携带清除。清蜡剂除了具有清蜡作用以外，还有防蜡降黏作用。目前，国内清蜡剂有油基和水基两大类型。油基清蜡剂又包括纯溶剂型、乳液型、溶剂与表面活性剂复配型3种。水基清蜡剂以水为分散介质，其中溶有活性剂、互溶剂以及碱性物质等。

清蜡剂的选择和使用原则与防蜡剂类似。

第二节　油水分离工艺节能技术

一、高效油水沉降分离技术

油水分离的规律可引用司托克斯(Stokes)定律加以说明，定律表达式见式(6-2)。

$$v = \frac{2r^2(\rho_1 - \rho_2)g}{9\mu} \tag{6-2}$$

式中　v——内相液滴的沉降速度，m/s；
　　　ρ_1——内相液滴的密度，kg/m³；
　　　ρ_2——连续相的密度，kg/m³；
　　　μ——连续相流体的黏滞系数；
　　　r——内相液滴的半径，m；
　　　g——重力加速度，m/s²。

由式(6-2)可以看出，对于油水沉降分离过程，沉降分离速度与悬浮液中内相液滴半径的平方成正比，与水、油的密度差成正比，与悬浮液连续相的黏度成反比。增大油水密度差或减小分散介质的黏度均有利于内相液滴沉降或上浮，而沉降分离速度与内相液滴半径的平方成正比，所以在原油脱水过程中要尽量控制各种因素，创造条件使微小

110

的水滴聚结变大，加速水滴沉降，而含油污水处理过程中聚集对象为污水中的悬浮油滴，加速油滴上浮。

实际应用中往往综合应用油水分离方法以求得最好的分离效果。为了提高重力沉降设备的分离效率，常在分离设备中综合应用重力沉降、液滴聚集、粗粒化等分离技术，即在重力沉降分离设备中设置整流构件和聚结构件。

整流构件设置于分离器主体沉降部分，起着消除或减缓流体产生不稳定流动以及偏流现象的作用，平稳流体流态，为液滴的分离创造良好的工作环境。常用的整流构件有同心板、平行板整流构件和蛇形板整流构件。由于蛇形板整流构件在流体流向上有多个折流流道，因而更有利于分散相液滴的碰撞聚结。

聚结构件的作用是采用聚结填料作为油气水分离区域填料，油水混合物经过填料时，其流动方向随填料的通道不断变化，使油(水)相中的小水(油)滴不断聚结成大水(油)滴下沉(上浮)到水(油)相中。在水相中，油滴被吸附在填料表面上，当表面上聚结的油滴增大到一定程度时，便浮升到油相中去。因此，聚结填料通过增大液滴直径，达到加快沉降速度、缩短沉降时间、提高设备处理能力的目的。聚结填料按工作方式可分为规整填料和散堆填料两种。规整填料多为波纹填料，如平行板波纹填料、自支承式波纹填料、孔板波纹填料等，其强化分离机理主要基于浅池理论，即通过缩短液滴沉降或浮升的路径，使液体迅速在填料表面聚集变大，从而加快分离。散堆填料，如陶粒、聚丙烯等，其强化分离机理主要是根据油水间的不同润湿作用，利用同类互溶和碰撞聚结原理，使分散相液滴在填料表面附着并使其粗粒化，达到油水分离的目的。

二、脱水工艺节能改造技术

(一)原油脱水的基本工艺

原油脱水多采用"两段脱水"，尤其对于高含水原油，即首先是"热化学脱水"，然后是"电化学脱水"。油田上把热化学脱水称为一段脱水，它是解决高含水原油的最佳方法。原油含水超过30%时，电脱水器无法维持正常生产，只有通过一段热化学脱水，将原油含水降至30%以下，电脱水器才能正常运行。因此电化学脱水被称为二段脱水。

1. 热化学脱水

原油热化学脱水是将含水原油加热到一定的温度，并在原油乳状液中加入少量的破乳剂，破坏其乳化状态，使油水分离。其中，加入破乳剂(化学处理)是其技术重点。

1)破乳机理

化学破乳剂是人工合成的表面活性物质。一般情况下，破乳剂的破乳过程需经历分油、絮凝、膜排水、聚结等过程。破乳剂加入后朝油水界面扩散，由于破乳剂的界面活性高于原油中成膜物质的界面活性，能在油水界面上吸附或部分置换界面上吸附的天然乳化剂，并且与原油中的成膜物质形成具有比原来界面膜强度更低的混合膜，导致界面膜破坏，将膜内包复的水释放出来，水滴互相聚结形成大水滴沉降到底部，油水两相发生分离，达到破乳的目的。

2)工艺实施原则

要实现有效的化学破乳脱水，热化学脱水工艺的实施通常应依据以下几点原则：

(1)化学破乳剂要与原油乳状液匹配

由于原油本身是一个碳氢化合物的复杂混合物，原油乳状液中起乳化剂作用的物质种类和特性也是复杂的，在通常情况下又是完全未知的。因此，什么样的化学破乳剂对某种原油乳状液破乳有效，必须通过筛选试验，找出与原油乳状液匹配的的化学破乳剂。

（2）化学破乳剂与原油乳状液充分接触混合

原油乳状液中水珠粒径大小不一，数量繁多，分布杂乱无章，要让数量有限的化学破乳剂都能接触到所有原油乳状液的油–水界面，必须让化学破乳剂与原油乳状液进行激烈地搅拌混合使二者充分接触。否则，接触不到化学破乳剂的原油乳状液滴的稳定性难于消失，更谈不上破乳脱水，激烈搅拌还有利于破乳后的水珠相互接触合并，使其粒径变大迅速自原油中脱出。

（3）破乳后应有足够沉降分离的空间和时间

经过充分接触混合、实现了化学破乳以后，应在一定容积的沉降设备中进行沉降分离，使油水依靠密度差分离成层。由于油水的密度差较小，分离速度较慢，故需要有足够的沉降分离空间和时间来保证分离效果。

2. 电化学脱水

对许多原油，特别是重质、高黏原油，利用上述原油乳状液脱水方法尚不能达到对商品原油含水体积分数的规定时，常使用电化学脱水。电化学脱水基本原理是将原油乳状液置于高压直流或交流电场中，由于电场对水滴的作用，削弱了水滴界面膜的强度，促进水滴的碰撞，使水滴聚结成粒径较大的水滴，在原油中沉降分离出来。

热化学脱水工艺简单，成本低廉，效果显著，在国内外得到广泛应用。但一般情况下单纯用热化学脱水方法处理含水原油至合格标准，从经济观点如设备、费用等综合衡量，对于我国大部分油田生产的原油是不合理的，且净化原油质量不稳定。所以油田上常采用热化学脱水及电化学脱水来达到原油净化的目的。

3. 脱水前增压

联合站脱水工艺设计中，为保证油气集输和处理，通常在脱水前要增压，有时甚至在每一段前都要增压，有时电脱水器前还设有压力缓冲罐。

可见脱水工艺复杂，油进站到外输经过多次加压和加热，运行能耗高。

（二）脱水工艺的节能改造

由常见脱水工艺流程可见，脱水工艺进行节能改造的主要目标是降低进入加热炉原油的含水体积分数和减少脱水过程加压次数。降低进入加热炉原油含水体积分数的途径主要是采用常温游离水预脱除技术，合理分配两段脱水负荷。减少脱水过程加压次数主要是通过脱水工艺流程的改造来实现。

1. 常温游离水预脱除技术

常温游离水预脱除技术是指对高含水的进站来液，在常温下进行分离、沉降，使部分游离水分出，直接进采出水处理部分，分离后的低含水原油再进行加热，以减少总的热负荷，从而达到降低热能消耗的目的。高含水原油乳状液的连续相是水，一定直径油滴的上浮速度主要取决于连续相水的黏度，而水的黏度受温度变化的影响较小。因此，油水重力沉降分离与温度变化的关系不大，这是高含水原油常温游离水脱除的基本原理。通过常温游离水脱除基本原理研究和现场取样试验证明，水包油型高含水原油可以在常温（即不加热）条件下脱除游离水。常采用方法是在集中处理站一段脱水前设置游离水脱除器或三相分离器等预分离设备，脱水工艺流程见图 6 – 11 和 6 – 12。

在油田中后期，脱水站进站原油液量大、含水率高，为避免或减少加热过程中燃料消耗于水的加热升温，造成极大浪费，还应提高预分离设备的分离效率，尽可能降低原油含水，设法提高系统的热效率。

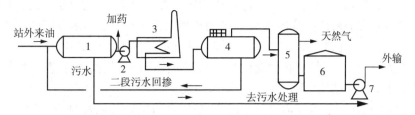

图6-11 热化学、电化学二段密闭脱水流程示意图

1—游离水脱除器；2—脱水提升泵；3—加热炉；4—电脱水器；

5—稳定塔；6—净油罐；7—外输泵

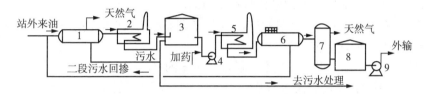

图6-12 热化学、电化学二段开式脱水流程示意图

1—游离水脱除器；2、5—加热炉；3—立式沉降罐；4—脱水提升泵；

6—电脱水器；7—稳定塔；8—净油罐；9—外输泵

图6-13为我国研制的一种高效三相分离器。油气水混合液进预脱气室，利用旋流分离、重力沉降及碰撞分离作用脱出大部分伴生气，该气体与分离器内脱出的气体一起进入气包，通过设置两级捕沫除液，使气相出口的含液量减小；而脱气后的油水混合液(含少量气体)，经落管、布液板转向，通过水层水洗，水滴经填料层聚积下沉，脱出部分游离水，然后流入沉降分离室进一步沉降分离，脱水原油经油隔板进入油室，油室的油经液位控制后流出分离器；游离水留在水层并流入沉降分离室的水相中进一步除油分离，靠压力平衡导管进入水室，水室中的水经液位控制后排出分离器。

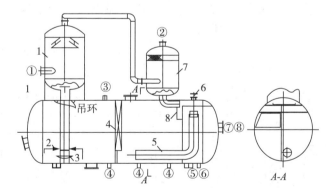

①油气水进口；②气出口；③安全阀门；④排污口； ⑤水出口； ⑥油出口；

⑦水室浮球口； ⑧油室浮球口

图6-13 高效三相分离器结构示意

1—进料分离器；2—布液板；3—防冲装置；4—集结稳流填料；5—集水管；

6—油水界面调节装置；7—气体分离器；8—油溢流槽

具体结构特点如下：

113

（1）采用离心式入口，综合利用流体的压力能，形成离心力场，提高分离效率，使混合液在进入分离器的沉降筒体前脱出90%以上的天然气，达到气液初步分离的目的。

（2）采用活性水、水洗破乳技术，充分发挥破乳剂的作用，提高分离效果。

（3）采用缓冲整流、聚结填料强制破乳，缩短沉降时间，提高处理量。并将聚结填料的波纹设计成上小下大的结构，解决了泥砂堵塞问题。

（4）增设防冲机构，避免了混合液下落直接冲刷筒体造成的砂磨损和点腐蚀，延长了分离器的使用寿命。

（5）采用活动旋转式布液板，方便了三相分离器的清砂和防冲机构的更换。

（6）根据U形管压力平衡原理，采用隔板结构，将传统的油水界面控制转换为油水液位控制，使界面处于稳定状态，实现液位自动调节。

（7）采用阀杆提升技术，调节吸水管高度，完成了对油水界面高度的调节功能，拓宽了对原油含水不同时期的适应范围。

（8）配制了自控系统，提高了效率，保证了设备的平稳操作。

2. 优化高含水原油两段脱水负荷分配

高含水原油两段脱水的负荷分配应当有利于充分发挥重力沉降和电场聚结脱水的最佳效能，优化的目的在于减少原油脱水过程中化学破乳剂、热能、电能的消耗，降低生产成本和提高净化油质量。

我国各油田的生产实践证明，最佳分配点大多在电脱水器进口含水体积分数为20% ~ 30%之间。

3. 井口加破乳剂

游离水脱除器或三相分离器进行一级不加热预分离的一项主要配套技术就是管道破乳，加药与否对脱水效果影响很大。破乳剂加入部位可在井口、计量站、联合站等集输流程各环节。从发挥药剂效能来说，在油井井口加入最好，体现在3点上，第一，充分发挥药剂破乳效能；第二，起到一定程度的减阻降黏作用，降低井口回压；第三，起一定防蜡降凝效果。这样可以从根本上阻止油包水型乳状液的生成。在计量站或接转站加药可起到破乳降黏作用。若在联合站加入只能起到破乳的作用。

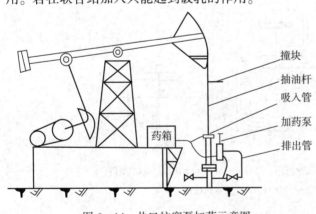

图 6 – 14　井口柱塞泵加药示意图

井口加药的具体做法是将破乳剂配成溶液，细水长流地加入到油井中，与原油混合，见图 6 – 14，在原油流动过程中，起管道破乳作用。

4. 减少脱水过程加压次数

减少脱水过程加压次数，可降低油气处理系统动力消耗，其方法是从井口到外输站的集输处理和外输的全过程不开口，形成全过程的密闭系统，通过适当提高油井回压、放大集输管径、设法减少处理过程的水力阻力（如加热环节采用低阻力加热炉，用蒸汽盘管代替加热炉等）、不设置缓冲罐等措施，直接靠井口回压完成油流的集输、分离、沉降脱水、电脱水等过程，对应工艺称为无泵无缓冲罐原油处理工艺。

实施不用开口罐的措施是一律采用封闭压力沉降、脱水、缓冲等环节，使集输处理过程是密闭的，这样还可以减少油气损耗。由于电脱水一般是在压力密闭条件下进行的，因此联合站密闭存在的首要问题在于部分油田采用敞口沉降罐脱水，造成"开口"。因此，应坚持采用压力密闭沉降罐，并用油水界面控制器调控放水和出油阀门。

针对脱水工艺中需要采用大罐沉降脱水除砂技术的情况以及常压储油的情况，可采用大罐密闭抽气工艺技术实现原油集输处理工艺的密闭。图 6 – 15 为大罐抽气工艺流程示意图。石油伴生气自油罐呼吸阀顶部挥发进入压缩机，压出的气体进入气液分离器，气液分离器分出的气体由分离器顶部外输至简易气阀组。气液分离器排出的少量轻油与外输气体管道一起外输至轻烃站。在工艺流程运行时，为保证压缩机进口压力，部分气体由气液分离器回流至压缩机出口；为保证原油储罐压力稳定在 5 ~ 80mmH$_2$O（表压）范围内，设有自简易阀组至储油罐的补气管。同时水封罐水位保持高出进气管底 100mm。

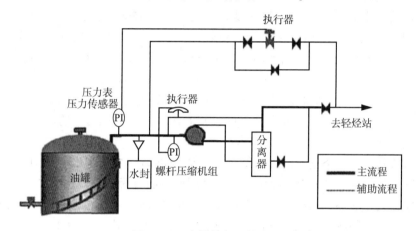

图 6 – 15　大罐抽气工艺流程图

其次，利用原油稳定塔塔底泵作为外输泵，直接外输原油，取消常规流程中的缓冲罐和外输泵。该工艺流程可简单表示为：

来油（液）→一段沉降→加热炉→二段电脱水→稳定塔→泵→外输

该流程的特点是充分利用地层能量，取消了常规流程中电脱水器装置前的中间缓冲罐和脱水泵。通过某联合站实践证明，这种流程与改进前流程相比，处理每吨液的电能消耗可节约 0.1 ~ 0.15kW·h。

密闭集输流程的技术关键还在于做到长期连续密闭运行。为此，在一般密闭集输流程的基础上还需做到：

(1)统一规划密闭集输流程，正确确定气液分离和其他容器压力系统的运行参数。如华北油田采油二厂统一规划采用的原油集输总流程是：接转站采用油气分离缓冲罐（或分离、沉降、缓冲三合一装置），进行气液分离、缓冲输液，取消了接转站开式事故油罐。油气分输，油田气依靠分离压力自压或增压输至处理站；原油脱水站利用接转站泵输压力完成游离水脱除及电化学脱水作业，脱水站正常流程采用压力容器，给事故流程留有开式事故油罐。按此流程，为保证游离水脱除器、含水油缓冲罐、电脱水器、脱后油缓冲罐等压力容器运行中不再脱气，保持平稳操作，合理地确定了接转站输油进脱水站的进站压力以及流程中各压力容器的操作压力。多年生产实践证明，这一总流程及确定的压力系统运行参数，保证了密闭流程的正常运行。

(2)优化选择密闭集输流程中的检测、控制仪表。密闭集输流程的关键是控制好各容器的压力、液面和界面。为此，检测与控制仪表的优化选择尤为重要。接转站的压力、液面检测控制点少，采用机械式就地控制调节装置。脱水站、原油稳定装置等液面、界面控制点多，采用气动或电动检测控制系统。油水界面控制难度较大，可采用电容法及微差压法检测控制界面。为了解决电脱水器高压电场对界面检测的干扰，还可采用超声波油水界面检测控制仪。

(3)各项检测及液面、界面控制系统要做到配套设计、配套施工和配套投产，且与主体工程同时设计、同时施工和同时投产，才能保证密闭集输的实现。

(4)密闭集输流程能否长期连续运行的另一关键是管理。具体方法有，将原油集输流程密闭率作为生产管理考核指标；加强工人技术培训；建立仪表维修队伍及制度等。

此外，适当提高油井回压也会降低集油能耗。因为油井回压的提高，加大了集输半径，减少或取消了中间接转站。虽然从动力消耗分析，提高油井回压引起集油设备总动力消耗的增加，可能比取消接转站的动力消耗略高，但若考虑伴生气的回收利用，综合还是节能的。若油井回压由目前常用的 0.5MPa 左右提高到 1.0MPa，即相当抽油机增加 50m 提升深度。动液面深度一般为 500 ~ 1000m，原先抽油耗电以 5kW·h/t 计，则增加电耗 0.25 ~ 0.5kW·h/t；如果设接转站，气体增压需耗功 0.4 ~ 0.7kW·h/t(油气比按 90 ~ 1000m³/t 计)。因此，油、气全面考虑收集利用，提高回压可节省动力功耗 1 ~ 2 倍，具有明显节能效果。

随着油田的开发，油田进入高含水期生产，原油进站综合含水已高达 90%，原油含水的大幅度上升，使得联合站原有的沉降脱水与处理设备超负荷严重，且通常采用的开式流程存在着油气损耗大，原油在站内通过的容器多，停留时间长，增压加热消耗大量的电和天然气等问题。针对上述问题，对联合站进行工艺流程改造，采用"无泵无罐、常温脱水"工艺流程及配套工艺技术更有必要。

三、常(低)温破乳技术

常温(即不升温)脱水技术，可以与不加热集油工艺配套解决其原油脱水问题，从而使含水原油中 85% ~ 90% 的水在不加热条件下脱除，从而节约为这部分水升温所需的热量。

(一)常(低)温化学破乳技术

化学破乳技术的关键是选择合适的破乳剂。其目标是强调广谱、高效、低成本。具体要求体现在，破乳剂必须有优良的扩散性和渗透性，能快速的使采出液进行油水分离，使水中的乳化原油破乳，同时能使水中的悬浮物凝结，并吸附原油使之上浮，从而起到净水的作用。

常用的热化学破乳温度一般为 60 ~ 80℃，而低温化学破乳脱水温度一般高于原油凝固点 10℃，大约为 40 ~ 55℃，显然能大幅降低含水原油加热时的能耗。因此，对于常(低)温破乳技术而言，要求所加的破乳剂除了满足一般要求外，还具有较好的低温脱水性能。

目前，常用的破乳剂中不乏低温性能良好者，主要类型归纳如下：

(1)由以多乙烯多胺为起始剂的嵌段聚醚与聚烷基硅氧烷反应制得的含硅破乳剂。这类破乳剂破乳性能好、适应性广、能低温破乳，SAE、SAPU6、SAU187、SAP91、SAP2187 等属于这一类。

(2)以多乙烯多胺为起始剂的嵌段聚醚。此类原油破乳剂是水溶性的，耐低温，脱水速度快，脱出的污水含油率低，属于这一类型破乳剂的产品有 AE1910、AE9901、AE21、AE8051、AE0604、AP134、AP113、AP136、AP227、AP125、AP221 等，适用于原油低温脱水及脱盐。其中 AP 型破乳剂是以多乙烯多胺为起始剂的聚氧乙烯聚氧丙烯醚，是一种多枝型的非离子表面活性剂，更适合原油含水高于 20% 的原油破乳，并能在低温条件下达到快速破乳的效果；其破乳效果好于分子结构单一的 SP 型破乳剂，只需在 45~50℃、1.5h 内沉降破乳。这是因为起始剂多乙烯多胺决定了其分子链长且支链多。多支链的特点决定了 AP 型破乳剂具有较高的润湿性能和渗透性能，如 AP8051、AP17041，能在低温情况下使原油快速脱水，但脱出水含油较多。

（3）由烷基酚醛树脂与聚氧乙烯、聚氧丙烯聚合而成的 AR 型破乳剂。此种破乳剂为新型油溶性的非离子型破乳剂，亲水亲油平衡值（HLB）值在 4~8 左右，破乳温度低，一般在 35~45℃。AR 树脂在合成破乳剂的过程中，既起起始剂的作用，又进入破乳剂的分子中成为亲油基。其特点是：分子不大，在原油凝点高于 5℃ 的情况下有良好的扩散、渗透、溶解效应，促使乳化液滴絮凝、聚结，能在 45℃ 下，45min 内把含水率为 50%~70% 的原油中的水脱出 80% 以上。

（4）酚胺醛树脂聚醚。如 ST 系列及华北原油脱水的 TA-1031 等可用于低温，还可降黏和防蜡。

（5）新型低温高效破乳剂。国内外研究者通过改性研究，研制出了多种新型低温高效破乳剂，如 SP、AP 和 AE 型破乳剂与聚甲基乙氧基硅氧烷进行酯交换反应，形成一种新的破乳剂，此种破乳剂在应用中发现其不但可以降低原油乳状液的破乳温度，而且具有一定的防蜡、降黏性能。通过复配，也可以适当降低破乳剂脱水温度，如 AS2821 为 AP 与 SP 复配的破乳剂，脱水速度快，低温（40℃）就可脱水，净化油质量好；AR（油溶性）与 SP169（水溶性）复配的 WT 型破乳剂，在 38~40℃ 下使用，净化油质量、污水含油量都比单一破乳剂好，常用的是 WT22。在保证相同脱水质量的前提下，复配型破乳剂因含有一定量的具有低温性能好、破乳能力强的破乳剂可以适当降低用药量，因此复配技术在实际中应用广泛。

然而由于各地原油物性不一样，与之相适应的破乳剂也不相同，因此，在使用破乳剂前必须经过筛选。

（二）磁处理技术

磁处理脱水技术与强磁防蜡技术的基本原理类似，即通过强磁作用改善水和水溶液的结构特征，对原油凝点、黏度、表面张力和击穿电压有不同程度的改善，利于油水分离。通过对水溶液、原油、原油乳状液进行的磁处理的前后对比试验表明，经过磁处理后，可以改变原油乳状液的流变性和脱水性能，使破乳剂的活性提高，减少破乳药剂使用量，降低原油脱水温度。

具体的做法是在常规原油脱水工艺中配套使用磁化器。磁化器安装在原油管线上，当乳化含水原油流进磁化器时，与磁芯接触，受到磁处理。

四、常温含油污水处理技术

在解决不加热集油、常温脱游离水的同时，必须配套研究解决常温（低于 40℃）含油污水处理技术。

常温含油污水处理技术主要面临的问题是常温脱除游离水工艺应用后，脱水温度的降低会造成在含油污水中 10μm 以下的乳化油含量明显增加。如在岔南联污水站实测，脱水温度由 43℃ 降至 39℃ 时，水中 10μm 以下的乳化油含量由 13.4% 上升到 22.76%。从沉降理论分析，油滴直径减小，使其在污水中的上浮速度降低。在此情况下，常规的除油过滤两段含油污水处理工艺及参数都不能适应常温含油污水处理的要求。通过原理性试验认为：常温含油污水处理应加强絮凝处理以破除乳化油，并增加沉降时间、降低滤速和增加滤罐反冲强度或提高反冲洗水温。

常温含油污水处理技术的推广，应根据现场的实际情况来选择其工艺流程。对新建的常温含油污水处理站，可采用粗粒化、除油、过滤三段工艺流程；对原有老站改造可采用沉降、过滤二段工艺流程。这两种流程常采用的技术参数见表 6-1。

表 6-1　常温含油污水处理技术参数

工艺流程	含油污水温度/℃	粗粒化负荷/(m/h)	沉降时间/h	滤速/(m/h)	絮凝剂投量 XN-8807/(mg/L)	杀菌剂投量 1227/(mg/L)	反冲洗			达到水质标准	适用范围
							水温/℃	强度/[L/(s·m²)]	时间/min		
粗粒化、沉降过滤三段流程	38~40	17	3~4	8	15	10	40	25	7	渐颁标准 K>0.6	新建
							55	18			
沉降、过滤二段流程	38~40		7~8	5~6	15	10	40	25	7	渐颁标准 K>0.6	老站改造
							55	18			

第三节　余能回收技术

一、污水余热回收技术

随着油田进入开发后期，采出液含水体积分数不断攀升，经集中处理站脱水处理后的含油污水产量日益加大，而污水中又含有大量低品位余热。这些热水没有进行充分利用就回注或外排的现象，造成余热浪费。同时，在采出液处理过程中又需要大量热能以满足生产需要，油田用热能温度一般较低，如采暖及原油加热、掺水等原油集输处理要求的工艺温度一般在 70~90℃ 左右，由此可见，在石油生产过程中，有良好的污水热源，同时也有合适的用热要求，就可以通过余热回收方式节约大量能源消耗。同时把油田低温水温度进一步降低，可以避开细菌繁殖最佳温度，抑制细菌的滋生对提高油田注水水质起到一定作用。

(一)污水余热回收方案

常用污水余热回收方案是在外排污水中通过应用水源热泵技术，提取现有污水中外排的余热，制取中温热水，用于外输原油加热器和油管道伴热，或者采油区的生活供暖，具体工艺流程如图 6-16 所示。热泵驱动源可用油田采油伴生气，在伴生气供应不足的情况下，可补充使用自产原油。

(二)热泵系统

热泵系统通常由热源污水用换热器、循环水泵、热泵、加热介质用换热器、水箱、自控系统等组成。污水以及被加热介质与热泵之间采用换热器进行能量交换，其目的在于延长热泵机组的检修周期，减少维修费用。针对联合站采出污水处理系统而设计的水源热泵系统分为压缩式热泵和吸收式热泵两大类。由于油田环境不同，设计形式也不尽相同。

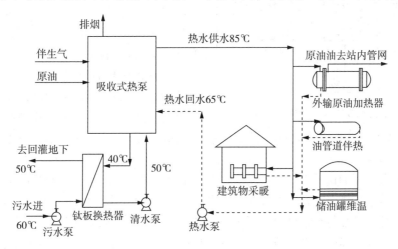

图 6-16　油田污水余热回收综合利用工艺流程图

1. 压缩式热泵机组

压缩式热泵机组的工作原理是，采出污水首先进入蒸发器，与低沸点热媒如氟利昂、氨等换热后，采出污水热量被带走、温度降低回注；换热后的低沸点热媒从蒸发器流出，随后进入压缩机增压提高温度，在冷凝器内与被加热流体换热后，制冷液进入干燥器，经膨胀节流，减压降温，最后回到蒸发器吸收热量，从而完成一次热力循环过程。压缩式热泵机组工作原理见图 6-17。

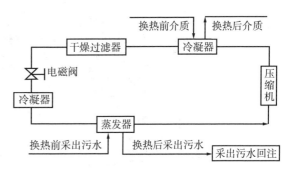

图 6-17　压缩式热泵机组工作原理

典型的压缩式热泵应用工艺流程如图 6-18 所示。当热泵系统工作时，其工艺过程分为两路，一是原油分离的采出污水从分离器(脱水器)和沉降罐流出后，经污水站处理后进入压缩式热泵换热后，其温度降低后回注；二是从压缩式热泵出来的高温介质通过中间换热器与原油或其他流体再进行热交换以供工艺需要。

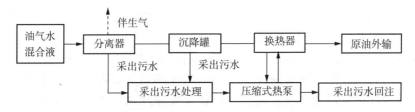

图 6-18　压缩式热泵机组采出污水回收热能工艺流程

2. 吸收式热泵机组

吸收式热泵机组向外提供能量是以溴化锂为媒介，以升温方法驱动热力循环。溴化锂

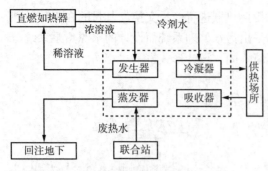

图 6-19 溴化锂吸收式热泵机组工作原理

溶液为吸收剂，水为制冷剂，从低品位热源（或废热热源）吸取热量，通过热泵机组制取中、高温热水或蒸汽，实现从低温向高温输送热能，满足工艺或采暖的需要。热泵机组的驱动热源可以间接地使用蒸汽、高温烟气等，也可以利用燃气、燃油直接燃烧产生热量。吸收式热泵的热交换涉及两个循环过程，一是制冷剂回路，即水在冷凝器中放热；二是溶液回路，即溴化锂溶液在吸收器吸收过程中释放出热量。吸收式热泵的供热量包括冷凝器和吸收器两部分的放热量，吸收式热泵工作原理见图 6-19。

吸收式热泵用于油田采出污水热能回收工艺流程如图 6-20 所示。原油采出污水经过第一级水-水换热器进行热交换后即进入管线回注；从水-水换热器出来的余热水与热泵机组进行冷凝换热；而热水供水与热泵机组进行吸收换热，经换热后的热媒水，一方面用于原油外输，与外输换热器换热，提高外输原油温度；另一方面进入热力管网向各用热点提供伴热、采暖等所需的热量，热媒水循环泵再将温度降低后的回水送回热泵，保证热泵的连续工作。

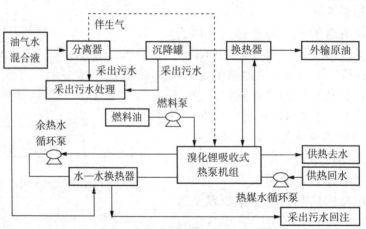

图 6-20 吸收式热泵机组采出污水热能回收工艺流程

3. 适用场合

压缩式热泵机组要利用电能等高品位能量压缩机驱动工质，运行成本很高，同时需要考虑电力增容等，受上述原因的影响，即使节能效果很好的情况下，其经济性也会因为使用条件的不同而有很大的不同。一般油田采油企业将压缩式热泵应用于单井井口加热、小型储油罐维温、外输加热和小型站点办公采暖等。

吸收式热泵由于增加了一套燃油、燃气装置，使其可以利用油田低成本燃油、燃气从而使得运行费用大大减少，项目的投资回收期明显缩短。吸收式热泵的优势使其有广泛的应用推广价值，可应用于采油企业大型联合站外输加热、大型储罐维温和办公区采暖等过程中。

无论是哪一类热泵，按照设计的工艺条件，最终都是要将油田低温采出污水中的热能有效提取出来用于原油油品加热或者采暖等。因此，油田采出污水源热泵系统应用后基本可以实现部分或全部替代原来以原油或天然气为燃料的加热炉。

4. 应用条件

油田采出污水机械杂质含量和矿化度较高，对管道腐蚀严重，为避免油田采出污水对热泵系统的腐蚀，可在采出污水和热泵机组之间加装特制的耐腐蚀钛管换热器。采用清水作为中间介质进行换热。

热泵系统具体应用于含油污水余热回收和加热原油时，还应满足以下几点条件：

(1) 热泵的工作范围应兼顾到含油污水温度 (40 ~ 60℃) 和原油出口温度 (75℃左右)，且在此工作范围内具有较高效率；

(2) 与传统燃气燃油加热炉相比具有较好的经济性；

(3) 驱动源来源方便，能很好地适应复杂多变的原油加热工作环境；

(4) 能解决好含油污水、原油在换热过程中对设备的腐蚀、堵塞和结垢问题。

5. 设计选择方法

热泵系统设计选择的主要内容包括热源污水用换热器、循环水泵、热泵、加热介质用换热器的选择。其中，关键问题是加热介质用换热器的形式选择和原油对应换热参数的确定。

1) 加热介质用换热器的具体结构

加热介质通常为井产原油，在换热器中通过软化水与之换热。原油成分复杂，除了含有一定比例的烷类、烃类外，还含有一定比例的水、淤泥，甚至还有细小粒度的沙石。在换热器结构上，不能选用板式或者螺旋板式换热方式，否则易产生原油流通截面堵塞。当选用对流排管式换热器时，还需考虑管径的大小。若管径太小，会导致高黏度原油的管输摩阻过大，需消耗动力过多；同时原油流通截面也容易产生堵塞。若管径过大，由于原油导热热阻远大于水、汽油、柴油等液体，想要实现同等换热负荷，其换热面积也会大很多，从而影响整体项目的总体投资额度及投资回收周期。

2) 原油侧表面传热系数和污垢热阻的确定

由于原油组成的不确定性，造成表面传热系数和污垢热阻的不确定性。当换热器刚投入运行，没有经过腐蚀，则管内原油侧、管外软化水侧污垢热阻可暂时略去不计。根据换热器传热系数公式，如式 (6-2)，在 $R_0 = 0$、$R_1 = 0$ 的情况下，可计算得到原油侧的表面传热系数。当这组换热器投入运行一段时间之后 (180d)，式 (6-2) 计算时，式中原油软水换热器换热管软化水侧的污垢热阻 R_1 可取通常工况下的数据 $0.0005\text{m}^2 \cdot ℃/\text{W}$，换热管原油侧的污垢热阻 R_0 为 $0.001\text{m}^2 \cdot ℃/\text{W}$。

$$K = 1 / \left[\frac{1}{\alpha_1} + R_1 + \left(\frac{1}{\alpha_0} + R_0 \right) \frac{A_1}{A_0} \right] \qquad (6-3)$$

式中　　　K——加热介质换热器总传热系数，$\text{W}/(\text{m}^2 \cdot ℃)$；

α_0、α_1——管内原油侧、管外软化水侧表面传热系数，$\text{W}/(\text{m}^2 \cdot ℃)$；

R_0、R_1——管内原油侧、管外软化水侧污垢热阻，$(\text{m}^2 \cdot ℃)/\text{W}$；

A_0、A_1——管内原油侧、管外软化水侧传热面积，m^2。

3) 加热介质换热器换热面积的确定

以实例介绍加热介质换热器换热面积的计算过程。

【例 6-1】已知加热介质换热器软化水侧的进口温度 t_1' 为 75℃，出口温度 t_1'' 为 70℃，软化水的流量为 $234.5\text{m}^3/\text{h}$，原油进口温度 t_2' 为 48℃，出口温度 t_2'' 为 64℃，原油上限流量为 $2600\text{m}^3/\text{d}$，原油含水 10% ~ 30%，原油密度 (20℃) 为 918.8kg/m^3，原油黏度见表 6-2。

表 6 - 2　联合站原油黏度

温度/℃	40	45	48	52	60
黏度/mPa·s	2463	1590	1228	894.2	388.4

试确定该加热介质换热器的换热面积大小。(取原油的比热容 $c_1 = 2825J/kg \cdot ℃$，油侧的表面传热系数 $\alpha_0 = 138W/(m^2 \cdot ℃)$，水侧的表面传热系数 $\alpha_1 = 5850W/(m^2 \cdot ℃)$。以 c_p 表示原油的定压比热容。

解：①原油加热热负荷

油侧单位时间的流量 M_1：

$$M_1 = 2600/(24 \times 3600) = 0.03m^3/s$$

原油加热热负荷 Q：

$$Q = M_1 c_p(t''_2 - t'_2) = 0.03 \times 918.8 \times 2825 \times (64 - 48) = 12.45 \times 10^5 W$$

②软化水侧的质量流量为 M_2：

$$M_2 = 121.08 \times 103/3600 = 33.6kg/s$$

③对数平均温差

$$\Delta t_m = \frac{(t''_1 - t'_2) - (t'_1 - t''_2)}{\ln \dfrac{t''_1 - t'_2}{t'_1 - t''_2}} = \frac{(70 - 48) - (75 - 64)}{\ln \dfrac{70 - 48}{75 - 64}} = 15.9℃$$

取管内原油侧、管外软化水侧污垢热阻分别为 $0.001(m^2 \cdot ℃)/W$ 和 $0.0005(m^2 \cdot ℃)/W$，于是传热系数为(略去管壁导热阻力)：

$$K = 1/\left[\frac{1}{\alpha_1} + R_1 + \left(\frac{1}{\alpha_0} + R_0\right)\frac{A_1}{A_0}\right]$$

$$= 1/\left[\frac{1}{5850} + 0.0005 + \left(\frac{1}{138} + 0.001\right)\frac{15}{12}\right] = 91.29W/(m^2 \cdot ℃)$$

④原油软水换热器的计算面积为：

$$A = \frac{Q}{K\Delta t_m} = \frac{12.54 \times 10^5}{91.25 \times 15.9} = 838m^3$$

热源污水用换热器的换热量和换热面积的计算方法可参考加热介质用换热器。依据两种换热器的热力计算结果，可确定热泵机组制热量和机组数，以及循环水泵流量、扬程等。

二、伴生气回收技术

石油伴生气是在油田开采过程中，伴随石油液体出现的气体，又称油田气。它的组分主要有甲烷(50%)、乙烷(10%)、丙烷(20%)、丁烷(3%)、戊烷(5%)外，还含有少量硫化氢、二氧化碳和水。根据油田所处地理位置的差异，油田伴生气有两种情况：

(1)可直接进入管网的伴生气。这部分伴生气产量较大，而且与附近大型管网或者集输站相邻，经过净化处理后可以直接进入管网，供下游用户使用。

(2)零散和边远井区的伴生气。这部分伴生气分散且量小，远离天然气管网，而且由于经济效益的关系，不适宜敷设专管外输。

针对不同来源的伴生气所采取的回收利用方式就有所不同。

（一）伴生气回收利用方式

1. 多相流混输技术

在伴生气的排气量、井口回压、储存量均较小，且外输油管线压力年平均低于 2.5MPa 时，可通过井组和接转站的增压后由外输油管线来输送。输送级数根据实测气量和回收厂站处理能力可分为二级或三级输送。但须注意在油气混输过程中所产生的相互影响以及管线、设备的防腐和温度、压力的变化等。

油气混输适合于气量不稳定、气量偏低的条件下使用，且井组及站点输送装置可根据气量情况调整搬迁使用，工程造价较低。但其输送效率低，牵连环节较多，原理结构相对复杂。

2. 直接进入管网的伴生气回收技术

在伴生气的气量、压力、储藏量均较大时（单井气量大于 $300m^3/d$），可以铺设专用输气管线来输送，但必须注意输送距离及管线、设备的防腐、维护、检修以及凝聚液排放等特殊要求，必要时可以扩建增压点来提高输送效率，从而提高伴生气的商品量。

专用管线输送的优点是，输气效率高，且牵连环节少，有利于使用、维护管理。但工程造价较高。

3. 非管网加气系统

天然气产量及储量相对较小，油气均不适合采用管输的边远井，可采用非管网加气系统利用方式回收伴生气。

非管网加气系统需在边远井区块建一套简单的橇装处理系统，其工艺流程为：增压伴生气→注入抑制剂防冻→节流→分离→外输装瓶。然后再采取非管网加气系统进行外输，该系统工艺为：外输装瓶→汽车外输→埋地管束→调压阀→计量仪表→用户，供离油田较近的、居民较为集中和没有天然气管网地区的居民使用。也可供附近 CNG 汽车加气站作为原料气使用。由于投资较少，天然气价格可以适当优惠。在该区块天然气枯竭时装置可随时搬迁至其他油田，简单灵活。

4. 天然气水合物（NGH）固态储存

由于伴生气产量一般较小，单独管输不经济，气瓶拖车拉运体积太大，运输次数多，降低了伴生气利用的经济性，如果将天然气转变成固体，则体积减少，运输也较方便，安全性也高，运输成本较低，运至用户终端后，其利用经济性仍较高。天然气水合物（NGH）储存技术就是将天然气在一定的压力和温度下，转变成固体的结晶水合物。这种固体天然气水合物能在常压下，只要温度低于水的冰点几度即可储存于钢制储罐中保存。该方式具有如下优点：工艺流程可以大为简化，不需要复杂的设备，只需一级冷却装置；在水合物状态下储存天然气的设备不需要承受压力，可用普通钢材制造；在水合物状态下储存天然气比较安全。因此，此种方式利用前景较广。

5. 液化油田伴生气

由于长距离管道输送天然气的资金投入量大，不适合产量小，地理位置偏远的油田伴生气，那么采用液化后再运输，降低了投资风险。

与其他工艺相比，液化油田伴生气工艺需要增加天然气液化、储存和运输系统。为了实现能源的高效利用，可采用冷热电联供的能源供应方式为预处理过程、液化流程及油品加工过程提供能源。图 6 – 21 为某油田伴生气生产 LNG 的流程。

（二）伴生气回收装置

国内外采用的井口伴生气回收装置主要由以下几种。

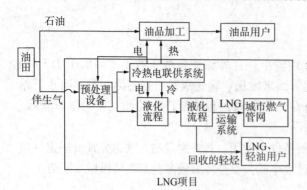

图 6-21 某油田伴生气生产 LNG 项目示意图

1. 撬装轻烃回收装置

对于油产量低、伴生气含量高的边远零散油井，适合采用小型撬装轻烃回收技术。撬装轻烃回收装置主要设备为密闭储罐、气液分离器、压缩机、空冷器和分离器。装置的工艺流程是：从井口套管环形空间接出一个定压单向放气阀，套管及原油储罐中的伴生气一同进入气液分离器，气体经压缩机增压后，换冷、分离，干气即可就地作为生产用的燃料，还可以加工成 LNG 或 CNG 外输。压缩机的吸入压力为微正压，既可实现回收伴生气，又不影响原油的开采和运输。

采用撬装设计设备集成可以大大减少现场施工工作量，同时还有利于加快施工进度，保证施工质量，降低施工成本，装置搬迁方便，有利于保护环境。

2. 连动式低压抽气泵回收装置

连动式低压抽气泵回收装置如图 6-22 所示，抽气泵活塞连杆焊接在游梁上，依靠游梁上下往复运动带动抽气泵活塞上下运动，完成对套管气的抽吸与压缩，压缩后的气体注入采油树流程，混输至下游。

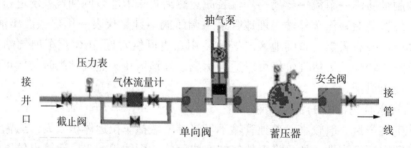

图 6-22 连动式低压抽气泵回收工艺流程

该回收装置工作不需要额外的动力，并能有效提高抽油机的平衡效果，降低电动机的输出功率，有一定的节能效果；能降低井口回压，减小抽油机悬点载荷。

3. 定压放气阀回收装置

定压放气阀回收装置如图 6-23 所示，放气阀通过放气三通与套管相连，通过特殊接头连接油管线。根据不同油井井况选定合理套压后，把相应的定压弹簧装入套管定压放气阀，打开套压阀门即可起到套管气定压的作用。当外界环境温度低时，可通过掺水胶管接通掺水系统掺热水伴热，从而防止气流管道结蜡而发生阻塞现象。当套管气压力达到定压放气阀设定压力后，定压阀打开，套管内伴生气进入集油管线回收进系统，从而避免了放空造成的环境污染及资源浪费。

该装置可以根据实际井况确定合理套压，选择不同定压值的弹簧达到放气的目的；可供选择的定压值弹簧 0.5~4.5MPa 等 9 个级别；在寒冷的冬季，掺热水能正常使用。对高油气比井伴生气的回收效果相当显著，而且投资少，现场管理、操作简单，投入产出比高。

4. 涡流管回收装置

由于涡流管具有结构紧凑、体积小、重量轻、易加工、无运动部件、不需要吸收(附)剂、无需定期检修、成本低、安全可靠、可迅速开停车、易于调节和伴生气回收率高等优点，国外已将涡流管技术用于伴生气回收，特别是对边远油气田具有其他方法难以取代的使用价值。伴生气靠自身的压力通过涡流管时构成一个封闭的能量循环系统，当套压小于涡流管的压力时，涡流管关闭，避免回油。通过涡流管后的伴生气进入油管进行油气混输，可有效回收伴生气。涡流管主要用于井口压力为 $0.19 \sim 1.5 MPa$ 的油井。

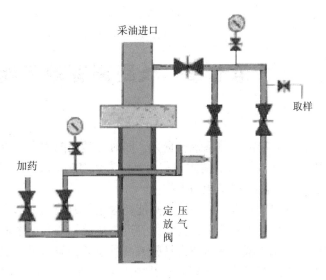

图 6 - 23 定压放气阀回收工艺流程图

5. 移动式套管气回收工艺装置

移动式套管气回收装置主要由连接部分、计量部分、增压部分和防盗装置等四部分组成。其中连接部分有进出口连接头、一次油气分离器、高压连接软管、单流阀；计量部分有智能旋涡流量计；增压部分有二次油气分离器、天然气压缩机、安全报警装置、自动控制仪表盘、防暴控制开关箱。

其工艺流程是：当回收装置工作时，套管冒出的天然气经套管闸门进入一次油气分离器，然后沿着高压连接软管进入二次油气分离器，油气再度分离，分离较干净的天然气进入天然气压缩机，天然气由进口的 $0.1 MPa$ 升至为 $1.6 MPa$，增压后的天然气经智能旋涡流量计计量后进入集油干线。

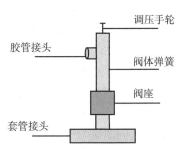

图 6 - 24 电加热式套管气调压回收阀结构示意图

6. 电加热式套管气调压回收装置

电加热式套管气调压回收装置如图 6 - 24 所示，由电加热式调压止回阀和电加热高压收气胶管两部分组成，其中调压阀由调压手轮、调压弹簧、阀、阀座、连接收气头、连接套管头、测压孔、电加热环等多部分组成；收气胶管由高压胶管、连接调压阀头、连接输油管头、电加热网、保护胶筒、密封卡箍等组成。该装置的优点是收气效率高，利于管理，减轻工人劳动强度；能够调整套压，提高泵效，提高油井产量。

7. 伴生气井下回收装置

伴生气井下回收工艺的基本原理是：应用井下分离器首先将产出液中的气体在进入抽油泵之前就进行分离，提高了抽油泵的充满系数。根据气举的原理，分离出的气体进入油套环空后，利用天然气自身的能量，通过智能配气阀分段举升，达到最佳举升深度，使油井获得"连抽带喷"的效果。

这套工艺技术不但回收了油田伴生气，而且还利用了伴生气的能量来举升油流，提高了泵效和系统机械效率。该装置安装在井下，避免了地面的恶劣气候和地域条件，工况环境较好，避免了频繁作业带来的损失。使用该回收装置选井有一定的条件，即，要选择井况较好，上部套管没有套变和漏失，油气比较高，气量充足的油井；同时，还要保证地层能量充足等。

第七章 长距离管输节能工艺及技术

长距离输油管道系统投资大，同时也是耗能大户。以鲁宁线某输油站为例，测得的能量利用率在40%左右，能质的利用率仅为25%左右，无论从能量的角度还是从能质的角度来看，其节能潜力都是相当大的。

通过调研发现，我国管道高能耗输送的原因归纳起来主要有：①对管道的前期工作重视不够，油气资源不落实，盲目建管道，造成管道利用率低；②输油管道主要设备的性能和效率低下；③我国原油多数为易凝或高黏原油，需要采用加热输送，能耗大；④运行技术，管理水平低；⑤工艺流程落后。其中有关输油主要设备输油泵、加热炉的改造节能技术在第四、五章中已作详细讨论，本章仅针对长距离管输节能工艺及相关节能手段展开讨论。

第一节 传统输送工艺的节能改造

一、输油管道输送流程的节能改造

在管道发展初期，我国输油管道使用的多为往复泵。由于这种泵存在脉动压力，为使管道安全运行，采用从罐到罐输送流程。如图7-1(a)所示，每个中间站往往设有一个接上站来油的收油罐和一个向下站输油的发油罐。从水力特性角度分析，由于中间站所设的收、发油罐与大气连通，泵站的进站压力总为零(近似等于当地的大气压力)，而与前泵站的出站压力无关。这样各站间管道可以看成一个个独立的水力系统，各自的流量可能不等，各站的输油能力也不能互相弥补。因此，当采用从罐到罐输送流程输油时，如果操作人员在流程切换时有失误，只会对本站的设备及站间管道产生不利影响，而不会对其他站的设备及站间管道构成威协。因此，这种输油方式不要求很高的自动化控制程度，可以人工进行操作。另外，在这种输油方式中，收、发油罐同时进油和发油，且由于中间站这两个罐的容积有限，收发油流程切换频繁。因此，两个罐的大呼吸损耗同时且始终存在。

由于采用从罐到罐输送流程时，油品蒸发损耗过大，人们对中间站的油罐与管道的连接方式进行了改进。由从罐到罐改进为旁通油罐输送流程。如图7-1(b)所示，由上一站来的输油管线与下一站的吸入管道相连，同时在吸入管道上并联着与大气相通的旁通油罐。从水力特性角度来看，由于旁接油罐的存在，各站的进站压力总是为零。各站间管道仍可看成一个个独立的水力系统，各自的流量可能不等，各站的输油能力也不能互相弥补。因此，旁通油罐输油方式也可通过人工进行运行管理。

旁通油罐的作用是调节两站间流量的差额，多进少出。由于进出旁通油罐的流量远远低于管道的流量，油罐液位变化速度大大降低。如果通过调节，各站输量很接近时，油罐液面几乎不发生变化，从而极大地降低了油罐的大呼吸损耗。另外，各中间站所需的油罐数量减少且免去了不必要的油罐切换操作。

原油长输管道输油流程有开式流程和闭式流程两种。上述两种输油工艺流程都属于开式流程,即在输油过程中存在与储罐相通的部分。而从泵到泵的密闭输送(俗称泵到泵)流程,属于闭式流程,即是上站来油经加热炉加热后直接进入本站输油泵,加压后输往下站,不和储罐相通,如图7-1(c)所示。技术发达的国家所采用的输油方式多为"从泵到泵"的密闭输送流程。

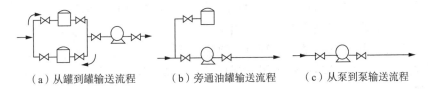

(a)从罐到罐输送流程　　（b）旁通油罐输送流程　　(c)从泵到泵输送流程

图7-1　输油管道的输油方式

由于"从泵到泵"的密闭输送流程是上站来油直接进入本站泵的入口,整个管道处于同一水力系统之中,任何一个泵站或站间的管道水力参数变化都会直接影响全线,因此要求各泵站除必须具备足够可靠的自动调节和自动保护设备外,还对某些输油参数有所要求。

可以总结出,"从泵到泵"的密闭输送流程与前述开式流程相比具有以下优点:

(1)节省了开式流程输油中油罐轻质油的大小呼吸损耗;

(2)密闭输油使全线形成了一个统一的水力系统,消除了进站余压损失,并为减少和消除输油节流损耗创造了条件,其节电效果显著;

(3)采用高效泵;

(4)为不同油品的输送创造必要的条件;

(5)提高了自动化水平,有利于优化运行;

(6)节省了中间站油罐存油的资金占用。

目前,我国大部分原油管线都采用了密闭输送流程,如铁大线、东黄复线、铁秦线、鲁宁线等,经济效益明显提高。

二、热泵站输送流程的节能改造

我国盛产高凝固点、高黏度以及高含蜡的"三高"原油。针对这种情况,目前我国原油长输管道基本上都采用加热输送工艺,从而降低原油的黏度,减少原油在管道输送过程中的摩阻损失,提高设备的工作效率及安全运行的可靠性。根据原油通过加热炉和输油泵先后的顺序不同,可把加热输送工艺分为"先泵后炉"和"先炉后泵"两种工艺流程。因此,原油输送管道的加热输油流程除了经历了由开式流程向密闭流程的发展,还由最初的"先泵后炉"加热输油流程逐渐转变为"先炉后泵"的加热输油流程。20世纪80年代以前我国大部分输油管道在各输油站内采用的都是"先泵后炉"的加热输送工艺流程。近年来部分管道进行了改造,先后采用了"先炉后泵"工艺流程。

相比"先泵后炉"的加热输送工艺流程,其具有如下的优点:

(1)提高了进泵油温,降低了泵内摩阻,提高了泵的工作效率;

(2)站内油管中的油温上升,降低了油品黏度,减少了站内管道摩阻;

(3)由于过泵油品温度上升,黏度下降,因此,输送所需压头降低,泵后站内管线的运行压力降低,提高了站内管网的安全可靠性,对新设计的站内管网则可降低钢材耗量和总投资;

(4)采用炉后加压,降低了加热炉运行压力,改善了操作条件,延长了使用寿命,提高了加热炉的安全可靠性。对新设计的加热炉则可降低钢材耗量和总投资。

如铁岭到秦皇岛全长 451.15km，公称直径 720mm，原采用并联泵，先泵后炉的开式流程输油。此流程能源消耗大，安全系数低，输油工艺相当于国际 20 世纪 40 年代的水平。经过"先炉后泵"改造后，泵效率提高 3%，节电 413 万 KW·h，并有效地降低了高压段管线的长度，降低了加热炉的运行压力，大大提高了输油管线的运行效率。

由此可见，"先炉后泵"加热输油工艺相较我国传统加热输送工艺达到了降低能耗，节省投资的目的，是我国目前原油长输管道一种较先进的工艺流程。因此，我国原油长输管道的有效节能途径之一就是把目前仍采用"先泵后炉"的加热输油工艺的部分泵站，都改为"先炉后泵"加热输油工艺。

第二节　含蜡原油流变性改善输送工艺

一、我国原油的流变性特点

我国油田所产原油，大多属含蜡原油。据统计，含蜡量高于 10% 的原油约占全国原油总产量的 90%。原油特别是含蜡原油是一种复杂的多组分混合物。在常温常压下，它是以气、液、固相共存的胶状悬浮体系。当原油中的分散相(或称胶凝物)的浓度增大时，原油的流变行为产生异常，即呈现非牛顿特性。流变学是近代发展起来的一门新兴边缘学科，其研究对象是力学特征复杂的物料。原油特别是含蜡原油属复杂物料，具有复杂的流变性质。目前，石油工业中常用凝点、黏度及屈服值三个指标来综合衡量原油在一般工程应用温度范围内的流变性质。

(一)含蜡原油的黏温特性

由于含有胶质、沥青质以及大量的蜡等组成物，含蜡原油随着温度的变化具有不同的流变性。在工程实用温度范围内，按油温从高到低的变化，参照原油在该热历史下测得的凝点，可把含蜡原油的流变性大体归纳为三种流变体类型。

1. 牛顿流体类型

含蜡原油的温度较高，如图 7-2 中 $T > T_反$(T 为油温)时，原油中的蜡晶颗粒基本上全部溶解，成为假均匀溶液，或者说，虽有蜡晶颗粒、沥青质等分散相存在，但浓度低，且处于高度分散状态，即可视为稀的细分散体系。此时，原油的流变性服从牛顿内摩擦定律。其特点是：一旦受外力作用就开始流动。剪切应力与剪切率成正比，即 $\tau = \mu\dot\gamma$。含蜡原油的动力黏度 μ 是温度的单值函数，即黏度与温度一一对应。可用方程 $\lg\mu = A - BT$ 来描述属于牛顿流体温度范围内的黏温曲线，如图 7-2 直线段。且图中的直线段以 $T_析$ 为界可以分为 ab 段和 bc 段，两段的 A、B 值不一样。ab 段较之 bc 倾斜，这是因为在 ab 段 $T < T_析$，随着温度降低，高分子蜡首先析出，增加了体系的流动阻力，也就相当于黏度有一个增值。

2. 假塑性流体类型

含蜡原油的温度在某一范围内，如图 7-2 中 $T_失 < T < T_反$ 时，随着油温下降，蜡晶析出量增多，即体系的分散颗粒浓度增加，成为细分散悬浮体系，外力作用已对颗粒间的相互作用产生影响，体系内部物理构成在变化，如颗粒的取向、形状和排列等起变化。实验证明，此时含蜡原油表现出假塑性流体特性，而且常常伴有触变性，即在恒温、恒定剪切率下，表观黏度随剪切作用时间而下降，直至达到动平衡态后，表观黏度才恒定。其动平衡状态方程

为 $\tau = K\dot{\gamma}^n$。体系达到动平衡态时的表观黏度仅与温度、剪切率有关，在恒温下表观黏度随剪切率的增加而下降，因此具有剪切稀释性。达到动平衡态的原油表观黏度可用方程 $\mu_{ap} = K\dot{\gamma}^{n-1}$ 求得。其黏温曲线，如图 7-2 中 $T_失 < T < T_反$ 放射线状段。

3. 屈服－假塑性流体类型

当含蜡原油的温度继续下降，即油温在凝点附近或更低，如图 7-2 中 $T \leq T_失$ 时（$T_失$ 数值上与凝点相近），原油中蜡晶析出量增多，体系中分散颗粒的浓度大大增加，颗粒之间开始连成网络，体系内部物理结构发生了质的变化。原来为连续相的液态烃逐渐成为分散相，原来为分散相的蜡晶颗粒却逐渐连成网络而成为连续相。此时的含蜡原油具有触变、屈服－假塑性体特性。其特点为：在较小外力作用下，观察不到原油流动，只产生有限变性，只有当

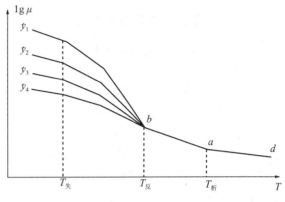

图 7-2 含蜡原油全黏温曲线

外力达到某值时，使其从弹性变性到蠕变到突然裂降，产生流动，且表现出明显的触变性和剪切稀释性。它的动平衡状态流变方程为 $\tau = \tau_y + K\dot{\gamma}^n$。其黏温曲线，如图 7-2 中 $T < T_失$ 放射线状段。

为了能直观的显示含蜡原油的黏稠程度与温度的关系，一般将原油的黏度和动平衡表观黏度与温度的对应关系描绘于半对数坐标上，以全黏温曲线来表现，如图 7-2 所示，其中 $T_失$ 为失流点，$T_反$ 为反常点，$T_析$ 为析蜡点。

（二）含蜡原油的凝点特征

凝固点是原油低温流变性的特征表征参数之一。如表 7-1 所示，大庆原油和中原原油是典型的高含蜡原油。从表中可见，含蜡原油的显著特点是含蜡量较高、凝固点高。

表 7-1 我国比较典型的几种含蜡原油

原油产地 特性参数	大庆 （外输油）	中原 （外输油）	胜利 （临盘二站）	辽河 （外输油）
含蜡量/%	28.6	24.4	26.6	16.8
凝点/℃	31	32	20	21

根据含蜡原油的流变特征可以看出，含蜡原油原油具有高凝固点、高黏度的特点，这给储运工作带来以下几个方面的问题。

（1）由于原油的凝固点比较高，一般在环境温度下就失去流动性或流动性很差，因而不能直接常温输送。

（2）在环境温度下，含蜡原油即使能够流动，其视黏度也很高。因此常温输送时摩阻损失都很大，是很不经济的。

（3）高凝高黏原油给储运系统的运行管理也带来了某些特殊问题，主要有储罐和管道系统的结蜡问题和管道停输后的再启动问题。

为了保证原油输送管道安全的运行，我国一度普遍采用的工艺方法是加热输送。虽然行之有效，但它需要昂贵的投资，耗费大量燃料，经营费用高，而且管道内的原油受环境温度

的影响，容易造成事故，同时还存在停输再启动难的问题。据不完全统计，加热管输的燃料动力消耗约占输油成本的1/3。所以，研究人员不断探求着能够改善含蜡原油流变性实现安全节能输送的输油工艺。目前，在含蜡原油长距离输送中应用的流变性改善节能输送工艺主要有热处理输送工艺、添加降凝剂输送工艺以及掺和轻油稀释输送工艺等。

二、含蜡原油热处理输送工艺

所谓含蜡原油的热处理就是将含蜡原油加热到一定温度，使其中的蜡晶充分溶解，胶质、沥青质充分游离，随后以一定的冷却速度和冷却方式进行冷却，以改善原油中的蜡晶结构，最终改善含蜡原油的低温流变性，从而实现含蜡原油的常温输送或少加热输送。

(一)含蜡原油热处理输送的影响因素

通过对热处理的描述可见，含蜡原油热处理未添加任何药剂，只是通过一些工序改变含蜡原油的低温流变性而已。因此，讨论影响含蜡原油热处理输送的影响因素就是讨论含蜡原油流变性的影响因素。其中最根本的是含蜡原油组成的影响，其次是含蜡原油的历史效应。

1. 含蜡原油组成的影响

使原油产生异常流动性的主要物质如下。

(1)蜡 蜡分为石蜡和地蜡。当温度降低时，原油中析出的白色片状或带状结晶是石蜡。石蜡分子的碳原子数为16～35，即 C_{16} ～ C_{35}，相对分子质量约为300～450。单个固态石蜡熔点约为30～70℃。固态石蜡的密度约为0.865～0.94g/cm³。其溶解度与温度有关，当温度降低时，石蜡在甲烷族中的溶解度急剧下降。

(2)胶质和沥青质 迄今为止，关于胶质、沥青质，国际上并没有统一的分析方法和明确的定义，人们对胶质特别是沥青质的结构尚未完全了解。目前一般把石油中不溶于非极性低分子正构烷烃而溶于苯的物质称为沥青质，它是原油中相对分子质量最大、极性最强的非烃组分。胶质，作为沥青质在原油中存在的稳定剂，是原油中相对分子质量和极性仅次于沥青质的非烃组分，其相对分子质量在500～1000之间或更大。胶质、沥青质是天然的原油降凝剂。

2. 含蜡原油的历史效应

大量研究表明，含蜡原油的低温流变性依赖于原油所经历的各种历史，如热历史、冷却速率大小、剪切历史、老化等等，因为这些外部因素能对含蜡原油的内部结构特别是蜡晶结构产生较大的影响，这一特点被称为含蜡原油的历史效应。

1)热历史的影响

热历史是指原油在某一特定流变性表现以前所经历的各种温度及其变化过程，包括加热温度、重复加热和重复加热次数等。

(1)加热温度的影响

众所周知，原油被加热，油中存在的蜡晶颗粒会部分或全部溶解，具备了重新结晶的先决条件，并可以使沥青质高度分散，胶质稀化，加速分子的热运动。在其他条件相同的情况下，这种复杂的体系被冷却，逐渐形成与之对应的流变体结构，将因加热温度的不同而呈现不同的流变性。

表7-2给出了某种含蜡原油不同加热温度下的凝点，可见随着加热温度增加该原油凝点逐渐下降，但下降幅度逐渐减少，综合考虑经济合理性，该原油并不是加热温度越高越好，而是存在一个最佳加热温度，即60℃。大量实验证明，对于不同的含蜡原油，一般都

存在一个最佳的加热温度，使其在该温度下有较好的流动性能。

表 7-2　不同加热温度下含蜡原油凝点的变化

加热温度/℃	40	50	55	60	70
凝点/℃	23	22	18	13	12

最佳加热温度下，含蜡原油低温流变性得到改善的机理，目前还不十分明确。一般观点是：极性胶质、沥青质的存在对蜡晶的析出长大有三个方面的作用，即对晶核生成的抑制作用；胶质的非极性部分(相当长的侧链)在蜡晶生长过程中与之共晶；极性部分可吸附在蜡晶表面，从而阻碍新析出的蜡在蜡晶表面按既定方式聚集长大。经最佳加热温度处理的含蜡原油在良好的冷却速率和剪切条件下，形成的低温流变体结构是：蜡的析出量在一定的条件下(一定的时间内)减少，蜡晶数目少，蜡晶不是单纯蜡晶析出时的片状或带状结构，而是一种树枝状的松散结构，这种结构的浓度小，比表面积小，溶剂化层小，因而黏稠程度下降，非牛顿程度减弱，要形成空间网络结构，必须在更低的温度下(蜡晶进一步析出)时才有可能，且结构强度要小得多。宏观效果是：各特征温度(反常点、凝点等)降低，黏度、屈服值减小等。

(2)重复加热和重复加热次数的影响

原油在长输过程中通常要经历多次入炉加热，即重复加热，有时还会出现原油温度回升的现象。原油温度回升指的是已经加热至一定温度的原油，被冷却至某一规定温度，然后因环境温度或其他原因使油样温度又升高，但升高的温度低于原加热温度。

一般认为重复加热温度仍为原油的最优加热温度时，含蜡原油的低温流变性基本不受重复加热的影响。但若重复加热或温度回升的温度不够高，尤其是回升温度在原油的析蜡高峰区时，重复加热后，会造成原油的历史性复杂，使原油中的蜡晶结构混乱，最终使原油的低温流变性恶化，并且重复加热次数越多，原油的低温流变性恶化越厉害。

另外，若回升温度相同，但回升的快慢不同，对低温流变性的影响亦不同。

2)冷却速度的影响

加热温度是原油中石蜡可能重新结晶的先决条件，冷却速率的快慢则可改变原油中石蜡颗粒的形态，宏观上呈现出不同的流变性。这是因为高温下的原油在冷却过程中，由于蜡的饱和度的下降，蜡将以结晶的形式析出长大，但这要经过两个步骤：一是晶核的形成，二是在晶核上蜡析出长大。而冷却速度的不同将影响到晶核的生成速度和蜡晶的生长速度的相对大小。一般急冷能使晶核的生成速度过大，使原油中产生大量的细小结晶，导致低温下形成致密的蜡晶结构，使原油的低温流变性恶化。若蜡晶的生长速度较之晶核的生成速度较大，在一定的蜡晶浓度下，蜡晶的数目小而蜡晶的尺寸大，低温流变性好。

另外，冷却速率也会影响胶质、沥青质对蜡晶的分散、抑制作用，因而存在一个最优冷却速度。但冷却速率对含蜡原油低温流变性的影响还存在如下几个特点：

(1)在高于蜡晶析出的温度或析蜡点的温度范围内的冷却速度对原油低温流变性基本没有影响；

(2)不同的含蜡原油其组成不同，流变性对冷却速度的敏感程度也不同。

(3)同一种含蜡原油，由于蜡分子大小分布不同，蜡的溶解度也随温度变化，因此不同的温度区间对冷却速度的感受性不同。

大量室内实验结果表明，冷却速度控制在 0.5~1℃/min，有利于含蜡原油获得较好的低温流动性。这比实际运行中的含蜡原油输送管道中的冷却速率要高出很多。

3）剪切历史的影响

剪切历史是指含蜡原油在特定流变性表现以前所经受的各种剪切经历。

管输过程中的含蜡原油所经受的剪切历史大体分为两大类，一类为短时间的高速剪切，如过泵剪切；第二类为长时间的中低速剪切，如管流剪切。试验表明，在析蜡高峰区范围内，不仅过泵高速剪切，而且管流的持续中低速剪切也会使原油的低温流变性变差，甚至缓慢中低速剪切的影响超过高速剪切影响；在高于析蜡点的温度下，两种剪切历史对原油的低温流变性均无影响或基本无影响；在原油中的蜡已基本析出或大部分析出的低温下，高速剪切能极大地破坏蜡晶结构，反而使原油的低温流变性变好。

关于剪切历史影响含蜡原油流变性的机理有多种说法。多数认为，产生上述试验结果的原因在于，剪切历史对原油内部的蜡晶结构往往有较大的影响。当剪切温度高于析蜡点时，原油中没有蜡晶析出，各种原油组分处于较均匀状态，剪切无法影响降温过程中蜡的析出、成核和聚集等过程，因此凝点剪切效应为零。当剪切温度略低于析蜡点时，原油中析出的蜡晶量很少，不足以聚集而充分分散于原油体系中，故剪切对原油体系内部整体形态分布几乎没有影响。当剪切温度处于析蜡高峰区时，原油经剪切后，已形成的蜡晶聚集体被破碎分散，形成大量分散的蜡晶结晶核。因而导致大量细小而致密的蜡晶析出，随着温度降低很快就能形成三维网状结构而使原油凝固。当剪切温度低于析蜡高峰区时，析蜡基本析出，剪切后使得形成的蜡晶结构破碎，故低温流变性反而变好。

在工程实际中，原油的储存和管输是经历了复杂、交错的热力、剪切、冷却等综合过程。如在管输热含蜡原油的稳态工况下，管中原油需被加热、加压，使之沿管道缓慢冷却降温流动至下站。一般长距离输油管道，需要将油多次重复加热、加压才能输至终点，整个过程使原油经受错综复杂的外场作用，其流变性必然与其经历的外场作用密切相关。

因此含蜡原油的热处理是上述最佳加热温度、最佳冷却速度、最佳剪切历史（冷却方式）的综合应用，其效果也是这几种历史因素的综合效果。

（二）含蜡原油热处理输送工艺的应用

在广大科研人员的不懈努力下，通过数十年的实验研究和现场应用证明，含蜡原油热处理工艺是一项行之有效的降凝输送工艺。

国内外现行的热处理输送工艺的例子可分为两类：一种是以印度那霍卡堤牙－高哈堤－巴绕尼输油管道为代表的完备热处理输送工艺；另一种是以我国马惠宁输油管道为代表的简易热处理输送工艺。

1. 完备热处理输送工艺

完备热处理输送工艺就是在首站按照原油的最佳热处理温度、最佳冷却速度及冷却方式（即冷却过程中的剪切条件），对原油进行集中热处理，然后进入管道在地温条件下等温输送。由于原油的加热、冷却和析蜡结晶过程均在处理场完成，从而可以人为的控制这些过程，使其处理条件处于最佳热处理条件的状态，以求获得最好的热处理效果。

最具有代表性的完备热处理输送的例子当推印度的那霍卡蒂雅－伯劳尼的输送管道。具体的处理流程为：原油先进入换热器中加热至90~95℃，再经过无控冷却至65℃后，流入立式管式塔静态冷却至18℃（冷速为0.55℃/min），最后进入输油管道。

印度能够进行完备热处理输送工艺，是其在生产过程中具备以下几个特点：

（1）当地气候较热，地温高达18℃；

(2)热处理后原油凝点低于埋线周围土壤温度;

(3)热处理条件易于控制(冷速、冷却方式等)。

据资料介绍,这种输送方法比热油管道输送经济,停输后的安全再启动也有保障。但其输送工艺较复杂,在首站需建立庞大的处理场,自控水平要求高,投资多,工程量大。

2. 简易热处理输送工艺

简易热处理输送工艺是指原油在首站加热至原油的最佳热处理温度后,经过冷热油交换,使热油降温至一定的温度后,直输干线,经受管输条件下的冷却速度和剪切速率的作用。

但要注意的是,简易热处理输送工艺中的出站温度受一些因素的限制。首先,出站温度要满足热力条件,进站温度确定后,可由苏霍夫公式确定油温随输送距离的变化及出站油温;其次,不高于管道沥青防腐绝缘层的软化点温度;再者,要确保泵的剪切温度不在使原油低温流变性恶化的区域。

1981年6月在濮临输油管道上成功地进行简易热处理输送工艺工业性试验,实现了夏、秋两季在濮阳首站把原油加热到90℃,经换热使油温降至65℃左右进入管道,中途不再加热直输临邑末站的热处理输送工艺。经过1981~1982年两年的实际运行,每年节约原油4000t,节电180万KW·h,取得了明显的经济效益,并为今后的热处理输送工艺研究提供了宝贵的经验。

两种热处理输送工艺的应用效果表明:含蜡原油经热处理后可达到降凝降黏的目的,管道允许的输油进站温度降低,可实现少加热输送;在一定条件下,可延长停输时间,有利于间歇输送;在低输量的情况下,原油可能处于层流流动状态,此时管道摩阻与黏度的一次方成正比,黏度对摩阻的影响比紊流情况下要大,经热处理降黏后,动力消耗降低比较显著。因此,含蜡原油热处理输送工艺对解决目前我国东部输油管道因输量低而面临的问题,具有重要的经济意义。

但是,含蜡原油热处理工艺并非是适用于所有含蜡原油的,而且它在应用过程中还存在着一些缺陷,总结如下:

(1)被处理的原油应具有合适的内部组成。对众多的含蜡原油,热处理实验表明,原油的胶质与正构烷烃之比在0.6~3.0之间,则可望取得较好的热处理效果。

(2)热处理效果的有效期较短。每种含蜡原油的热处理效果均有一个有效期,如北疆原油的有效期为7~13d。

(3)热处理效果的抗剪切能力与抗重复加热的能力较弱。一般含蜡原油热处理效果抵抗高速剪切和重复加热的能力较弱。

三、含蜡原油添加降凝剂输送工艺

为了降低含蜡原油的输送成本,原油热处理工艺得到了应用。一些含蜡原油的低输量问题得到了解决,随着研究的深入及应用中遇到的困难,人们发现热处理的效能是有限的。由于化学降凝剂法具有操作简单,设备投资少的优点,而且不需要后处理,便于对输油过程进行自动化管理,也便于海上采油和集输过程中采用。因此,含蜡原油添加降凝剂输送工艺成为国内外普遍关注的新型节能输送工艺。

(一)含蜡原油添加降凝剂输送工艺的发展过程

化学降凝技术最早始于1931年,Davis用氯化石蜡和萘通过Fride-craft缩合反应,合成了人类最早应用的降凝剂，即 paraflow。这种降凝剂主要用于润滑油中，至今仍在广泛使用。自 Davis 发现 paraflow 后，1931 年商品名为山驼普尔的降凝剂问世了，它是氯化石蜡和酚的缩合物，结构和 paraflow 相似。1938～1948 年出现了新的降凝剂聚异丁烯，这一时期人们处于探索时期，着重开发适合于馏分油的新型降凝剂，而且产物主要是均聚物。从 20 世纪 50 年代起，人们一方面继续开发新型降凝剂，另一方面采用共混及共聚等手段对已有的降凝剂进行改性。自 1956 年始，人们对降凝剂的研究从馏分油扩大到原油。20 世纪 60 年代到 80 年代，随着世界高含蜡原油产量的日益增多，为解决生产中的问题，相继研制出适应于不同产地原油性质的降凝剂。80 年代以后，对降凝剂的要求越来越高，世界一些主要公司不再着重于合成或开发新型降凝剂，而是对某些原有的产品进行了改性和复配，以扩大对原油的适用面，使之能适用于各种成品油和含蜡原油。

通过实践发现，不少含蜡原油在添加降凝剂改性后，流变性发生很大的改善，主要体现在：①原油凝点大幅度降低；②原油反常点大幅度降低，原油的牛顿流体温度范围向低温方向拓宽；③原油在低温下的表观黏度大幅度降低；④非牛顿原油的屈服值、触变性、黏弹性、剪切稀释性大大降低或减弱。此外，相对热处理工艺，加剂效果的稳定性即抵抗重复加热和高速剪切的能力较强，加剂效果的时效性较长。

由于其良好的改性效果，降凝剂在含蜡原油长输管道工艺中应用后会带来诸多的节能和安全效应：①可降低热油管道的进站油温或输送温度；②延长相邻加热站之间的距离；③降低管道允许的最低输量；④可延长管道的停输时间，顺利实现管道的再启动；⑤有可能实现管道常温输送。总之，含蜡原油添加降凝剂加宽了热油管道输量的调节范围，提高了管道输送的安全性，提高了管道输送的经济性。

从 20 世纪 80 年代开始，美国、英国、荷兰、法国、前苏联、澳大利亚、新西兰等十几个国家在数十条输油管线上采用了降凝剂技术，降凝效果显著。我国常温管输工艺起步稍晚。1984 年我国开始了原油管道添加降凝剂的试验研究。"七五"期间，我国对马惠宁沿线管道应用降凝剂，将冬季 4 个月热输转为热处理和降凝剂综合处理输送，仅冬季 4 个月比加热输送节油 4693t，节电 29 万 kW·h。该管道成为我国使用降凝剂综合处理工艺全年实现常温输送的第一条管线。八五期间，鲁宁(山东临邑－江苏仪征)输油管线开始实施加剂综合处理常温输送工艺。1997 年，库尔勒－鄯善输油管道投产，它是我国第一条按照全新的加剂综合处理常温输送工艺设计和建设的常温输油管道。与加热输送工艺相比，全线免建 4 座加热站，节省基建投资约 4800 万元，年运行费用节约 1000 万元。近年来，降凝剂改变含蜡原油低温流变性的技术已在逐步推广应用，经出国考察，检索查新和专家鉴定，目前我国在含蜡原油加剂综合处理常温管输工艺领域，技术水平居世界领先地位。

(二)降凝剂的降凝机理

降凝剂改变原油低温流变性的实质是，降凝剂分子通过与原油中有关组成的物理化学作用，来改善原油中蜡的结晶习性、蜡晶的结晶形态、晶/液界面性质和聚集状态，提高蜡晶在原油中的分散程度，减弱蜡晶之间的相互吸引，尤其是减弱蜡晶形成空间网络结构的能力，从而降低原油的凝点、低温黏度和屈服值等流变性质。多年来，对降凝剂降凝机理方面一直存在三种说法：

(1)晶核作用。原油降凝剂在高于原油析蜡温度下结晶析出，它起着晶核作用而成为蜡晶发育的中心，使原油中的小蜡晶增多，从而不易产生大的蜡团。

(2)共晶作用。降凝剂在析蜡点下与蜡共同析出，从而改变蜡的结晶行为和取向性，并减弱蜡晶继续发育的趋向，蜡分子在降凝剂分子中烷基链上结晶。一般而言，由于降凝剂分子的空间效应，并不是所有侧链中的碳原子数都参与共晶，降凝剂长烷基主链或长烷基侧链的碳数要与原油中蜡的碳数分布最集中范围内的平均碳数相匹配，才能有较好的降凝效果。

（3）吸附作用。降凝剂吸附在原油中已析出的蜡晶晶核中心上，从而改变蜡结晶的生长取向，减弱蜡晶间的黏附作用，使其不与轻组分一起形成三维网状凝胶结构，从而降低了原油的凝固点。

有研究认为，降凝剂的降凝作用不只是上述一种降凝机理，而是三种机理都可能存在，只是在蜡晶生长的不同阶段，有一种起主导作用。在蜡形成晶核时，降凝剂起晶核作用而产生降凝效果。在蜡晶增长阶段，共晶和吸附机理中的一种在起作用，或者两者都起作用。

最近，有关学者从分散体系流变学原理入手提出了一种关于降凝剂降凝机理的新说法。从分散体系流变学原理方面讲，造成含蜡原油低温流变性复杂的原因主要包括以下几个方面：①原油中有一定量的蜡晶析出；②蜡晶为片状或细小针状，其形状具有极端不规则性；③结晶的比表面积较大；④蜡晶之间有较强的吸引力作用，蜡晶易于聚集形成松散的絮凝结构，而大量液态油则被吸附在蜡晶絮凝结构的间隙内。当蜡晶浓度超过一定的程度后，形成蜡晶的三维空间网络结构。因此，降凝剂的功能应该是通过对上述原油各内部结构因素的改善，来达到改善含蜡原油流变性的目的。即降凝剂应能降低一定温度下蜡晶的析出浓度，使蜡晶或蜡晶絮凝体的形状成为球状或准球状，增大蜡晶絮凝体中蜡晶的紧密程度，降低蜡晶或蜡晶絮凝体之间的吸引力。

（三）含蜡原油添加降凝剂改性效果的影响因素

影响降凝剂改性效果的因素可分为内因和外因两种，内因有原油组分的影响和降凝剂结构、组分的影响；外因则主要是降凝剂处理条件和管道输送条件的影响。

1. 原油组分的影响

在降凝剂改善原油流变性的诸多影响因素中，原油中的蜡、胶质、沥青质等组分的性质及其与降凝剂的相互作用性质是最根本的影响因素。

1）原油中蜡的影响

张付生等对中国多种原油加降凝剂改性的研究表明：①蜡含量很低的环烷基原油对降凝剂的感受性很差，即原油改性效果不明显；②多蜡原油随着含蜡量的升高对降凝剂的感受性逐渐变差，当原油含蜡量在 2% ~15% 之间，凝点低于 25℃ 时，对降凝剂的感受性较好；当含蜡量在 15% ~30% 之间，凝点高于 25℃ 时，对降凝剂的感受性一般；当含蜡量高于 30%，凝点高于 40℃ 时，对降凝剂的感受性较差；③多蜡原油如含有较多的高碳蜡或蜡的碳数分布较为集中，对降凝剂的感受性也会变差。

另外有研究表明，当降凝剂长链烷基的碳原子数与原油中蜡的平均碳原子数相等或相近时，原油的改性效果很好。而最新的研究表明，降凝剂长链烷基中参与共晶的链段的碳原子与原油中蜡的平均碳原子数相等或相近时，原油的改性效果才最好。

2）胶质、沥青质的影响

胶质、沥青质是天然的原油降凝剂，但其作用机理至今仍不太清楚。但是事实表明，一般原油中蜡含量要比馏分油中蜡含量高得多，而降凝剂在原油中的用量却大大低于馏分油降凝剂的用量（前者一般 5 ~500mg/kg 的浓度即有很明显的效果，而后者用量一般在 0.1% ~0.5% 之间），且对脱除胶质、沥青质的原油没有合适的降凝剂。这都说明胶质、沥青质在原油加降凝剂改性过程中起着重要作用。

同时，原油中的胶质、沥青质对降凝剂降凝效果有很大影响。胶质沥青质对降凝剂作用的影响因具体条件而异，原油中含有少量且性质合适的胶质沥青质时，胶质沥青质本身就具有天然降凝剂的作用，并与降凝剂存在协同效应；当胶质沥青质含量较高时，尽管胶质沥青质有黏结、固化蜡晶结构的作用，但降凝剂同样与胶质沥青质有协同效应，从而可以减弱胶质沥青质对蜡晶的黏结和对蜡晶结构的固化作用，有利于降凝剂对原油低温流变性的改善。

3）蜡与沥青质相互作用的影响

美国 Gulf 石油公司研究方展中心的 D. S. Schuster 等曾用高效液相色谱分析法从原油中分离出蜡"四组分"（即饱和烃、芳香烃、极性物和沥青质），发现化学降凝过程中沥青质与蜡的缔结起着重要作用。它是存在着对降凝剂敏感的蜡的一种征兆，或者能影响原油的冷凝过程。如果原油中的沥青质与蜡缔结共存，则表明这些蜡的结晶将被降凝剂所改良。原油中的沥青质不再同蜡缔结的温度很可能就是该种原油加入化学降凝剂所能达到的最低凝点温度。

4）原油中液态烃的影响

原油中碳原子数低于 16 的烃类在常温下保持液态，是作为蜡的溶剂和胶质、沥青质的分散介质而存在的。液态烃的性质与含量直接影响蜡的溶解度和胶质、沥青质在原油中的溶解分散状态，同时也影响降凝剂在原油中的溶解状态、结晶性质和有序程度等，因此也必然影响降凝剂对原油的改性效果。但有关针对原油中液态烃对降凝剂降凝效果影响的研究并不多见。

2. 降凝剂结构的影响

降凝剂的结构不同，影响原油改性效果的降凝剂结构因素也不同。总的来说，影响原油改性效果的降凝剂结构方面的因素包括：

1）极性基团的含量及其极性大小

降凝剂是一种高聚物，其分子结构由长链烷基基团和极性基团组成。与长链烷基相关的是降凝剂分子的结晶性能，与极性基团相关的是降凝剂分子的极性大小。当降凝剂中极性基团含量增加时，长链烷基的含量就相对减少，因而降凝剂的结晶度降低。当极性基团含量增加至很高时，由于空间排布的障碍，链的刚度增加，降凝剂结晶更加困难。如果降凝剂的结晶度低，则其与蜡分子共晶析出的能力降低。但如果降凝剂结晶能力太高，降凝剂的极性则相对地会降低，那么，降凝剂对蜡晶的分散作用下降。所以，当降凝剂中极性基团与长链烷基的含量处于一最佳比例时，才能获得最佳的改性效果。

2）相对分子质量大小

聚合物型降凝剂相对分子质量过低（2000 以下）或过高（500000 以上）都显示不出多大的效果，降凝剂相对分子质量分布较宽时，降凝效果较好，并有一个最佳的降凝剂相对分子质量范围。

有研究表明：①对具有较宽的正构烷烃分布和较低的平均碳数的原油来说，最大相对分子质量（28400）的共聚物是最好的降凝剂；②对具有较窄的正构烷烃分布和较高的平均碳数的原油来说，最小相对分子质量（3800）的共聚物是最好的降凝剂；③对具有较宽的正构烷烃分布和较高的平均碳数的原油来说，中等相对分子质量（9500）的共聚物是最有效的降凝剂。

3）长烷基链长度及碳数分布

降凝剂中长链烷基的功能是与原油中的蜡共晶。一般而言，降凝剂长烷基主链或长烷基侧链的碳数要与原油中蜡的碳数分布最集中范围内的平均碳数相匹配，才能有较好的降凝效果。由于一般原油中蜡的碳数分布范围很宽，为了得到较好的匹配效果，降凝剂长链烷基也应有相应的碳数分布。

4) 降凝剂在油中的形态

降凝剂在不同溶剂中的溶解性不同, 分子存在的结构形态不同, 对原油流变性的改善效果也不同。对聚丙烯酸长链烷基酯(PA)对原油和馏分油降凝效果的研究表明, PA 侧链长度、相对分子质量、极性基团、蜡相对分子质量、溶剂等因素均对 PA 的改性效果有影响, 而影响的本质是 PA 降凝剂在溶液中形成的有序状态。

3. 降凝剂处理条件的影响

降凝剂降凝效果除了受原油组成和剂结构影响外, 还受其外部处理条件的影响。

1) 降凝剂浓度的影响

一般认为, 原油改性效果随降凝剂浓度的增加而加大, 当达到一定的浓度后, 改性效果不再随降凝剂浓度的增加而变化, 存在一个最佳的降凝剂添加浓度。目前我国含蜡原油降凝剂使用浓度多在 50mg/kg 左右。

2) 热处理温度的影响

降凝剂一般凝点较高, 在常温下通常为固态, 在原油中的溶解度随温度升高而增大, 温度愈高, 则降凝剂分散度愈大, 与原油混合愈充分, 且温度较高时, 能使石蜡处于充分溶解状态, 原油才可能被改性。另外, 适当的温度可促使天然降凝剂胶质、沥青质从原油中游离出来。过高的温度则会破坏胶质、沥青质的结构, 使其失去降凝作用。合理的热处理温度应是上述三者的最佳组合。在这一最佳处理温度下, 降凝剂中的有效组分和原油中的蜡充分溶解, 胶质、沥青质充分游离出来。

由于石蜡的熔点为 28～71℃, 同时考虑到降凝剂和原油中胶质沥青质的溶解性, 所以, 一般热处理温度要高于 60℃。

3) 冷却速率的影响

冷却速率对加入降凝剂后原油中蜡的重结晶过程有明显影响。在析蜡点以上的温度, 冷却速率和方式对改性效果没有影响。在析蜡点以下的温度, 冷却速率控制不当会降低改性效果, 特别是在析蜡高峰区, 应控制冷却速率不要太高。因为当冷却降温速度过快时, 晶核生成速度将大于蜡晶生成速度, 不利于降凝剂与蜡共晶, 此时形成的是大量细小致密的蜡晶体系, 其表面能和结构强度大, 因而降凝效果差。

4. 输送条件的影响

1) 重复加热的影响

现场操作中, 中间站或旁接罐加热会引起油品的温度回升, 使原油的流变性变差, 并影响降凝剂的降凝、降黏效果。任何对降凝剂改性有良好感受性的原油, 都有其温度回升恶化区。一般认为, 原油重复加热温度为最佳热处理温度时, 降凝剂效果与第一次加热时的效果相同。但如果重复加热温度低于最佳热处理温度, 将恶化改性效果, 一般是重复加热温度越低, 改性效果越差。但也有原油即使重复加热温度达到首站热处理温度, 改性效果也将变差, 而且随着重复加热次数的增多, 加剂原油性质恶化也越严重。

2) 过泵高速剪切的影响

由于原油流经泵机组时会受到泵叶片高强度剪切, 必须考虑不同温度下高速剪切对改性效果的影响。研究表明, 析蜡点以上的高速剪切对流变性几乎无影响; 析蜡高峰区温度下的高速剪切在蜡晶析出时将其结构破坏, 因而使原油低温流变性恶化; 低于析蜡高峰区时高速剪切对流变性影响甚微。高速剪切还与原油的组成有关, 当原油含蜡量高、高碳蜡比例较高时, 高速剪切的影响就更明显。

3）管流剪切的影响

一般认为管流剪切对加剂原油的低温流变性没有坏的影响，但剪切的影响往往是与降温速率结合在一起的。目前的研究表明，在原油的析蜡高峰区温度范围内，缓慢降温与长时间的低速剪切会恶化降凝剂的改性效果。但同样的原油和加剂条件，在较快的降温速率，因而剪切时间较短条件下的改性效果变化不大。

（四）常用降凝剂的种类

由于原油成分非常复杂，对降凝剂有着极强的选择性，故而造成了相应的降凝剂品种繁多。降凝剂的合成经历了缩合物、聚合物、共聚物以及降凝剂的复配等阶段。目前公认的原油降凝剂有如下几种类型。

1. 表面活性剂型

这类原油降凝剂是通过在蜡晶表面吸附的原理，使蜡不易形成遍及整个体系的网状结构而起降凝作用，例如石油磺酸盐、聚氧乙烯烷基胺等。

2. 聚合物型

这类原油降凝剂是通过与石蜡共同结晶的机理，使蜡晶的晶型产生扭曲，阻碍蜡晶的长大形成网络结构，起到防蜡作用。主要有 3 类，即长链烷基萘、聚烯烃类（以聚 σ 烯烃为主）、聚酯类，其中又以酯类聚合物为主。

聚酯类降凝剂有 3 种基本类型，醋酸乙烯酯聚合物、丙烯酸烷基酯聚合物、马来酸酯或富马酸酯聚合物。以聚丙烯酸酯为例，产品代号为 T602，此产品色浅，降凝效果显著，除具降凝效果外，还有增黏作用，加剂量一般为 0.11% ~ 0.15%。

3. 复配型共聚物

原油降凝剂对原油的降凝效果有很强的选择性。由于原油中蜡的含量及相对分子质量分布、胶质、沥青质的含量和性质随原油的种类不同而不同，为了能更有效地降低原油的凝点，并适合于多种油品，选择几种主碳链不同的降凝剂或不同极性侧链的降凝剂进行复配，使得主碳链数的范围扩大，原油不同碳数的蜡晶被覆盖的范围也相应增大，从而有效提高了降凝剂的降凝作用。

目前，有 2 种复配方法得到广泛应用：

（1）利用酯型降凝剂，从事原油石蜡烃碳数分布与降凝剂长度间的匹配研究。当碳链碳数与石蜡正构烷烃相匹配时，能比较容易地吸附在刚形成的蜡晶表面上，干扰蜡晶生长，例如，聚合物 AEMV 和非离子表面活性剂的复配物和苯乙烯 – 马来酸酐 – 丙烯酸十八醇酯共聚物与醋酸乙烯酯 – 马来酸酐 – 丙烯酸十八醇酯共聚物的复配物；

（2）从降凝剂分散蜡晶角度看，充分利用高分子表面活性剂和全氟表面活性剂的高分散作用，可以增加铵盐、酰胺基等高分散型基团，加强原油降凝剂分散性。美国 Conoco 公司配方和美国 CIBA GEIGY 公司的配方都混入了全氟表面活性剂，代表性的结构是 $[(R_f)_n R^{'}]_m Z$。

（五）含蜡原油添加降凝剂输送工艺的应用

1. 添加降凝剂输送工艺的首要工作

在具体实施含蜡原油添加降凝剂输送工艺时，首要的工作就是确定添加降凝剂的品种、降凝剂加入的浓度以及降凝剂加入后的热处理温度。由于不同原油与降凝剂的配伍情况不同，因此，这些降凝剂应用过程中要确定的项目均需要通过试验的方式来确定。由于原油长输过程中要经历多次加压和加热过程，而重复加热、泵剪切、管道剪切等管道运输条件均会对降凝剂改性效果产生影响，因此，具体的加剂次数、加剂点、每次加剂量等通常也要通过试验来确定。

2. 降凝剂注入系统

降凝剂注入工艺早期采用成品注入，后发展为用柴油、二甲苯稀释，目前采用现场复配，即采用原油直接稀释干剂的复配工艺。降凝剂注入系统通常采用固定式注入系统。固定式注入系统通常由配剂釜、溶剂泵、流量计、过滤器、注剂泵等设备组成。其一般工艺流程可参考图 7-3。首先，往配剂釜注入一定量的原油作为溶剂。溶剂原油由溶剂泵从低压管道抽至带夹套的配剂釜，加热至 80~90℃后，将降凝剂干剂均匀的加入配剂釜。启动搅拌器，充分搅拌 4~5h。目前用原油配制的降凝剂溶液降凝剂浓度为 10%。若泵站内配备有给油泵，可从泵后将溶剂原油引至配剂釜，

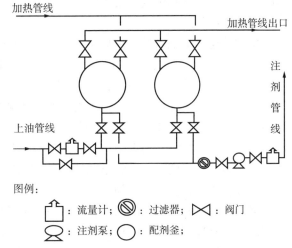

图 7-3 东黄老线首站降凝剂溶液配置及注入流程

这样还可以减少一台溶剂泵。配剂釜应具有良好的密封，否则在高温下会有轻油挥发。然后将复配好的 10% 降凝剂溶液在不低于 60℃ 的条件下通过注剂泵将溶液转输至输油泵入口，经过输油泵的高速剪切，与原油充分混合。

3. 应用方式

（1）低输量正输

降凝剂处理旨在改善析蜡点以下的所谓"低温"区间的原油流变性。在高温段，原油改性前后的黏度相差极小，在低温段才表现出明显差别，亦即，加剂处理只有在低温段才具实用价值。加热输送的管道恰好可借助这一特点实现低输量正输。热输管道加入降凝剂后，在正常输量范围内，因油温较高，管输摩阻无明显变化。当输量低于临界值后，一方面，油温降低，原油流变性恶化，但另一方面，油温降低，降凝剂作用显现。二者相抵的结果是使原油在低温下的流变性接近或达到正常输油时的流变性。如马岭原油经添加 50mg/kg 降凝剂处理后，在 8℃ 油温下即可达到改性前 20℃ 才能达到的黏度值 100mPa·s。将上述作用称为降凝剂的补偿作用。由于这种补偿作用，采用加剂输送避免反输便成为可能。

但应用中必须注意的是低输量管道多为开式流程，在采用降凝剂输油时，必然存在旁接油罐原油与管输原油掺和的问题。而加剂处理后的原油在低温下静置存放一定时间后，由于蜡晶结构的恢复性，流变性将变差甚至完全失去处理效果。这部分原油进入管道，不利于管道的低温运行。因此，采用加剂输油时，应将旁接罐中未处理原油降至最低液位，然后输入加剂处理后的原油，罐内原油不得任意加热。在运行期间，应避免输量频繁变化，尽量保持旁接罐罐位的稳定。

（2）准常温输送

降凝剂应用于长输管道后，改善原油低温流变性，原油输送过程中所需热站减少。通常全线只首站点炉，中间站全部或大部分停炉，实现准常温输送。

但是采用该方式的原油管道在热力和水力分布上有其特殊性，首先是全线60%左右的管道处于低温输送状态，其次是全管程中表现出非牛顿流特性的原油占了相当大的比例。因此，采用该方式输油要优先考虑3点，一是泵剪切对改性效果的影响，二是低温管段的结蜡规律，三是首站加热炉及降凝剂注入系统的可靠性。

（3）间歇输送

间歇输送是输油管道节能降耗的主要手段之一。加剂与不加剂原油的间歇输送有所不同，主要表现于加剂原油存在处理温度的限制。按长输管道操作规程要求，管道在停输前应提前停炉，待炉膛温度降到80℃以下时方能停输，管道再启动时，输量正常后才能点炉。这必然导致两种情况，一是管道中部分原油的处理温度较低，达不到改性要求；二是部分未加热冷油进入管道。这二者都将对管道运行产生不利影响。因此，在确定停输时间和再启动压力时应考虑其影响。根据中洛管道的运行经验，在操作中，可采取两种措施，一是停输前适当提高输量和温度，减少低温原油比例；二是若工艺流程允许，可采用站内循环方式给加热炉降温，缩短提前停炉时间。

以上3种方式应用时，都要正确认识加剂原油过泵的影响。加剂原油在管输过程中会受到多次泵的高速剪切，泵剪切对原油产生两种影响，一是使原油受到高强度机械剪切，二是由于摩擦使原油温度升高1~3℃。一般情况下，泵剪切对改性效果影响不大，但若恰好在高峰析蜡区过泵，则会使改性效果恶化，使凝点上升。在实际应用中可通过调整运行方式来减轻这种影响。

迄今为止，已有马惠宁管道、中洛管道、魏荆管道、鲁宁管道、濮临管道、东黄复线、花格管道、火三管道、东辛管道、河石管道、靖马管道等相继采用了加剂输送工艺，取得了明显的经济效益和社会效益。实践表明，加降凝剂输送技术具有设备简单、操作方便、效益显著等优点，尤其适应油田减产的需要，是提高管输"弹性"、节能降耗的有效手段。这种优势将会在石油企业全面走向市场后得到更为充分的体现。但同时也应该认识到，加降凝剂输油技术也存在其局限性，对含蜡原油的管道输送而言，它是一种"治标"而非"治本"的方法，因为分散蜡晶达不到真溶胶颗粒的粒度，因而利用降凝剂降凝是有限的。另外，对于满输量管道，采用降凝剂输送不一定比加热输送经济。对于大口径管道，采用加剂输送可以节油但不一定能节电。因此，是否采用加剂输送工艺，需要对上述问题进行综合权衡，并与其他输送方式进行系统比较。

第三节　减阻输送工艺

所谓减阻输送工艺是指通过在输送油品中添加药剂、轻油或与输送油品不互溶的低黏度稀释剂来分散黏油，以大幅度降低输送油品输送过程中的摩阻损失的输送工艺，如采用乳化降黏、水悬浮输送、黏弹性液环输送、高分子聚合物紊流减阻、稀释剂稀释输送等。

一、加减阻剂输送工艺

流体在管道中有层流和紊流两种流态。在层流中，流体的流动阻力是由流体相邻各流层之间的动量交换造成的。在紊流中，流体的流动阻力是由尺度随机、运动随机的旋涡形成的。尽管旋涡的形成是随机的，但旋涡总是逐渐分解而产生尺度越来越小的旋涡。由于旋涡的尺度越小，能量的黏滞损耗越大，所以分解形成的小旋涡的能量最终将被流体的黏滞力损耗掉，变成热能。由于处于紊流状态的原油有许多旋涡，而且这些旋涡是逐级变小，从而使管输能量逐渐由较大的旋涡传递给较小的旋涡，最后变成热能而被消耗掉，因此处于紊流状态的原油需要消耗大量的管输能量。为了减少能量管输摩阻，需在原油中加入的化学剂为减阻剂。减阻剂是一种减少管道内流体摩擦阻力损失的化学制品，从分子结构看，它属于直长链、少侧链的高分子聚合物，属碳氢化合物。工业上应用的减阻剂相对分子质量一般在 $10^6 \sim 10^7$ 之间。加减阻剂减阻增输的方案具有投资少、见效快、操作简便的优点，又适合管道承压能力达到了极限的管道。

（一）减阻剂的减阻机理

目前，对减阻机理的解释很多，有伪塑说、湍流脉动抑制说、黏弹说、有效滑移说、湍流抑制说等等，目前尚无定论。

1. 伪塑假说

1948 年 Toms 发现减阻现象后，就对减阻机理提出了假说。他认为高分子聚合物减阻剂溶液具有伪塑性，即剪切速率与表观黏度成反比，剪切速率增大，表观黏度减小，从而导致阻力减小。但随着非牛顿流体力学的发展，Toms 假说逐渐被人们否认。只要通过简单的试验就可以发现，减阻剂溶液在湍流流动时的摩擦阻力实测值与应用伪塑流体计算误差很大，而且稀减阻剂溶液伪塑性很弱，甚至就根本无伪塑性，其流变学几乎与牛顿流体完全一样，但减阻率较大。Walsh 的试验证明胀塑性流体也有较强的减阻作用。

2. 有效滑移假说

Virk 认为，流体在管内湍流流动时，紧靠壁面的一层流体为黏性底层，其次为弹性层，中心为湍流核心。他通过试验测得速度分布，发现减阻剂溶液湍流核心区的速度与纯溶剂相比大了某个值，但速度分布规律相同，而且弹性层的速度梯度增大，导致阻力减小。

根据 Virk 的假说，减阻剂浓度增大，弹性层厚度也增大，当弹性层扩展到管轴时，减阻就达到了极限。该假说成功地解释了最大减阻现象，而且也可以解释管径效应。

3. 黏弹性假说

黏弹性假说提出，高聚合物溶液的减阻作用是溶液黏弹性与湍流旋涡发生相互作用的结果，即油溶性聚合物在油中以蜷曲的状态存在，紊流中的原油中各级旋涡将能量传递给减阻剂分子，使其发生弹性变形，将能量储存起来，之后，减阻剂分子又将获得能量还给相应的旋涡，维持原油的紊流状态，从而减少外界为保持这一状态所必须提供的能量，达到减阻效果。许多研究者对特定的高聚物减阻剂稀溶液进行时间试验，发现聚合物分子的松弛时间比湍流旋涡的持续时间长，说明聚合物分子的弹性确定起了作用。

4. 湍流抑制假说

湍流抑制假说认为减阻剂加入到管道以后，减阻剂靠本身的黏弹性，分子长链顺流向自然拉伸，其微元直接影响流体微元的运动。来自流体微元的径向作用力在减阻剂微元上，使其发生扭曲旋转变形，减阻剂分子间引力抵抗上述作用力反作用于流体微元，改变了流体微元的作用力大小和方向，使一部分径向力转变为顺流向的轴向力，从而减少无用功的消耗，宏观上起到减少摩阻损失的作用。即聚合物分子抑制了湍流旋涡的产生，从而使脉动强度减小，最终使能量损失减小。

总之，减阻效应是一种特殊的湍流现象，是减阻剂影响湍流场的宏观表现，是一种纯物理作用。减阻剂分子与油品分子不发生化学反应，也不影响油品的分子性质，只是与其流动特性密切相关。

(二)减阻剂的减阻增输效应

1. 减阻剂的减阻增输效应

在流体内部投入极少量的某种添加剂，如高分子聚合物、皂类等，当流体流动呈现出紊流状态时，就能大大减小流动阻力，这一类减阻方法被称为添加剂减阻，这种物理现象称之为减阻现象。它首先由 Toms 发现，因此，高聚合物的减阻效应又称为 Toms 效应。自 1979 年减阻剂首次在原油输送管道系统中应用以来，减阻技术的发展极为迅速。它投资少、操作简便、节能降耗、对提高经济效益和社会效益起到重要作用。

减阻剂管线试验结果表明：

(1)管线添加减阻剂运行后，在输量不变的情况下，可以大幅度降低管线的沿程摩阻损失，减少管线的阻力；

(2)在管线运行压力保持不变的情况下，可以提高管线的输量，即具有增输功能，添加不同浓度的减阻剂，可以起到不同的增输效果；

(3)即使在输量增加的情况下，合理使用减阻剂，加剂后管线的运行压力仍可能小于较低输量不加剂的情况。

由于原油生产和用户需求的不平衡性，管道输量时常发生变化，提高输量的常用方法是提高输油站的出站压力。当一条管道已经在管道允许最大运行压力下工作，那么通过出站压力增加数量是不可行的，这时降低原油在管道中的摩阻损失是增加输量的可行方法。这时可用的方法有加热原油温度法，但受到保温层或防腐层的限制。在减阻剂(Drag Reducing Agent，简称 DRA)价格适当的情况下，应当采用加减阻剂的输油工艺，减少开泵台数或停掉部分泵站，降低输压，保持管道输送能力不变；或保持管道输压不变，增大输送能力。这样，不仅可以缓解国家的能源紧张局面，而且可以提高输油企业的经济效益。

对于成品油管道，为了克服线路上的瓶颈段或提高输量、平抑输量的季节性波动以及提高管输的经济效益，一般也采用加减阻剂的方式输送。

2. 减阻与增输计算

(1)减阻率

添加减阻剂前后，泵—管路系统工作特性变化如图 7-4 所示。添加减阻剂前，工作点在 $1(Q_1, h_1)$，添加减阻剂后，工作点由 1 移至 $2(Q_2, h_2)$。

减阻率定义为相对于 Q_2 时的压降减小百分数，即

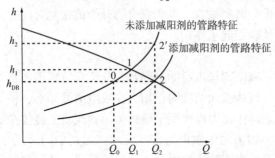

图 7-4　添加减阻剂前后泵、管路特性变化

$$\eta_{DR} = \frac{h_2 - h_{DR}}{h_2} \times 100\% \qquad (7-3)$$

式中　h_2——流量为 Q_2 未加剂时的管路压降，m；

　　　h_{DR}——流量为 Q_2 加剂时的管路压降，m。

从图 7-4 可知，h_{DR} 的计算只能用 Q_0 的流量来计算，由列宾宗公式有

$$h_{DR} = 0.0246 \frac{Q_0^{1.75} \nu^{0.25}}{d^{4.75}} L \qquad (7-4)$$

式中　Q_0——加剂与不加剂相同压降下，未加剂时的流量，m^3/s；

　　　ν——油品运动黏度，m^2/s；

d——管内径，m；

L——站间管长，m。

若用 Q_2 来计算压降

$$h_2 = 0.0246 \frac{Q_2^{1.75} \nu^{0.25}}{d^{4.75}} L \qquad (7-5)$$

式中 h_2——当流量为 Q_2，未加剂时的管路压降。

添加减阻剂后，管内流动状态已发生变化，上述列宾宗公式已不再适用添加减阻剂后的压降计算。

（2）增输率

增输率定义为相对于 h_{DR} 时流量增加的百分数，即

$$\eta_Q = \frac{Q_2 - Q_0}{Q_0} \times 100\% \qquad (7-6)$$

（3）增输率与减阻率的关系

将式（7-3）及式（7-4）、式（7-5）变换后代入式（7-6），得

$$\eta_Q = \left[\left(\frac{1}{1 - \frac{\eta_{DR}}{100}} \right) - 1 \right] \times 100\% \qquad (7-7)$$

（三）减阻剂减阻增输效应的影响因素

1. 添加浓度

如图 7-5 所示，随着减阻剂添加浓度的增加，减阻率也增高，但单位剂量（如 1mg/kg）减阻率的增量越来越小，整个减阻效应最终趋于一个极限。大量实验数据表明，在给定管道直径、流量、油品黏度下（即在一定的雷诺数下），各种高分子聚合物减阻剂的减阻百分比存在一个极大值，达到此值之后，即使再增加添加量，减阻率也不会增大，这种现象称之为最大减阻效应。

上述现象可以这样解释：减阻剂的添加浓度影响其在管道内形成弹性底层的厚度，浓度越大，弹性底层越厚，减阻效果越好。理论上，当弹性底层达到管轴心时，减阻效果达到极限，表现为管输排量最大。

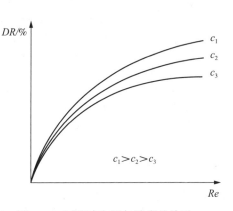

图 7-5 减阻率与添加浓度的关系

图 7-5 中的曲线，可用以下方程拟合

$$\eta_{DR} = a_0 c^{a_1} \quad a_1 < 1 \qquad (7-8)$$

式中 c——减阻剂浓度，10^{-6}（ppm）；

a_0、a_1——拟合系数。

在加剂输送的原油管道优化设计、运行管理中，减阻剂添加量的多少还将直接影响输油的经济效益。

2. 雷诺数的影响

在紊流流动中，当雷诺数达到某一数值后，减阻剂的减阻效应才能显现出来，此数值为减阻起始点，这是聚合物减阻的一大特点。在起始点之前，虽然介质中已有聚合物分子，但

对流动阻力并无影响。只有当雷诺数达到一定数值时，聚合物分子与紊流发生相互作用，使流动阻力减少。一般流体的减阻起始点在 5000~6000 以上。

实验还表明，减阻起始点的雷诺数与管径有关。管径越大，减阻起始点的雷诺数越大。这种现象称作管径效应。

减阻剂添加量一定时，雷诺数越大，减阻效果越明显。在一定的雷诺数范围内，减阻率随雷诺数的变化曲线如图 7-6 所示。但当雷诺数增大到一定程度，即流体剪切应力足以破坏减阻剂分子链结构时，减阻剂发生轻度的裂解，减阻剂将逐渐失去减阻效果。

图 7-6 中的曲线，采用以下公式拟合

$$\eta_{DR} = b_0 Re^{b_1} \qquad b_1 < 1 \qquad\qquad (7-9)$$

式中　b_0、b_1——拟合系数；

　　　　Re——雷诺数，无因次。

3. 剪切的影响

减阻剂一旦注入原油管道，不可避免地要和原油一起经受剪切，其中强剪切有泵机组剪切、加热炉管或换热器的剪切、半开阀门(节流)剪切等。中等剪切有三通剪切、弯头剪切等。弱剪切为管流剪切，当雷诺数不是过大时几乎可忽略，即管道的长、短对减阻率影响不大。

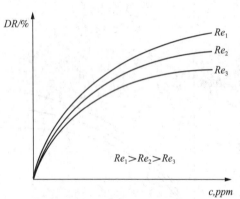

图 7-6　减阻率与雷诺数的关系

由于剪切作用，特别是强剪切会剪断减阻剂的长链结构，使减阻剂部分以至于全部失效，添加减阻剂只能在一个热(泵)站间的管道上有效。所以热(泵)站越多，减阻剂的消耗量就越大。因此，研制具有高抗剪切能力的减阻剂，就成为国内外同行的主攻目标。此外，尽量避免强剪切也是应用减阻剂的重要原则。

除了上述三种影响因素外，减阻剂的减阻效果还与当量管径、含水率及管壁粗糙度有关。大量的试验表明，当量管径越小，减阻效果越显著，原油的含水率越高，减阻效果越不明显，管壁粗糙度越大，减阻的效果越明显。

根据减阻剂减阻效应影响因素及其实施应用的环节，对有效减阻剂提出以下性能要求：

(1)可溶性。减阻剂必须可溶于所输送的原油中。

(2)剪切稳定性。减阻剂必须足够稳定，在紊流的管流中不至于降解而影响减阻效果。

(3)下游效应。用于输油管道的减阻剂不应对炼厂设备有影响，也不应影响成品油的性能。

对于成品油管道，添加的减阻剂除了要满足上述要求外，还要考虑到不能污染成品油品质。

(四)减阻剂种类

目前国际上生产的减阻剂有水溶性减阻剂(如人工合成聚氧化乙烯 PEO、聚丙烯酰胺 PAM，天然的瓜胺、田麦粉、皂角粉等)和油溶剂(如聚异丁烯/烯烃共聚物、聚 α 长链烯烃、聚甲基丙基酸酯等)两种，大多数为油溶性高分子减阻剂，属流状链或直链少侧链结构。由于是碳氢化合物，对原油及成品油的物理性质不会引起变化。实际运行发现，长输原油管道添加减阻剂对下游炼制工艺不会产生任何影响。

已知的减阻剂主要是烯烃的聚合物，例如聚异丁烯、丁烯与异戊二烯共聚物或其加氢聚合物，聚乙烯、乙烯与丙烯或它们与其他烯烃的共聚物，丁二烯与异戊二烯或苯乙烯的共聚物等。但不论是何种聚合物，作为减阻剂，都要求有超高的相对分子质量，相对分子质量越高，主链越长，减阻效果越佳。减阻剂的分子链增长，有利于减阻，但降低了抗剪切能力，目前还没有找到解决这一问题的最佳方法。

（五）减阻剂加注工艺

1. 加剂流程

加剂流程见图7-7。将减阻剂注入加剂罐后，启动加剂罐搅拌器搅拌均匀，再启动加剂泵加压，经流量计计量后注入外输管道。

2. 加剂注意事项

（1）为了提高减阻剂的使用效果，避免减阻剂受强剪切作用而失效，减阻剂的注入口必须选在输油泵后的出站管道上。

（2）协调好上游管道，保持大排量运行。

（3）根据排量调节加剂泵冲程，使加剂浓度稳定在23~26mg/L。

（4）减阻剂久置容易出现分层，因此，加注减阻剂时必须使用搅拌器充分搅拌。

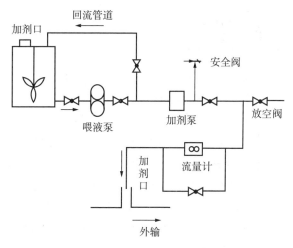

图7-7 加剂流程示意图

二、原油稀释输送工艺

原油稀释输送是指在原油中添加适当比例的稀释剂进行混合输送。稀释剂一般采用低黏原油或凝析油、轻馏分油等，加入原油后使混合油中蜡、胶质及沥青质的浓度下降，蜡析出的温度下降，使原油凝点和黏度均下降。实践证明，采用稀释输送时，稀释剂的凝点、黏度越小，其降黏降凝效果越好。

（一）稀油降黏的机理

1. 加热降黏机理

稀油对稠油中胶质和沥青质具有溶解作用，使稠油黏度降低，有利于管道输送。利用稠油对温度的敏感性，高温稀油能大幅度降低稠油黏度，改善流动性。

2. 混合降黏机理

稀油加温后与稠油在输油泵和管道中充分混合，可以大幅度地降低原油黏度，减少摩擦阻力，提高原油的流动系数，并改善输油泵的吸入条件，提高泵的充满系数，以达到提高泵效的目的。对于一定黏度的稠油，随掺入稀油比例增大，黏度下降也越快。从理论上计算掺入稀油比例与混合油黏度的关系，可依据公式（7-10）。

$$(1+k) \cdot \lg\mu_混 = k \cdot \lg\mu_稀 + \lg\mu_稠 \tag{7-10}$$

式中 $\mu_混$、$\mu_稀$、$\mu_稠$——混合油、稀油、稠油黏度；

k——掺入稀油比例。

确定合理的掺油比应在考虑原油黏度、温度等情况基础上，通过实验或式（7-10）确定。

（二）混合工艺

稠油与稀油的混合装置可采用在线静态混合器，即可保证其混合均匀度，实现稳定输油。混合工艺流程参见图7-8。

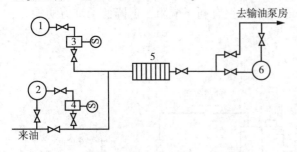

图7-8　稠稀油混合工艺流程图
1—稀油罐；2—稠油罐；3—稀油泵；
4—稠油泵；5—混合器；6—缓冲罐

在高黏高凝原油中加入低黏原油或凝析油等稀释剂降黏、降凝后输送，在美国、加拿大、委内瑞拉等国都有应用。只要在油田附近有稀释油来源，稀释油输送一般是经济合理的方案。我国高黏原油，即稠油的集输和外输多采用稀释加热输送。不同稠油，不同的季节稀释油掺入量不同。此外，这种方法可以通过调节油温及稀释比来调节运行工况，对输量、油品性质、管道条件的变化适应能力强，运行灵活性大。

原油稀释输送对东部低输量管网而言，除了降凝、降黏效果外，还有增加输量，避免正反输，减少输油泵运行时间，降低电耗的节能效果。

根据实践经验总结，为了提高稀释输送的经济效益，工艺实施时需要注意以下特点：

（1）稠油管道多在层流流态运行。若因加入稀油降黏及混合油输量增大使其进入紊流，则稀释降黏对减阻及提高输送能力的效果就下降。在确定稀释比时，应保持层流输送为限。

（2）对于稀释加热输送管道，稀释油种类、稀释比、运行油温等均会影响运行费用。在实际运行管理中，根据稀释油产量或计划进口总量以及各炼制厂进口原油能力情况，合理安排、优化各季度的混合原油配比，在满足炼制厂要求的前提下，以降低能耗为原则进行配比输送。

（3）采用轻质原油稀释输送时，应考虑到原油加工方案及综合经济效益。如单家寺稠油是生产优质道路沥青的好原料，若掺入含蜡原油较多，将使沥青质量不合格。

三、稠油改性输送工艺

（一）乳化降黏输送工艺

乳化降黏输送工艺降黏机理是向原油中掺加一种含有少量表面活性剂的水溶液，使稠油由油包水（W/O）型乳状液转向水包油（O/W）型乳状液，由于表面活性剂水溶液的湿润作用，减少了液流流动阻力，形成表面活性剂在管壁上的水膜，使原油与管壁的摩擦变成了表面活性剂水溶液与管壁的摩擦，从而大幅度地降低稠油的表观黏度，减小了泵输送稠油所需要的功率。

此项技术在美国、加拿大等应用已较成熟。国内20世纪90年代，对辽河、胜利、大港等油田也进行了此项技术的试验，取得了初步的成果。在掺入乳化剂后对乳状液的稳定性要求高，这样对脱水工艺会产生影响。因此在选用表面活性剂时应考虑：

（1）稠油具有较好的乳化作用，能形成稳定的油包水（W/O）型乳状液，降黏效率高；

（2）形成的水包油（O/W）型乳状液不能太稳定。

（二）低黏液环输送工艺

低黏液环的方法是向稠油中掺入一定量的低黏度不相溶液体（一般为水），在输送过程中，将油流的速度控制在某一范围内，可形成环状流，即油流被一层水环环绕着，这层水环能吸收管壁和流体之间存在的剪切应力，从而减小了流动阻力。

国外在委内瑞拉长 1km、管径 203mm 的水环试验环道上进行了数年这方面的试验。当含水率为 8%、油黏度为 60Pa·s、流速为 0.5m/s 时，环道总压降是 19kPa，而在纯油输送时总压降将高达 38MPa。国内在胜利油田清河采油区的一条稠油集输管线上初步应用了水环工艺，获得了比较满意的结果。

低黏液环输送工艺的优点有，容易实现稠油常温输送；掺水率低，原油不乳化，油水易分离；分离的水可循环使用或注入注水井；不需要加热和保温，减阻效果明显，管线建设费用和运营费用都低等。缺点是水环的稳定性较差，容易遭到破坏。

目前主要应用在各油田内部管线的短距离输送。

（三）添加油溶性降黏剂输送工艺

添加油溶性降黏剂输送工艺的降黏机理在于利用油溶性降黏剂分子进入稠油胶质、沥青质的分子之间，把呈层次堆积的分子分散开，使其包裹在稠油中的轻质组分释放出来，形成轻质馏分包裹胶质、沥青质聚集体，从而降低稠油的结构黏度。

该降黏工艺能够改善原油流变性能，具有操作容易、一般用量较小、成本较低，对原油的加工无影响等优点，是克服乳化降黏技术缺陷的一种很有前途的工艺技术。但是，开发油溶性降黏剂难度大，同时稠油对油溶性降黏剂具有很强的选择性，即对于不同的稠油，其胶质、沥青质分子结构和分子大小不同，所需的降黏剂种类不同。

油溶性降黏剂的降黏机理尚不明确。有学者提出了降黏剂降低黏度的作用机理在于，降黏剂分子与胶质、沥青质分子之间的相互作用，降黏剂分子的溶剂化作用，降黏剂分子的溶剂作用，以及降黏剂分子与蜡晶的作用等。

（四）改质降黏输送工艺

原油改质降黏是使稠油转化为低黏组分。其过程是通过脱蜡、脱沥青、热裂化、加氢裂化、激光改质等炼制加工方法改变原油的化学成分，提高轻馏分油的含量，改善原油的流动性，从根本上解决稠油降黏问题。其中，加氢裂化是加氢和催化裂化过程的有机结合，在实现重质油轻质化的同时，可防止焦炭的大量生成，脱除原料中的杂质，改质效果明显，轻质油收率高。近年来，强作用物理场、离子溶液等也被应用到原油改质工艺中。

目前改质降黏技术尚不成熟，且需要在原油长输管道首站设置一套初加工装置，工程投资较大。

此外，在油气集输系统中提及的原油磁处理技术也在稠油管输工艺中有所应用，主要是利用其磁化降黏功能，应用方法是在管输流程中加装磁化器。一些新型稠油管输节能技术，如微波降黏技术、超声波降黏技术等，也在不断发展应用中。

第四节　成品油管道混油处理技术

为了提高经济效益，成品油管道输送一般采用顺序输送工艺。但当采用顺序输送的是两种能相互溶解的油品时，管内两种油品的接触面处会由于分子的互相扩散和液体质点的紊流脉动，形成一段混油。成品油顺序输送中常常发生混油，有时甚至十分严重，混油后难以处理，造成一定的经济损失。

一、混油形成的影响因素

混油形成的主要影响因素主要有以下几种。

1. 初始混油的影响

在输油首站开式两种油品交替时，首先开启后行油品（B 油）储罐的阀门，在 B 油罐阀门开启过程中，逐渐关闭前行油品（A 油）储罐的阀门，实现输油批量的交替。在油罐切换的短暂时间内，A、B 两油品同时进入首站泵的吸入管道，形成所谓的初始混油。

初始混油量取决于油罐阀门的切换时机和速度、首站泵吸入管道的布置和首站的输量。掌握好切换时机后，阀门切换时间越长，混油量越大。

研究发现，初始混油对短距离管道影响较大，当官道长度增加至 $300km$ 时，初始混油影响已不明显。

2. 黏度和输送次序的影响

两种不同黏度油品的输送顺序对混油量和浓度沿混油长度的分布具有一定的影响。如果黏度较大的成品油在前，那么这种顺序输送的混油量要比相反顺序输送这两种成品油时的混油量多 $10\% \sim 15\%$。从物理学的角度可以解释为低黏度成品油（如汽油）很难在湍流混合强度低的近壁处冲刷掉高黏度的成品油（如柴油）。当顺序输送的两种成品油黏度差异很大时，混油量会增加。

3. 雷诺数的影响

雷诺数越小，层流边界层越厚，因流速分布不均所增加的混油量就越多。在层流状态下，管道截面上流速分布的不均匀是造成混油的主要原因。在紊流状态下，由于激烈的紊流扰动，使混油段各界面油品浓度较为均匀，观察不到楔形油头的存在。在层流边界层内，与层流流态相似，液层间流速不同是造成混油的主要原因。当雷诺数超过某一数值后，紊流核心部分已基本上占有整个管道界面，紊流脉动以及在浓度差推动下沿管长方向的分子扩散是造成混油的主要原因，混油量大为减少。

4. 中间泵站的影响

顺序输送中，混油段每经过一个中间泵站或中间分输站，混油长度就有所增加。中间站场产生混油的原因主要有以下几点：

（1）站内分支管道较多，支管道阀门之间的存油不断地与进站油品掺合，使混油浓度发生变化，混油量增加。

（2）站内管道阀件、管件多，造成局部扰动，加剧混油过程。

（3）混油段通过中间泵站时，泵内叶轮剧烈剪切也会加剧混油过程，增加混油量。

5. 流速改变的影响

油品流速是油品有效扩散系数的主要影响因素之一。流速不同，混油的扩散速度就会不同，混油长度的增长速度也不同。

在顺序输送过程中，不可避免的会由于发生干线流量的调节，以及在运行上调整开泵站数等原因，引起输量的变化造成流速的改变，从而增加混油损失。此外，管道变径、中途卸油等也会造成流速的改变。

6. 密度和停输的影响

在混油段发生事故性停输的情况下，管内液体的紊流脉动消失了，被输送液体之间的密度差成为产生混油的主要因素。在密度差的作用下，混油段横截面上的油品会在垂直方向上发生运移。较轻的油品向上运动，较重的油品向下运动。特别是地形崎岖不平，且高密度成品油处于斜坡的高处，而低密度成品油处于斜坡的低处时，更是如此。停输时，如果高密度成品油位于斜坡的上方（这是一种最危险的情况），那么由于高密度成品油具有沿斜坡向下的流展性，因而会大量增加混油量。

另外，如果混油段的停输发生在大口径水平管道，混油量也会有明显的增加。还有主管道上的死岔线和线路上的平行副线（如河流穿越中的平行管段）也能影响混油量。如，死岔线中原来输送的是柴油，现在输送的是汽油，在输送过程中留在死岔线中的柴油会逐步地被后来的汽油从死岔线中冲出，因而汽油的质量会有明显的下降。

7. 站间距及高程差的影响

在输油过程中，随着输送距离的增加，混油长度增加，混油长度与输送距离（即混油界面移动距离）的平方根成正比。尤其是在地形起伏剧烈管段，由于油流在向下流动时，管内油品产生不满管，使速度的最大值偏离轴心，发生速度的陡变，造成混油量的增加，从实际运行上来看，地形起伏越剧烈所产生的混油量越多。

二、混油量的控制措施

针对混油形成影响因素，采取控制措施，减少混油量。该类措施主要有：

（1）减小开关阀的时间。为了减小初始混油，应尽量减小开关阀的时间。切换油品通常有闸板阀和球阀切换两种方式。采用闸阀时，由于开关阀门的时间较长，因此混油增多。而球阀切换时开关时间短，因而可明显减少混油。为了减小初始混油，应尽量减小开关阀的时间，用球阀代替闸板阀。

（2）提高管输运行速度。提高速度使管流保持在紊流状态下运行。在制定顺序输送方案时，尽可能采用两种油品密度和黏度相近的油品输送，以防止因两种油品前后经过泵时，流速发生较大变化，带来混油量的增加。

（3）简化流程。在运行工艺上，应采用密闭输送方案，采用最简单流程，以减少因站内盲管、支管带来死油管段。管路阀门、过滤器等附件应尽可能的减少。在用的阀门、过滤器等附件应尽可能靠近干线，以减少因流程的切换带来混油的增加。

（4）提高操作人员熟练程度。为了减少初始混油量，在首站进行两种油品切换操作时，应先编制最简单的流程切换顺序流程图，并由熟练的操作人员进行操作。尤其首站流程的切换，应采用流程切换自动化控制，尽可能使用开启快速的电动或液动阀门，减少人为因素带来混油量的增加。

（5）避免管线停输。在顺序输送时，当后行油品开始输送时，应避免管线停输。如遇不可避免的停输时，应尽可能避免在油品分界面处，如中间泵站加压处，管路地形起伏剧烈处停输，停输后应迅速关闭混油段两端的阀门，防止由于油品间密度和黏度不同加剧混油量的增加。

（6）依据油品的密度和黏度确定油品输送次序。为了减小因黏度差异形成的混油，需对成品油顺序输送的次序进行合理的组织和安排。一般可采取如下办法有：

（1）合理安排输油次序。一般应先输黏度较小的油品，后输黏度较大的油品。

（2）根据需要与实际可能，合理安排输油批次，尽量将同一种油品集中到一起输送，增大输油批量，尽可能减少输油中油料品种的改变次数。

（3）尽量把黏度和密度较接近的两种油品安排在一起，先后输送。两种油品黏度和密度相近，顺序输送时造成的混油少。另外，混油也便于处理。

（4）尽量提高输送流量，特别是两种油品交替时更应尽量加大流量。研究表明，输送时流量越大，造成的混油越少。当油流的雷诺数 $Re > 10000$ 时混油量很少。

采用隔离措施，减少混油。隔离就是在顺序输送时人为地将两种油品隔开，从而可基本消除混油。目前，隔离方法主要有隔离球法、隔离塞法和隔离液法。这些隔离措施有的在国外应用得较好，效果很明显。

(1)隔离球隔离。这一方法是在顺序输送时在两种油品之间采用一个球将两者隔开，在输送时靠油的压力推动球向前运动，从而达到隔离两种油品，减少混油的目的。采用隔离球时对管路的要求较高，一方面要求管子精度高，各处管径严格一致；另一方面要求管道中的阀门开启后其开口与管子内径吻合。这样才能保证隔离球顺利通过管道，并且混油少。隔离球通常用具有一定弹性，而且由耐磨、耐油的材料制成。

(2)隔离塞隔离。隔离塞隔离的原理与隔离球相似，即顺序输送时在两种油品之间采用一个塞子将二者隔开，在输油时，靠油的压力推动塞子前进，从而达到隔离两种油品、减少混油的目的。采用隔离塞时，对管道及对隔离塞的要求与隔离球相同。

(3)隔离液隔离。隔离液隔离就是在顺序输送时，在两种油品之间加入一种液体，达到隔离两种油品，减少混油的目的。这种方法简单易行，不需改变原管道和设备，对管道也没有特殊的要求，重要的是要找到一种合适的隔离液。一方面，要求隔离液不能与被隔离的油品互溶或互溶性很小；另一方面，要求隔离液与油品混溶之后易于分离。

三、处理混油的方法

在输油末站，应将两种油品的交界处前后切换的油品分装在较大的容器中，或将混油段单独装入一专门的混油罐中。成品油顺序输送产生的混油是一种不合格的油品，不能作为成品油出售，只有经过处理合格后才能出售。采取合理的混油处理方法是提高成品油顺序输送管道经济效益的重要因素之一。目前，成品油顺序输送管道混油处理主要有掺混法、拔头处理法等，也可以将两种方法结合使用。

(一)掺混法

混油掺混法是将混油按照一定的比例掺混到纯净油中，掺混后的油品应满足国标的各项指标要求，不同油品掺混混油时所控制的质量指标不同。使用掺混法的前提条件是，所输送成品油的质量指标在从炼厂出厂时必须留有一定余量(质量潜力)。为了尽可能地掺混混油，一般在混油切割时将混油段分段切割，前部分富含A油，后部分富含B油，分别切入两个不同的混油罐中，然后通过掺混泵按比例将富含A油的混油掺混到纯净的A油中，把富含B油的混油掺混到纯净的B油中。

混油的掺混量必须控制在质量潜力允许的指标范围内。汽油中掺柴油主要控制汽油的终馏点(干点)，柴油中掺汽油主要控制柴油的闪点，两种汽油主要控制其辛烷值。掺混后再对该罐中调和后的油品进行化验，合格后供用户使用。该方法适用于所输油品种类少、沿途分输量较小的管道。

(二)拔头处理法

混油是由多种不同相对分子质量的碳氢化合物组成的混合物，可以通过常减压蒸馏的方式将混油重新分离。一般是在末站建混油拔头处理装置，混油在末站切出后按照一定比例输到拔头处理装置，按照既定的工艺将混油分离。

需要说明的是，对于油品物性比较接近的混油，例如，不同标号的汽油顺序输送时的混油，利用拔头处理装置不能将其分离，只能全部降级为低标号油品，因此会产生一定的降级损失。另外，在考虑混油拔头处理装置的处理量时，还要考虑到油品没有可供掺混的质量潜力，全部混油要作拔头处理时的混油量。该方法适合于输送油品种类较多而且沿途分输量较大的管道。

第八章　供热管网系统节能技术

第一节　概述

供热的根本任务是将自然界的能源(主要指煤、石油、天然气等矿物燃料)直接或间接的转化为热能,以满足人们生产和生活的需要。

而供热的基本概念就是利用热媒(水或蒸汽),将热能从热源通过热网输送到各热用户。

一、不同热媒种类的供热系统分类

依据热媒种类的不同,可将供热系统分为:

(一)蒸汽供热系统

以蒸汽为热媒的供热系统称为蒸汽供热系统,生产领域中应用的供热系统多为蒸汽供热系统,并存在严重的能源浪费。

通常按照供汽管道数目将蒸汽供热系统分为单管制、多管制。在供热工程中,应用最普遍的是单管制蒸汽供热管网。单管制蒸汽供热管网根据其是否回收蒸汽凝结水又可分为:

1. 不回收凝结水的单管制蒸汽供热系统

在单管制蒸汽供热系统中,若蒸汽凝结水不返回热源,则称为不回收凝结水的单管制蒸汽供热系统,如图8-1(a)所示。这种蒸汽供热系统的优点在于不设置凝结水回水管道使供热管网简化,建设费用降低。但缺点是由于不回收凝结水,则其中所含的大量热能全部或部分损失,同时经过严格处理的高品质的水也白白流失,造成水资源和热能的大量浪费,从而增加了热源水处理设备建设投资和水处理运行费用。

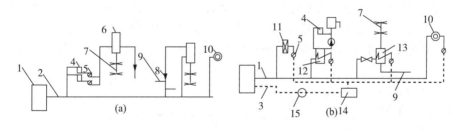

图8-1　蒸汽供热系统原理图

1—热源;2—蒸气管道;3—凝结水管道;4—用户采暖系统;5—疏水器;6—水箱;
7—生活区热水供应系统;8—蒸汽喷射器;9—城市自来水;10—生产用热设备;
11—空气加热器;12—采暖加热器;13—生活热水加热器;14—凝结水箱;
15—凝结水泵

2. 回收凝结水的单管制蒸汽供热系统

设有凝结水管道的单管制蒸汽供热系统,如图8-1(b)所示。其一般流程为由热源输出的蒸汽,通过蒸汽管道输送到各用热户,满足生产、生活等用热的需要。蒸汽在用热设备内放出汽化潜热凝结为水后经疏水器汇集在凝结水箱内，然后由凝结水泵加压进入凝结水管道送回热源。其中，疏水器的设置是为了在排出用热设备中的凝结水时，防止蒸汽的逸失，以充分利用蒸汽的潜热。将凝结水管道、凝结水箱等凝结水回收装置称为凝结水回收系统。

（二）热水供热系统

即以热水为热媒的供热系统。

蒸汽供热系统形式在各工矿企业中应用较广泛。

二、供热管网的布置方式

对于大型集中供热系统，随着供热半径的增大，供热管网的建设投资及运行费用愈来愈大，占总投资费用相当大的份额。此外，热网的走向、型式、设备的设置和不同等级热媒的分配，不仅与建设投资有关，还与运行费用密切相关。为此，合理地选定供热管网的线路，确定供热管网的敷设方式。对于节省供热管网的建设投资、减少供热管道的施工安装工程量、缩短工期、保证供热管网安全可靠地运行和便于维护管理都是十分重要的。

（一）供热管网的平面布置

供热管网的平面布置有枝状管网和环状管网两种。

1. 枝状管网

枝状管网比较简单，主干管网供热管道的直径随着距热源距离的增加而减小。因此，枝状管网的金属耗量少，建设投资低，运行管理较为方便。但枝状管网没有后备供热能力。当供热管网某处发生故障时，在损坏点以后的热用户都将停止供热。

2. 环状管网

环状管网顾名思义就是将主干管线连接起来形成环状，而在此主干管线上再形成枝状管网的连接方式。环状主的干管线一般均为较大直径的管道，其直径可满足整个供热网络各用户的热负荷需求。因此，与枝状管网相比，环状管网的金属耗量增加，建设投资大，运行管理复杂。但环状管网具备使供热管网具有后备能力的主要优点。当主干线的某处发生故障时，故障点两侧的热用户仍可通过两侧的管线继续供热。环状管网一般用于多热源的大型供热系统，或用于大型的不允许中断供热的供热系统。

不论采用何种管网结构，在热用户及其热负荷确定后，热源位置的选择和管网的走向都存在一个最优选择。优选的约束条件是系统安全、经济上合理（包括建设费用和运行费用）、对周围环境无不良影响等。在这些约束条件的基础之上，采用网络最优化技术，可选出最佳的布置方案。

（二）供热管网的敷设方式

供热管道的敷设形式有架空敷设、地沟敷设和无沟敷设三种。

1. 供热管道的架空敷设

架空敷设是将供热管道在地面支架上敷设的一种敷设方式，也称为地上敷设。

供热管道的架空敷设按其支撑结构的高度不同，分为低空敷设、中空敷设和高空敷设。

低空敷设用于不妨碍交通、不影响厂区扩建的地方，通常是沿着工厂的围墙或平行于公路和铁路敷设，供热管道保温层外壳距地面净高为 0.5～1m。中支架敷设通常用于行人频繁，需要通过车辆的地方，供热管道保温层外壳距地面净高为 2～4m。高支架敷设通常用于管路跨越公路或铁路的时候，供热管道保温层外壳距地面净高为 4～6m。

目前，在企业厂区内架空敷设方式应用较多，但随着人们对节能工作的进一步要求和对环境美好的追求，供热管道的架空敷设越来越多地转为地沟敷设和无沟敷设。

2. 供热管道的地沟敷设

地沟敷设，也就是将供热管道敷设在特制的地沟内，其目的在于使供热管道的保温结构不承受外界土壤的荷载，不受雨雪的侵蚀，同时使供热管道能够自由胀缩，减少内应力的产生。

供热管道地沟按其结构尺寸分为通行地沟、半通行地沟和不通行地沟三种。

通行地沟深1.8~2m。当管道通过不允许挖开的路段，或者管道数量过多或管径过大，管径一侧垂直排列高度大于或等于1.5m时，可采用通行地沟。操作人员可经常进入地沟内进行检修。因此，通行地沟的优点是维护和管理方便，但缺点是基建投资大，占地面积多。

半通行地沟深1.4m。当供热管道数目较多并考虑能够进行一般的检修工作时，为节省建设投资，可采用半通行地沟。为了安全起见，半通行地沟只宜用于低压蒸气管道或温度低于130℃的热水供热管道。

不通行地沟适用于土壤干燥、地下水位低、管道根数不多且管径小，维修量不大的热力管道。

3. 供热管道的无沟敷设

供热管道直接埋设于土壤的敷设方式称为无沟敷设，又称直埋敷设。

目前最常用的无沟敷设是将预制保温管直接埋设于土壤中。预制保温管的结构构成是由里至外分别为供热管道、防腐层、保温层和保护层。供热管道一般为无缝钢管或焊接钢管。钢管外以涂抹一层高效防腐防水材料氰凝作为防腐层。保温层的材料通常为硬质聚氨脂泡沫塑料。这种塑料属于一种热固性泡沫塑料，即在化学反应中会形成无数的微孔从而使其体积膨胀几十倍，并在同时产生固化，最终形成硬块。在保温层的外侧为保护层，保护层所起的作用是防止地下水的侵蚀，并承受土壤的压力。常用的材料为玻璃钢套管或高密度聚乙烯管。为了提高直埋管道的承受外界土壤负荷的能力，在必要时可采用钢管作为保护管，在钢保护管外再采用防腐处理，这种预制管通常称为钢套钢结构。为了便于检测管道泄漏情况，在预制保温管中可预设安全报警系统，当管路发生泄漏时，报警带的电阻发生变化，通过报警线向控制室报警并显示出故障的位置。

预制保温管无沟敷设的适用条件与使用状况与预制保温管的设计与制造密切相关。受到保温层耐热能力的限制，上述结构的预热保温管适用于供热介质不高于120℃的场合。为了将这种先进的敷设方式推广至高温场合，国内已开发出具有复合保温结构的无沟管道。所谓复合保温结构，就是在供热管道外先设置一层耐高温的保温层，一般为无机保温材料，再设置导热系数小、防水性能好的聚氨脂保温层。为防止高温下钢管保温层因膨胀的差异产生相对位移而破坏其整体性，在管与保温层间设置滑动层。这种新型高温无沟供热管道的出现，推动了热力管道直埋敷设技术的发展。

与其他敷设方式相比，无沟敷设具有明显的节能效果，主要体现在，保温效果好，热损失小；与地沟敷设相比，施工简便，缩短工期，节省建设投资；维修工作量少，管道故障率低，管道使用寿命与地沟敷设相比提高2~3倍。但需注意的是当管道采用直埋敷设时，在管道转弯及补偿器处仍应采用不通行地沟。

三、室外供热管道的保温

(一)保温的目的

供热管道在把热量从热源输送到各用户用热系统的过程中，由于供热管道内热媒的温度高于周围空气的温度，将发生散热损失。这种热损失的大小与管径和保温层的设置密切相关。当保温管径 $D_g \geq 100\text{mm}$ 时，保温后散热量可减少 90% 以上；当保温管径 $D_g \leq 100\text{mm}$ 时，保温后散热量可减少 80% ~ 90%；如不加保温，则光管散热量高达总输热量的 30% 左右。这种热损失不仅是能源的极大浪费，而且也使所输送的热媒参数发生变化，影响供热质量，影响正常的生产和生活用热需要。

此外，当管道外表面低于或等于周围空气的露点温度，管道外表面就产生结露现象，这对管道会有腐蚀作用，减少管道使用年限。且在寒冷季节，若系统发生故障，停止采暖时，敷设在室外的给、回水管道不保温就有可能冻裂。

因此，为了减少热损失，节约燃料，保证生产工艺的需要及生活、采暖的要求，对室外管网必须采取保温措施。

(二) 保温材料和保温结构的选择

设置保温层后的热力管道一般应满足以下几点要求：保证供热管道的热损失不超过允许散热损失，或供热管道保温结构外表面的温度不超过规定的温度；供热管道的保温结构应有足够的机械强度，供热管道敷设方式不同，对保温结构机械强度的要求也有所不同；供热管道的保温结构应具有防水、防潮性和无腐蚀性；保温结构要牢固可靠，结构简单，施工方便，外表面平整美观；有良好的经济性，保温材料价格便宜。在上述几点要求的基础上，根据经济、实用和因地制宜，就地取材的原则选择保温材料和保温结构。

保温结构一般是由防锈层、保温层、保护层和防水层等组成。在敷设保温层之前，清除管子表面的脏物和铁锈，再涂两遍防锈漆作为防锈层。保护层应具有一定的机械强度和隔热性能，一般采用金属薄板、玻璃布和石棉水泥等材料。防水层起到防水、防腐作用。一般刷沥青胶泥、冷底子油、醇酸树脂等。保温层是供热管道保温结构最主要部分，对保温材料的选择应主要满足以下要求：

(1) 导热系数小。导热系数越小，保温效果越好。保温材料的导热系数一般为 0.03 ~ 0.2W/(m·K)。在平均温度 <350℃ 时，导热系数值不得大于 0.12W/(m·K)。保温材料导热系数的影响因素有材料的密度、水分、气孔率、结构和温度等，通常容重小的保温材料，其导热系数亦小；保温材料受潮后，水分含量增大，其导热系数会显著增大；保温材料中气孔率增大，则导热系数减少；保温材料温度越高，导热系数越大。

(2) 密度小。保温材料密度越小，保温性能越好。一般保温材料的密度应不大于 400kg/m³。此外，选用密度小的保温材料可节省热力设备的承重结构及管道支吊架结构的钢材消耗量。

(3) 具有一定的强度。保温材料在不同方式的外力作用下，应具有一定的抗压强度、抗拉强度及抗弯曲强度等。对于硬质成型制品，要求其抗压强度不应小于 0.284MPa。对一些散粒状保温材料，如蛭石、珍珠岩等，要求具有足够的弹性；像绳索、纸板、编织物等保温材料应具有一定的抗拉强度。相对其他敷设方式，管道架空敷设时，应选用机械强度更高的保温材料。

(4) 耐热能力强。即保温材料能够保持长期处于高温下工作，而不丧失保温材料的原有性能，并安全可靠地工作，且能承受住温度的急骤变化。通常，保温材料选择时，要求确保保温材料耐热温度都高于管内热媒温度，必要时还需考察其耐火性、吸水率、吸湿率、线热膨胀系数、收缩率、抗折强度、腐蚀性及耐腐蚀性等。

常用的保温材料有：泡沫混凝土、石棉、矿渣棉、玻璃纤维、珍珠岩、蛭石、硅藻土、沥青类等。

关于管线保温层的施工，应注意以下几点内容：

（1）设备、管道、管件等无需检修处宜采用固定式保温结构，法兰、阀门、入孔等处宜采用可拆卸式的保温结构。

（2）硬质保温材料施工中应预留伸缩缝，缝宽及缝距应按金属壁和保温材料的伸缩量之差值考虑，伸缩缝间应填塞与硬质材料厚度相同的软质材料。

（3）一般管道的保温层厚度是均匀的。对于水平管道，不论采用的是何种敷设方式，一般都存在管道上部散热高于下部的特点。因此，为了有效地减少散热损失并节省保温材料，可将保温层做成上厚下薄的结构。

（4）对于架空管道，还可采用黑度较低的镀锌铁皮、铝皮取代水泥抹面、油毡包装等，可有效降低热力管道的热辐射损失，也美化了环境。

由于保温材料价格高，再加上大量的施工和维护管理，对管网的保温必须进行技术经济核算，合理选择保温材料，确定合适的保温层厚度和结构，以保证供热质量，节约保温结构费用。

第二节　蒸汽供热系统的节能措施

一、采用节能型疏水器

蒸汽在用气设备和管道中放出潜热以后，即凝结为水。在设备中积存的凝结水应及时排出。如积存过多，则将减少蒸汽在加热设备中的散热面积，降低设备的加热效果，对动力设备和管道还会引发水击。疏水器（阀）是一种只能排出凝结水，而不让蒸汽逸出的设备。它安装在蒸汽管道的排水点和加热设备凝结水排出口附近，以排出蒸汽管道和加热设备的凝结水，提高蒸汽干度，还可在启动阶段排除加热空间中的空气，起到提高热效率和充分利用蒸汽热能的作用。

疏水器识别蒸汽和凝结水通常基于密度差、温度差和相变三种原理。由于作用原理不同，疏水器可以分为机械型、恒温型和动力型。机械型疏水器有浮桶式、倒吊桶式和浮球式等，它们是利用蒸汽和凝结水的密度差，亦即通过控制凝结水在疏水器中的液位来工作的。恒温型有波纹管式、液体膨胀式、金属膨胀式和双金属式等，它们是利用蒸汽与凝结水的温度差引起恒温元件的膨胀或变形来工作的。凝结水的温度只有在过冷情况下才低于饱和蒸汽的温度，因此，恒温型疏水器特别适用于要求凝结水过冷的情况，并可用来控制凝结水的温度。热力型有脉冲式、热动力式和孔板式等，它们都是利用相变原理，即利用蒸汽和凝结水热动力学特性的差异来工作的。

疏水器种类和大小的选择一定要使用加热设备和蒸汽管路的工作要求。疏水器的大小决定于排水阀孔直径，直径是根据压力差和排水量选择的。压差 Δp 是指疏水器前后的压力差。疏水器的计算排量为 $G = Q/\gamma$，其中，Q 指由此疏水器排水的蒸汽管段或加热设备的热损失，γ 指蒸汽的汽化潜热，单位是 kJ/kg，可根据蒸汽压力从蒸汽图表上查得。

疏水器的设计排量 G_{sh} 应比实际排量大，其计算式为：

$$G_{sh} = KG \qquad\qquad (8-1)$$

式中　K——选择疏水器时考虑的排量倍率，对于连续操作或凝结水量较大时，$K = 2 \sim 3$。

根据压差 Δp 和设计排量 G_{sh}，可计算疏水器排水阀孔的直径 d

$$d = \sqrt{\frac{G_{sh}}{A}} \cdot \frac{1}{\sqrt[4]{\Delta p}} \qquad (8-2)$$

式中 A——排水系数，可根据 Δp 在排水系数表中试选。

另外，需注意的是，疏水器安装时需注意方向，进出口不能装反，为了排除加热系统开始运行时的大量凝结水，疏水器一般设有旁通管。

二、合理选择保温层厚度

供热管道良好的保温是管网节能的一项有效措施。管道的保温设计应从经济保温厚度、允许热损失及保证供热参数、允许管道表面温度等几方面综合考虑，并与敷设方式结合起来，选择适当的保温方式。

在设计保温层厚度时，首先要保证供热参数满足散热量的限制条件和保温层外表面温度低于允许温度，在满足这些条件下或它们不成为控制因素时，保温层厚度应取经济厚度。即保温层厚度的确定，一般是从三个方面：

（一）保证管道热损失在规定值以下

光管散热损失可按式（8-3）计算

$$q_{bs1} = K\Delta t = \frac{\Delta t}{R} = \frac{\Delta t}{\dfrac{1}{\alpha_2 \pi d_2}} \qquad (8-3)$$

保温管道散热损失为

$$q_{bs2} = K q_{bs1} \qquad (8-4)$$

根据限定的热损失 q_{bs2} 值，保温层厚度为：

$$\delta = 2.75 \frac{D^{1.2} \lambda_b^{1.35 t_p} t_{bn}^{1.72}}{q_{bs2}} \qquad (8-5)$$

式中 D——保温层外径，mm；

K——保温系数，为推荐值，$K = 0.3 \left(\dfrac{t_n}{150}\right)^{-0.6}$；

t_{bn}——保温层内表面温度，℃；

t_p——保温层平均温度，℃。

关于单位允许热损失标准，可参考《设备及管道保温技术通则》（GB/T 4272—2008），也可参照一些有关手册的推荐值或其他国家的相关标准。

（二）保证保温层表面温度在规定值以下

一般规定管道保温层外表面温度 t_{bw} 需低于50℃。此时，保温层厚度计算公式为

$$\frac{D}{d}\ln\frac{D}{d} = \frac{2\lambda_b(t_n - t_{bw})}{\alpha_2 d(t_{bw} - t_k)} \qquad (8-6)$$

则

$$\delta = \frac{d}{2}\left(\frac{D}{d} - 1\right) \qquad (8-7)$$

式中 t_{bw}——保温层外表面温度，℃；

D——管道外径，mm；

其他符号同前所述。

(三)确定经济保温层厚度

所谓经济保温层厚度,是指平均热损失费用、运行费用与保温投资年均摊费用之和最小时所对应的保温层厚度。

经济保温层厚度可通过图解法确定,如图8-2所示,纵坐标表示经费开支,横坐标表示保温层厚度,A 曲线表示保温层外表面每年热损失折合的燃料费用,B 曲线表示保温层施工所耗全部费用年分摊费。由 A 线可知,保温层厚度越厚,热力管道向外散热越少,散热损失所折合的燃料费用越低。由 B 曲线看出,保温层厚度越厚,施工费用耗费越大。将 A,B 曲线叠加为 C 曲线,C 曲线的最低点所对应的保温层厚度为经济保温层厚度。

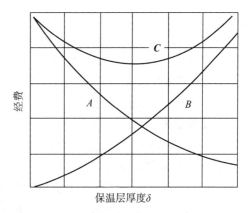

图8-2 经济保温层厚度曲线

经济保温层厚度还可通过计算求得。现以每米管道热损失为 $q(\mathrm{W/m})$,供热管道的年运行时间为 h,热价 $B(元/10^6 \mathrm{J})$,每米长管道的保温材料耗量为 $\frac{\pi}{4}(d_z^2 - d_w^2)(\mathrm{m}^3)$,保温材料的单价为 $A(元/\mathrm{m}^3)$,保温结构的投资的年折算率,即投资的年回收费、年运行费、年维修费之和占初投资的百分数为 N,根据经济保温厚度定义,则年总费用 $C(元/年)$ 的表达式如下

$$C = \frac{10^{-6}Bh(t_r - t_0)3600}{\frac{1}{2\pi\lambda_b}\ln\frac{d_z}{d_w} + \frac{1}{\pi d_z \alpha_w}} + \frac{\pi}{4}(d_z^2 - d_w^2)AN \qquad (8-8)$$

式中 t_0——在热力管道埋深处的土壤自然温度,℃

d_w、d_z——管道外径和保温层外表面直径,m。

其他符号同前述。

保温层厚度可表示成 $\delta = \frac{d_z - d_w}{2}$。对于经济保温层厚度,有 $\frac{\partial C}{\partial \delta} = 0$。经整理并略去乘数因子后,便得保温层的经济厚度计算公式

$$\frac{d_z}{2}\ln\frac{d_z}{d_w} + \frac{\lambda_b}{\alpha_w} = 0.06\sqrt{\frac{Bh\lambda_b(t_r - t_0)}{AN}} \qquad (8-9)$$

计算时,因材料导热系数随保温层中平均温度而变,故仍需采用试算法。

三、设置凝结水回收系统,提高凝结水回收率

一般用汽设备利用的蒸汽热量只不过是蒸汽的潜热,而占蒸汽总热量的 25% 的能量,保留在凝结水中,几乎没有被利用。

凝结水的最佳回收利用方式是将凝结水送回锅炉房,作为锅炉的给水。一是回收高温凝结水的显热以节省燃料。二是由于蒸汽凝结水是最好的锅炉给水。其原因是在从生水变成蒸汽的过程中,水已经过除盐、除氧等处理,在锅炉内,水中的残余杂质又通过排污去除,蒸发出的蒸汽是杂质含量微乎其微的纯蒸汽,若整个汽水系统是密封的话,凝结水就是很纯净的水。回收凝结水可以大幅度地减少锅炉的排污次数。三是降低锅炉给水中的空气含量。水中溶解的空气量取决于水的温度。温度越高,空气含量越低。如果不回收凝结水,那么锅炉

给水的温度将会比较低。当给水在锅炉中加热时，不溶解的空气将从给水中跑出来。这些空气将与蒸汽一起被输送进管道，并占具蒸汽的空间。空气是一种差的传热体(1mm 厚的空气膜的热阻与 1720mm 厚的铁板相同)，它会延长升温时间，降低工作效率。空气中含有的氧气和二氧化碳还会造成管道的腐蚀。

(一)凝结水回收方式

常见的凝结水回收方式主要有三种：

(1)通过重力。这是最好的凝结水回收方式。在这种系统中，通过适当地安排凝结水管子，使凝结水依靠重力流回锅炉。

(2)通过压力。这种方法通常是利用疏水阀中的蒸汽压力来回收凝结水。凝结水管道被提升到高于锅炉给水箱的高度。因而疏水阀中的蒸汽压力必须能够克服静态压头和凝结水管道的摩擦阻力以及任何来自于锅炉给水箱的背压。在冷启动时，这时凝结水量最高，蒸汽压力低，不能够回收凝结水，将造成启动延迟以及水锤的可能性。当蒸汽设备是带温控阀系统，蒸汽压力的变化取决于蒸汽温度的变化。同样地，蒸汽压力不能够将凝结水从蒸汽空间中排除并将它回收至凝结水主管道，它会造成蒸汽空间积水，温度不平衡，热应力以及可能的水锤和损坏，工艺效率和品质将会下降.

(3)通过凝结水回收装置。凝结水的回收可以通过模仿重力的方式来达到。凝结水通过重力方式排放到一个开式凝结水收集箱里，再设置一个回收泵将凝结水送回到锅炉房中。该凝结水回收系统中，凝结水收集箱与大气相通，为开式开式凝结水回收系统。

(二)开式凝结水回收系统

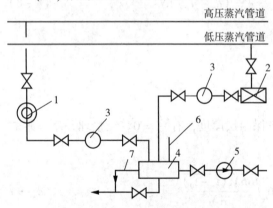

图 8-3 开式凝结水回收系统原理图
1—生产用热设备；2—采暖换热器；3—疏水器；
4—凝结水箱；5—凝结水泵；6—排气管；7—溢水管

开式凝结水回收系统如图 8-3 所示，从用汽设备来的凝结水，经疏水器由凝结水本身的重力(或由凝结水泵)排至凝结水箱中。该回收系统的特征在于凝结水箱通过排汽管与大气相通，凝结水处于大气压力下。

但由于自疏水器汇集到凝结水箱中的凝结水温度高于大气压力下蒸汽的饱和温度，必将产生二次蒸汽。这部分二次蒸汽通过凝结水箱的排汽管排入大气，造成一定的热损失和蒸汽损失。用热设备内的蒸汽压力愈高，二次蒸汽造成的损失愈大。

此外，在开式凝结水回收系统中，空气容易通过凝结水箱侵入系统，空气中的氧在水中溶解，使得管道的腐蚀速率大大增加，缩短了管道的使用寿命。

(三)二次蒸汽的回收利用

二次蒸汽可以补充低压供热系统用蒸汽，使蒸气供热系统做到按蒸汽的压力高、低逐级地使用蒸汽，且多产生 1kg 的二次蒸汽，就会少用 1kg 锅炉来的蒸汽。分离二次蒸汽还可降低冷凝水的温度，具有经济性及环境保护的意义。

由图 8-4，可以计算出每 kg 冷凝水产生的二次蒸汽量(kg)。如疏水阀前的压力为 0.4Mpa，大气压力下排放，得出在 0.4Mpa 压力下，每 kg 冷凝水可产生 0.10kg 的二次蒸汽。

适用于回收二次蒸汽的冷凝水回收系统通常需具有以下条件：

（1）系统具有持续的冷凝水量，冷凝水的压力较高。

（2）疏水阀及设备可以适应二次蒸汽的背压。

（3）使用二次蒸汽的设备应尽量接近高压冷凝水源。因为二次蒸汽压力较低，需要较大的管径。否则，管道成本较高。

二次蒸汽的常用回收设备为闪蒸罐，如图 8-5 所示，冷凝水和二次蒸汽进入到闪蒸罐后，冷凝水在重力作用下进入罐底部，通过疏水阀排出到疏水管道或排水沟，而二次蒸汽通过内蒸罐顶部的管道输送到低压蒸汽设备。

（四）闭式凝结水回收系统

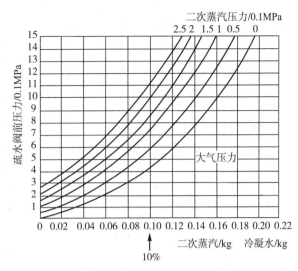

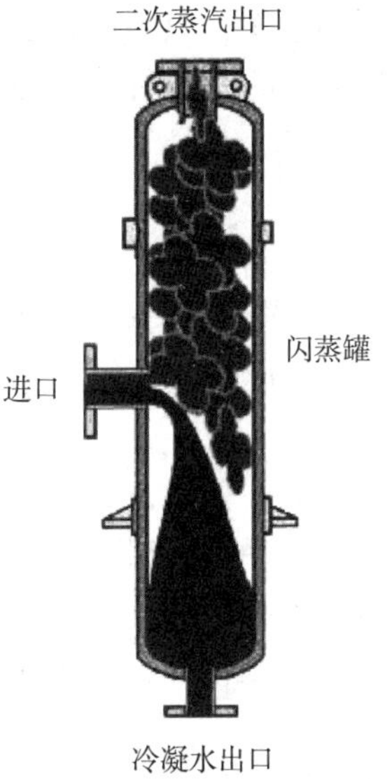

图 8-4　每 kg 冷凝水产生的二次蒸汽量(kg)

若要充分回收凝结水回收系统产生的二次蒸汽，则系统凝结水箱不与大气相通，为闭式凝结水回收系统。

如图 8-6 所示，闭式凝结水回收系统中从热源至用热设备的蒸汽系统和从用热设备返回热源的凝结水系统形成封闭回路。由用热系设备排出的凝结水，经疏水器汇集进入二次蒸发器。由于二次蒸发器内的压力低于用热设备中凝结水温度所对应的饱和压力，部分凝结水再度蒸发，形成二次蒸汽。因此，对于闪蒸出的二次蒸汽的回收包括汽回收和水回收两部分。对于汽回收部分，若其压力满足低压蒸汽用热系统的参数要求，可直接送往低压用汽管网及设备中。水回收部分一般利用凝结水的余压促使其从二次蒸发器流动至闭式凝结水箱，若其压头不足，可设置水泵。凝结水箱后面设置凝结水泵，向热源或除氧设备供水。

显然开式系统比较简单，尤其在凝结水可靠自身重力或压力流回凝结水箱时，更是如此。但在工作蒸汽压力较高时，由于冷凝水也具有一定的压力，当流回处于大气压力下的开式水箱时，将会因降压而产生大量二次蒸汽。二次蒸汽散逸至大气中，不但导致大量的热损失，而且污染环境。因此在凝结水回收系统中应尽量采用闭式系统。另外由于闭式系统中水不会与空气接触，不会吸收空气中的氧，因此系统不易腐蚀。当然闭式系统的投资将高于开式系统。闭式凝结水回收系统由于二次蒸汽被利用，还可以回收接近饱和温度的高温凝结水，减少热损失，可节省燃料。同时，一般情况下，整个凝结水回收系统的压力高于大气压力，空气不能进入凝结水管路系统，避免凝结水管道的锈蚀，延长凝结水管道寿命。因此，应尽可能地采用闭式凝结水回收系统，虽然增加一定的投资，其经济效益和社会效益是相当可观的。

在上述凝结水回收系统中还应当注意的是，离心式水泵用来输送高温水时受到汽蚀条件

图 8-5　闪蒸罐工作原理图

二次蒸汽出口

进口

闪蒸罐

冷凝水出口

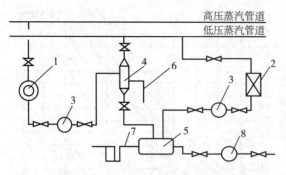

图 8-6　闭式凝结水回收系统原理图

1—生产用热设备；2—采暖换热器；3—疏水器；
4—二次蒸发器；5—闭式凝结水箱；6—水封管；
7—安全水箱；8—凝结水泵

的限制，因此，离心泵入口处必须有一定的过冷度，或者说要求泵的入口处存在正压头。水温愈高，要求的正压头越大。为了保证凝结水循环泵不发生汽蚀，可采用在水泵入口处增加压头的方法，也可将凝结水冷却到不发生汽蚀的温度，将凝结水冷却应用于其水温恰好能作为热源的场合，还应注意避免对凝结水产生污染，以提高凝结水和其热能的回收率。当这两项条件不满足时，应采用在水泵入口处增加压头的方法。以前为增加水泵入口压头，常采用增加二次蒸发器或闭式凝结水箱高度，或降低水泵位置的方法。前者需要凝结水有一定的压头进入高位水箱，且水箱处于规定的高度之上；后者则要求挖一足够深的坑以放置水泵，坑中要有相应的排水通道。这两种方式都需要较大的土建施工量，对空间有一定的要求，因而限制了高温凝结水回收系统的广泛应用。

最新的具有最佳节能效果的方法是在凝结水回收系统中设置高温凝结水回收装置。该装置由一套增压装置及相应的控制系统所组成，在水泵的进出口之间加设该装置，只要有很小的正压头(不大于 $1mH_2O$)，即可安全输送饱和温度下的凝结水，具有很高的节能价值，也具有很好的节能价格比。

四、合理匹配和平衡供热管网系统的运行参数

无论对于蒸汽管网还是热水管网，其介质的参数匹配与热量、压力平衡都是非常重要的，它是保证工艺要求的需要，也是系统安全运行的需要。对系统参数实行匹配计算与平衡，还可有效地保证系统中设备处于最佳状态，并为系统调节提供依据。

系统参数的匹配与平衡是一项综合技术，需要全面考虑系统的连接形式、敷设方式，系统中设备、管件类型，对介质参数的要求等，要求介质参数要尽可能与用户的要求相一致，并且根据能量梯级利用的原理，合理地对能量按级分配，使得系统参数可以调节并使调节量尽可能地小，以有效地节约能量。系统的设计与改造都应进行参数匹配与平衡计算，以优化系统配置，使系统发挥最大效益。

系统参数的匹配与平衡的基本手段有能量平衡和㶲平衡分析两种，㶲平衡在能量平衡的基础上进一步考虑能量质的因素，其结果可促进能量更合理地分配，即实现梯级用能。

更先进的系统参数匹配与平衡技术是利用网络分析原理、系统优化理论和热经济学理论对系统进行综合与设置，从而保证最佳的工作状态，最合理的系统配置，最优的节能效果和最少的运行费用。从节能的观点出发，现代节能已不仅仅是单个设备的节能，它已包含着系统工程，即使每个设备的节能与整个系统的节能相适应。系统节能将为未来企业节能工作提供新的途径。

第三节　热泵技术

热泵技术是近年来在全世界倍受关注的新能源技术。人们所熟悉的"泵"是一种可以提高位能的机械设备，比如水泵主要是将水从低位抽到高位。而"热泵"是一种能从自然界的

空气、水或土壤中获取低品位热能，经过电力做功，提供可被人们所用的高品位热能的装置。若二次蒸汽压力低于低压用汽系统的压力时，为了有效回收二次闪蒸汽及其热量，可采用热泵装置。

一、热泵的工作原理

热泵的作用是从周围环境中吸取热量，并把它传递给被加热的对象(温度较高的物体)。其工作原理与制冷机相同，都是按热机的逆循环工作的，所不同的只是工作温度范围不同，如图 8 − 7 所示，图中 T_A 是环境温度，T_0 是低温物体的温度，T_h 是高温物体的温度。图中(a)表示热泵装置，它从环境中吸取热量传递给高温物体，实现供热目的；(b)表示制冷机，它从低温物体吸取热量传递给环境中去，实现制冷目的；(c)表示同时供冷供热联合循环机，它从低温物体吸热，实现制冷，同时又把热量传递给被加热的对象，实现供热的目的。

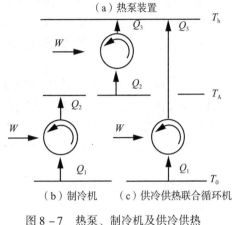

图 8 − 7　热泵、制冷机及供冷供热联合循环机工作原理对比图

二、热泵的分类

按热泵驱动功的型式，可把常用的热泵分为下述形式，即机械压缩性热泵、吸收式热泵、蒸汽喷射式热泵、热电式热泵、吸附式热泵、化学热泵等。

(一)机械压缩式热泵

机械压缩式热泵理想循环包括蒸气压缩式和气体压缩式两种热泵，它主要是消耗电动机、发动机等所做的功，将工质从低温低压状态压缩至高温高压状态。

1. 蒸气压缩式热泵

蒸气压缩式是应用最普遍的一种热泵形式。它的工作原理为，热泵工质在由压缩机、冷凝器、节流装置和蒸发器组成的系统中循环，通过工质的状态变化及相变将低温下的热能送到高温度区。

2. 气体压缩式热泵

气体压缩式热泵由压缩机、高压换热器、膨胀机和低压换热器四个部件组成，与蒸气压缩式热泵的主要区别是其内不发生相变，始终以气态进行循环。

(二)吸收式热泵

吸收式热泵按照热的温度分为第一类(增热型)和第二类(升温型)热泵。

第一类吸收式热泵的供热温度低于驱动热源的温度，以增大制热量为主要目的。最简单的第一类吸收式热泵装置是由发生器、吸收器、冷凝器、蒸发器、节流阀、溶液泵等部件组成。其热泵循环由在发生器和吸收器之间进行的溶液循环和在发生器、冷凝器、蒸发器和吸收器之间进行的工质循环组成。

第二类吸收式热泵的供热温度高于驱动热源的温度，以提升温度为主要目的，主要组成部分包括冷凝器、蒸发器、吸收器、溶液热交换器和发生器(再生器)。

常用的吸收式热泵有水 − 溴化锂吸收式热泵和氨 − 水吸收式热泵。前者的工质为水，吸收剂为溴化锂，后者的工质为氨，吸收剂为水。

（三）蒸汽喷射式热泵

蒸气喷射式热泵同吸收式热泵一样，是靠消耗热能来提取低位热源中的热量进行供热的设备。其原理是借助高压蒸汽（驱动蒸汽）喷射产生的高速气流将低压蒸汽或凝结水闪蒸汽压力和温度提高，而高压蒸汽的压力和温度降低。从而使低压蒸汽的压力和温度提高到生产工艺要求的指标，达到节能目的。

喷射式热泵的性能系数是低的，因此只限用于具有废热或廉价热能的情况下。

（四）热电式热泵

热电式热泵是利用热电效应（即帕尔帖效应）原理建立的一种热泵。将 N 型和 P 型半导体由导线连接并接通直流电路，便会使一个接点变热，另一个接点变冷。若将冷端放于环境，热端便可获得高于环境的温度。热电式热泵具有无运动部件、工作可靠、寿命长、控制调节方便、振动小、噪音低、无污染等优点，但同时也有供热量小、成本高、效率低等缺点。

（五）吸附式热泵

吸附式热泵是利用一些固体表面能够吸附大量气体（或液体）的特性，通过吸附器发生的吸附和解吸作用实现"泵"热。

（六）化学热泵

利用化学反应中吸收、吸附、浓度差等现象或者化学反应原理制成的热泵。

三、热泵的经济性指标

热泵作为一种高效的节能装置，应用的目的和型式繁多，其相应的经济性指标也很多。作为一种热力设备，这里仅仅从热力经济性角度，简单介绍热泵的性能系数和季节性能系数。

（一）热泵的制热性能系数

通常热泵的经济性指标由其制热性能系数 ε_k（coefficient of performance）来表示。ε_k 的定义是指热泵的制热量与其所消耗的电能、机械能或者热能的比值。

根据热力学第二定律，当以高位能作补偿条件时，热量是可以从低温物体转移到高温物体的。因而热泵循环中，如果为了向被加热的对象供热 Q_0，要消耗功 W，则热泵系统的制热性能系数 ε_k 表示如下：

$$\varepsilon_k = \frac{\text{有效制热量}}{\text{净输入能量}} = \frac{Q_0}{W} \tag{8-10}$$

（二）热泵的季节性能系数

空气的热力状态参数（尤其温度）会随着季节发生较大变化，对于空气热源热泵而言，用性能系数表示热泵的经济性与工况有关，不能直观的评价热泵在整个用热季节的经济性。因此，通常用季节性能系数 HSPE（heating seasonal performance factor）来评价空气热源热泵在整个用热季节向用热对象提供热量的经济性，其定义式如下

$$HSPE = \frac{\text{供热季节总的制热量}}{\text{供热季节总的输入能量}} \tag{8-11}$$

四、热泵的工质

热泵工质是热泵系统的工作流体，热泵是利用其工质的状态变化实现供热的。

1. 蒸汽压缩式热泵的常用工质

哪一种物质适合作热泵工质，首先取决于该物质的沸点、温度和压力间的关系，这种关系应足以保证在实际的工作温度范围内能传递热量。还应具备价廉、制备容易、安全、可靠等特点。具体来说，应满足下列基本要求。

(1)在使用条件下，化学稳定性和热稳定性要好，与润滑油、制冷设备材料有良好的相容性；

(2)使用安全，对金属不会产生腐蚀和侵蚀作用，不易燃、不易爆，且无毒性；

(3)价格便宜，来源广泛。

(4)具有优良的热力性质，在指定的温度范围内的热泵循环性能优良，如临界温度比最大冷凝温度高得多，便于用一般冷却介质(水或空气)进行冷凝；液体的比热容小；具有高的性能系数、大的单位容积制热量、适中的排气温度等。

(5)具有优良的热物理性质，如具有大的气化潜热，小的液体比热容，大的气体比热容，冷凝温度下小的饱和压力，高的导热系数和低的黏度等。这样能提高蒸发器和冷凝器的传热效率和减少它们的传热面积。

(6)对大气环境无公害，不破坏臭氧层，具有尽可能低的温室效应。

(7)对于在半封闭或全封闭式压缩机使用的热泵工况，应要求有良好的绝缘性，并对绝缘材料(如绝缘漆、橡胶、胶木、塑料等)不起腐蚀作用。

完全满足上述要求的热泵工质很难寻觅，实用中要根据具体要求、设备情况、使用条件等，对热泵工质相应的性质有所侧重考虑，优化选择合适的热泵工质。

传统的常用热泵工质主要有 R22(二氟一氯甲烷，$CHClF_2$)、R717(氨，NH_3)、R12(二氟二氯甲烷，CCl_2F_2)、R502(按质量比 R22：R115 = 48.8：51.2 配制成的共沸混合物)、R11(一氟三氯甲烷，CCl_3F)、R142b(二氟一氯乙烷，CH_2ClCHF_2)等。由于传统热泵工质中的一些物质破坏大气臭氧层，加剧大气环境温室效应等，一些新的环保节能型的替代工质已经或者正在代替传统的热泵工质。目前，比较成熟并有广泛工业应用的替代工质有 R410A (按质量比 R32：R125 = 50：50 配置成的似共沸混合物)、R407C(按质量比 R32：R125：R134a = 23：5：52 配置成的非共沸混合物)、R134a(四氟乙烷，CH_2FCF_3)、R123(三氟二氯乙烷，$CHCl_2CF_3$)等。

2. 吸收式热泵的常用工质对

如前所述，吸收式热泵循环是由两个循环组成，一是制冷剂循环，它与蒸气压缩式热泵相似；二是溶液循环，起压缩机的作用。因此，在吸收式热泵中起循环变化的工作物质，除了要有与蒸气压缩式热泵工质相似的工质(制冷剂)外，还要有吸收剂，即是由两种沸点不同的物质组成的二元混合物(或三元混合物)，又称制冷剂 – 吸收剂工质对(或工质偶)，其中沸点低的组分为制冷剂，沸点高的组分为吸收剂。

工质对的种类较多，它是否适合作吸收式热泵的工质对，首先要考虑其热工性质是否符合吸收式热泵的要求；其次要注意它的物理、化学、生物性质如何；再其次要考虑运行方面的可靠性和安全性，以及经济方面的要求。因此，吸收式热泵对制冷剂的要求和压缩式制冷剂的基本相同，但也存在少量不同点，其不同点主要有三。

(1)吸收式热泵的制冷剂要与吸收剂组成工质对，因此，选择的制冷剂应在吸收剂中有较好的溶解性。

(2)吸收式热泵主要消耗的功常常不是机械功和电能，而是直接消耗热能。这样一来，工质的压缩比(或冷凝压力与蒸发压力差),对于吸收式热泵耗功的影响不大。它仅仅影响发生器和吸收器之间的溶液泵的压头大小,但此泵所消耗的功对整个吸收式热泵耗功影响甚微。

(3)在吸收式热泵中不用压缩机,即可不考虑因压缩机排气量对供热量的影响。也就是说,可以对工质的吸气比容和单位容积制热能力不提出特殊要求。

但是,关于工质对中制冷剂在热力学、物理、化学、生物学方面的其他要求基本上与蒸气压缩式热系工质的要求一样。所以,常用的蒸气压缩式热泵的工质,如氨、饱和碳氢化合物的衍生物等,也常用在吸收式热泵上。

五、热泵的驱动能源和驱动装置

热系的驱动能源主要是电能,其次是液体燃料(汽油、柴油等)、煤气等。

电能、液体燃料、气体燃料虽然同是能源,但其价值不一样,电能通常是由其他初级能源转变而来的,在转换中必定有损失。因此,对于有同样制热性能系数(大于1)的热泵,若所采用的驱动能源不同,则其节能意义及经济性均不同。为此提出用能源利用系数来评价热泵的节能效果。能源利用系数 E 定义为,供热量与消耗的初级能源之比。

在工程实际中,采用什么样的热泵热源和驱动能源不可一概而论,要根据热源来源的方便程度、系统的复杂程度、驱动能源的成本、整个能量系统的经济性、环境可行性等因素统筹考虑。

第九章　系统优化节能技术

第一节　最优化方法基本原理

从众多可行方案中找出最合理方案或最优方案以达到最优效果的问题，即最优化问题。从数学上讲，最优化问题的实质就是求函数的极值或条件极值。根据问题的性质可将其分为两大类：

（1）最小化问题，即如何用最少的资源消耗完成规定的任务。

（2）最大化问题，即如何以一定的资源消耗达到最大的效益或最好的效果。

而求解最优化问题的数学方法称为最优化方法。

一、最优化方法的一般步骤

最优化方法解决实际问题的一般步骤为：

（1）提出优化问题，确定变量，列出目标函数及约束表达式，建立最优化问题的数学模型；

（2）分析模型，选择合适的求解方法；

（3）编制计算机程序，求最优化解。对算法的收敛性、通用性、简便性、计算效率及误差等做出评价。

二、最优化数学模型

为了求解最优化问题，首先要建立问题的数学模型，其中包括目标函数表达式和约束条件，用函数、方程式和不等式来描述所求解的最优化问题，其一般形式为：

$$\text{opt.} \quad Z = f(x_1, x_2, \cdots, x_n)$$
$$\text{s. t.} \quad g_j(x_1, x_2, \cdots, x_n) \geqslant 0 \quad j = 1 \sim m \qquad (9-1)$$

式中 opt.——optimize（最优化）的缩写，可以是 min 或 max；

$\geqslant$——含义是 $\geqslant$、$=$、$\leqslant$，因为 $\leqslant$ 总可以转化为 $\geqslant$。

s. t.——subject to（满足于）的缩写。

在数学模型中，目标函数是实际问题最优准则的数量描述，目标函数值直接用于评价一个方案的优劣程度。对于工程优化问题，最优准则通常包括系统性能准则和经济准则两类。系统性能准则是指使系统的某些性能指标（如功率、效率等）达到最大或最小。经济准则是指使系统的某些经济指标达到最优，如产量最高、利润最大、能耗最低、成本最低等。

约束条件定量地描述了系统中诸因素之间及系统与环境之间相互联系、相互制约的关系。根据约束条件的性质和形式，工程问题的约束条件主要有以下几种类型：

（1）物理约束：反映系统在运行过程中应遵循的物理规律，它可以是等式，也可以是不等式；

（2）几何约束：描述了系统内部及系统与环境之间的几何关系；

（3）性能约束：反映了对系统的某些性能指标的具体要求；

（4）边界约束：也叫上、下限约束，它限制了模型中变量的取值范围。其形式为不等式，是最简单的一种约束条件。一般来说，实际最优化问题的数学模型大多带有边界约束。

为解决最优化问题，所建立的数学模型应满足以下基本要求：

（1）现实性：模型在一定程度上反映系统的客观实际情况；

（2）简洁性：在保证必要精度的前提下，模型应尽量简单明了，便于求解；

（3）适应性（通用性）：当系统外部条件变化时，模型应具有一定的适应能力。

建立数学模型的基本分析方法是系统分析法。其分析内容主要有：

（1）确定所研究系统的范围及其所处的环境；

（2）确定系统的组成部分、结构、功能、目的、各部分的功能和内部规律；

（3）明确系统各个部分之间的联系，及整个系统与环境之间的联系；

（4）在上述分析的基础上，确定问题的决策变量及评价方案优劣的指标（即目标函数）。所谓决策变量就是决策方案优劣的变量。

三、最优化方法的分支

从学科体系上讲，最优化方法属于运筹学的范畴，它包括以下几个分支。

（一）线性规划 LP（Linear Programming）

求线性目标函数在线性约束条件下的最大值或最小值的问题，统称为线性规划问题，英文缩写 LP。求解线性规划问题的基本方法是单纯形法。为了提高解题速度，又有改进单纯形法、对偶单纯形法、原始对偶方法、分解算法和各种多项式时间算法。对于只有两个变量的简单的线性规划问题，也可采用图解法求解。

（二）整数规划 IP（Integer Programming）

在一些实际问题的数学规划模型中，往往要求某些变量必须取整数值，例如设备台数、泵站数等，这类问题称为整数规划问题。如果问题中的所有变量都限制为整数，则称之为纯整数规划问题；如果仅一部分变量限制为整数，则称之为混合整数规划问题。整数规划的一种特殊情形是 01 规划，它的变数仅限于 0 或 1。对应于连续变量的线性规划和非线性规划，整数规划又可分为线性整数规划和非线性整数规划。

目前整数规划，即使对线性整数规划也没有找到一种像线性规划单纯形法那样有效的通用算法。目前求解线性整数规划的方法有分支定界法、隐枚举法和割平面法。

（三）非线性规划 NLP（Nonlinear Programming）

非线性规划研究一个 n 元实函数在一组等式或不等式的约束条件下的极值问题，且目标函数和约束条件至少有一个是未知量的非线性函数。

非线性规划问题的最优解存在局部最优解和整体最优解两种。实用非线性规划问题要求整体解，而现有解法大多只是求出局部解。为了求得全局最优，通常是找出多个局部最优解，比较求得全局最优解。

（四）动态规划 DP（Dynamic Programming）

解决多阶段决策最优化问题的方法为动态规划方法。

所谓"动态"意味着该问题可按时间的推移而分成若干个阶段，实际上很多问题中并没有时间因素，而是人为地分成逐步向前推进的各阶段，即人为地引入一个"时段"的概念，以便使用动态规划的方法来求解。

"最优化原理"是动态规划的核心，所有动态规划问题的递推关系都是根据这个原理建立起来的，并且根据递推关系依次计算，最终可求得动态规划问题的解。

第二节　长输管道的优化节能

一、长输管道优化的数学模型

对于输油企业来说，除了管道建设投资及必要的维护成本外，在正常生产中可以调整的是主要是管道运行参数，包括输量、电费、燃料费及可能的添加剂费用。但因为受到管道安全运行条件的限制，所以这些参数的调整余地很有限。例如为了减少燃料费用，可以降低出站温度，但温度的调节范围又受油品的物性的限制；为了降低凝点，减少燃料消耗，可以添加降凝剂，这又需支出一笔费用。这时就需要在降凝剂费用和燃料费用之间寻求平衡。

输油管道的优化节能就是借助于最优化理论和最优化技术，构造优化运行数学模型，研究如何在输油管道工程规划设计和运行中合理地选择有关技术参数，从众多可行的运行方案中寻找出既能满足工程设计要求，又能降低工程投资、运行成本的"最优"或"次优"设计和运行方案。这对节约投资、降低能耗、提高效益、促进新技术的推广应用都有着重要的现实意义。

（一）原油长输管道优化的数学模型

原油长输管道优化的基本思想是根据管道设计和运行的配套理论、方法以及管线系统本身的结构、流程及外部条件等，建立反映管道工程运行问题和符合数学规划要求的数学模型，然后采用优化方法和计算机技术自动找出给定输量下众多输油方案中的最优方案。研究原油长输管道优化的基本步骤有四步。

1. 分析输油系统，找出影响能耗费用的诸参数及其函数关系

对于已投入运行的输油管道，其经济性可用能耗费用、管理成本和输油盈利三个指标来衡量。对于加剂输油管道，其支出还应包括所添加化学药剂的费用。企业盈利的关键是要降低管理成本和能耗费用。在这两者中，能耗费用占 50% ~ 60%，于是把降低能耗费用作为目标，视其为评价输油经济性的指标。能耗费用主要包括燃料费用、动力费用和添加剂费用。

为了使能耗费用 S 最低，需找出影响能耗费用的参数$(x_1, x_2, \cdots, x_n)$及其函数关系 $S = f(x_1, x_2, \cdots, x_n)$，即确定该问题的目标函数。

在热油管道中，将影响能耗费用的参数可分为三类：

（1）运行中可以人为控制的参数：输量 Q、出站温度 T_R、热泵站数 n_R、全线泵组合方式 C_P、添加剂的加入量 m。

（2）随第一类参数变化而相应变化的参数，如原油比热容、密度、黏度、流变特性等随温度、添加剂的加入量变化的物性参数；又如进站温度 T_z、管内壁结蜡厚度、泵组合的系统效率 η_s、加热炉效率 η_R、泵组合提供的总压力 H_P 等将随 Q、T_R、n_R 而变化的参数。其与第一类变量间的函数关系可用理论或经验公式、实验或实测曲线、生产统计表等形式给出。

（3）不依运行部门的意志为转移的自然变量，如随季节变化的地温 t_a，随含水量而变化的土壤物性，管道的长度和高程差，以及燃料和电力的价格等。

所以，当土壤物性一定时，影响能耗费用 S 的独立变量共 5 个，其中一个是自然变量 t_a，另外四个是互相关联的运行参数：输量 Q、出站温度 T_R、热泵站数 n_R、全线泵组合方式 C_p。当管道输量一定时，热泵站数 n_R 又取决于出站温度 T_R。

2. 确定目标函数和约束条件

在一定输量下，热油管道优化运行的目标函数是单位时间的燃料费 S_f、动力费 S_p 及添加剂费 S_m 之和。

燃料费用 S_f 包括燃油费或天然气费。在输量一定的情况下，燃料费用主要取决于管线各加热站的进、出站温度以及过泵温升和过阀温升。其中进站温度由上一站的出站温度决定，而局部温升只与流量和油品物性有关，即 $S_f = f_1(T_R, C_p)$。其中 $T_R = (T_{R1}, T_{R2}, \cdots, T_{RN})^T$ 为各站出站温度列向量，其中分量 $T_{Ri}(i = 1, 2, 3 \cdots, N)$ 为第 i 站的出站温度，N 是全线的总站数，包括热泵站、加热站、泵站及分输点。

动力费用 S_p 取决于各站的开泵情况以及当时的输油温度。由于电力价格的变化，不同地区会有所不同，而且不同时段也不同，即 $S_p = f_2(T_R, C_p, t)$。其中，t 表示时段。

添加剂费用 S_m 主要为降凝剂费用。添加降凝剂可以改善含蜡原油的低温流动性，使燃料费用和动力费用都有所降低，但降凝剂的改善效果会随输送距离的延长而逐渐丧失，这种情况与原油种类、降凝剂种类、流速等因素有关，即 $S_m = f_2(T_R, C_p, M)$。M 表示加剂量向量，T_R 也是 M 的函数。

按最小费用准则，可以得出原油长输管道优化运行模型的目标函数为：

$$\text{Min} \quad S = S_f + S_p + S_m \qquad (9-2)$$
$$S_f = f_1(T_R, C_p)$$
$$S_p = f_2(T_R, C_p, t)$$
$$S_m = f_2(T_R, C_p, M)$$

原油长输管道的约束条件主要是管线的物理条件的限制，但这些约束条件相互影响。它主要包括热力约束条件、水力约束条件、流量约束、管道强度约束等。

（1）热力条件约束

热力条件约束通常包括进、出站温度约束和最大热负荷约束。

对于原油长输管道，其进站温度约束，一般是要求原油进站温度高于凝点以上 $2 \sim 3℃$。其出站温度约束为在满足进站温度约束的基础上，不应高于原油初馏点温度。其最大热负荷约束为热站加热炉的热负荷应处于加热炉的最小允许热负荷与额定热负荷之间，可以将它转化成对出站油温的约束。因此热力条件约束可表示为：

$$t_{i1} \leqslant t_i \leqslant t_{i2} \qquad (9-3)$$

式中　　　t_i——第 i 站的出站油温；

t_{i1}、t_{i2}——各站出站温度上下限。

（2）水力条件约束

原油长输管道优化运行的水力约束条件是全线泵站所提供的总扬程不应小于该输量下管道所需的总压头。且各管线上各站的泵型号是固定的，在不同输量下，通过泵组合及出口节流来调整泵和管道的匹配，即

$$C_p = C_p(T_R) \qquad (9-4)$$

（3）输量约束

输油管道运行时，其流量不应小于取出站油温为最大值，进站油温为最小值时的管道最小输量，同时不应大于管道泵站所提供的扬程相对应的最大经济流量。即

$$Q_{i1} \leqslant Q_i \leqslant Q_{i2} \tag{9-5}$$

式中　Q_{i1}、Q_{i2}——各站热负荷允许的输量上下限。

（4）油品约束

由油品物性决定，如油品的析蜡温度、凝点、不同油品及不同加剂量时的黏温数据范围。由这些基础数据得到出站油温与加剂量之间的关系，即

$$T_R = T_R(M) \tag{9-6}$$

（5）强度约束

输油泵站的出站压头不得大于管道强度所允许的最大工作压头。旁接和密闭输送时分别有不同的最低进站压力限制，相应的还有受加压设备和管道承压能力约束的最高出站压力限制，即

$$p_{i1} \leqslant p_i \leqslant p_{i2} \tag{9-7}$$

式中　　　p_i——第 i 站的出站压力；

p_{i1}、p_{i2}——各站出站压力上下限。

（6）加热站开关限制

$y_i = 0$，1，当 $y_i = 0$ 时表示第 i 站不需加热；当 $y_i = 1$ 时表示第 i 站需加热。

3. 建立数学模型

综上所述，模型的数学表达形式可写为：

$$
\begin{aligned}
\text{Min} \quad & S = S_f + S_p + S_m \\
\text{s. t.} \quad & T_R = T_R(M) \\
& C_p = C_p(T_R) \\
& Q_{i1} \leqslant Q_i \leqslant Q_{i2} \\
& t_{i1} \leqslant t_i \leqslant t_{i2} \\
& p_{i1} \leqslant p_i \leqslant p_{i2} \\
& y_i = 0, 1
\end{aligned}
\tag{9-8}
$$

4. 求解该数学模型，寻求最优解

最后，依据所建数学模型的类别，采用适合的解决方法，寻求最优解。对于长输管道，要求最终得到的最优方案必须是可形方案。

（二）成品油管道优化的特殊性

由于汽油、煤油、柴油等成品油单个输量相对于原油而言，一般很低。如果仍像输送原油那样单独建管线，很明显是不经济的。目前在世界范围内广泛采用顺序输送的方式输送成品油。

与原油管道系统类似，成品油顺序输送管道的优化运行也是寻求各个泵站的最优升压组合以及最佳月输送计划等，使管道系统的能耗费用达到最小。但由于顺序输送自身的特点，其优化运行不同于原油管道，主要有以下几个特点。

1. 输送品种的多样性

物性不同的油品在同一条管道中输送，将使管道沿线的压力特性较单一油品管线更为复

杂。同时,沿线各分输站实施分输方案会对管道沿线的水力特性和泵站的工作特性产生影响,分输方案不合适可能导致管道实际运营中不能满足某些分输站的分输要求,有的分输方案组合甚至会导致管道系统无法正常运行。分输(泵)站的进站压力设置方案对整条管道安全和优化运营也很重要,设定值太高会造成能量浪费,设定值太低则可能导致分输(泵)站前端的某些高点处油品发生汽化和部分管段出现不满流。

2. 目标函数的构成

在顺序输送管道内两种油品交替时,在接触面处会产生一段混油。在整个管道中,不同牌号的油品之间形成各自的混油段。相对于单介质管道而言,顺序输送方式还有其自身特有的输送批次和批量问题。不同的批次和批量下,产生的混油量及随之带来的混油处理方式、混油处理费用以及沿线各分输站罐区的罐容布置均有所不同。批次越少批量越大,产生的混油量就越小,混油损失也越少;相反,批次越多,批量越小,则混油损失多。因此混油损失必然是影响管道经济指标的重要因素,在优化运行中需加以特殊考虑。

对于成品油顺序输送过程,在给定沿线分输站的分输方案和减压站控制方案的管道系统中,可用能量平衡方程来描述管输系统,求解最佳的泵组合及尽可能小的节流量,使目标函数(全线总耗电费用)最小,从而达到成品油管道优化运行的目的。

3. 约束条件

成品油管道优化的约束条件是为了保证管道安全可靠地运行,各运行参数相应需要满足的各种条件主要有以下几种。

(1)水力约束(即能量约束)条件

根据能量平均衡原理,管道全线 n 个泵站提供的总能量应等于管道总的压降损失。联立泵站和管路特性方程就可以得到顺序输送管道的能量平衡方程。

在计算能量平衡方程时,应以全年最低月平地温进行分析。

(2)减压站进站压力约束条件

减压站上游站场通过节流、启停泵或调节电机转速来满足减压站的进站压力约束,此压力可以人工设定也可以由模型优化计算得到。

(3)管线低点压力约束条件

通过该约束条件保证管线低点处的压力在管道的最大可操作压力范围内。

(4)管线高点压力约束条件

保证高点处的油品处于油品饱和蒸汽压力之上,使油品不发生汽化。

(5)泵站最大出站压力约束

确保站场下游管线和站场处在允许操作压力下。

(6)为泵站最大、最小进站压力约束

保证泵站进站端压力在允许操作压力之内。

二、优化方法在长输管道优化中的应用

线性规划(LP)法是管道优化中应用较早的数学规划模型之一。20 世纪 60 年代末,Karmeli,Gupta 等人先后提出了树枝状管道优化设计的 LP 模型。在树枝状管道布局和节点流量已定的情况下,事先选取管道允许采用的标准管径集合,以具有标准管径的管段长度为决策变量,则管道摩阻损失是管长的线性函数,节点压力约束是决策变量的线性不等式。管道优化设计的目标函数可考虑管道投资和经营管理费,其中管道投资是各管段长度的线性函

数，泵站的经营管理费可认为是泵机组扬程的线性函数。因此，以具有标准管径的管段长度和泵机组扬程为决策变量，可构成树枝状管道优化设计的 LP 模型。但是，LP 模型只能考虑线性目标函数，一些呈非线性关系的费用项无法在模型中考虑。

从本质上讲，管道优化问题主要是数学上的多元非线性函数求极值的问题，即大多属于有约束的非线性规划(NLP)问题。由于管道运行优化问题的复杂性，无法用解析法求其偏导数，只能用直接搜索方法。常用的有约束 NLP 问题直接搜索方法有：网络法、正交网络法、复合形法、约束随机方向搜索法，但都存在计算量大或精度低的缺点。

动态规划(DP)在解决原油长输管道优化问题中也有所应用。由于 DP 法把多变量的复杂问题进行分阶段决策，变成为求解多个单变量的问题，故在解决某些实际问题中，应用 DP 求解显得更加有效和方便，如管道设计和运行中的泵机组的优化组合问题，管道线路铺设的最优化问题等。由于 DP 在实际应用中只能做到具体问题具体分析，从而构造具体的模型。由于复杂问题在选择状态、决策、确定状态转移规律等方面，很难做到准确的分析和确定，使 DP 技术的应用受到很大限制。

20 世纪 80 年代以来，一些新颖的优化算法，如遗传算法、进化规划、混沌优化、人工神经网络、模拟退火及其混合优化策略等，通过模拟或揭示某些自然现象或过程而得到发展，并为解决复杂问题提供了新的思路和手段。这些算法独特的优点和机制引起了国内外学者的广泛重视并掀起了研究和应用的热潮，且在诸多领域得到了成功应用。由于这些算法构造的直观性与自然机理，因而通常被称作智能优化算法(IOA)。智能优化算法在管道优化设计方面的应用是有广阔前景的。

三、长输管道的局部优化问题

由于不同长输管道具体情况不尽相同，在目标函数的确定、优化模型的具体表达形式以及优化算法的选取和模型的求解上会有较大的差别。但是，优化运行中涉及到的一些具体问题的优化思路具有共通性，下面针对其中的几个问题展开讨论。

(一)经济出站油温的确定

对于加热输油工艺而言，不管其是否添加药剂，输油站的出站温度对管道的动力费用和热力费用的影响都很大。出站温度越高，管道沿线的黏度及原油在管道流动中所需克服的摩阻越低，动力费用降低，但热力费用增加，因此在原油加热管道的运行管理中，确定经济出站油温是一项重要的工作。

由于出站油温同时影响管道动力费用和热力费用，理论上使得两者之和总能耗费用最小的出站油温就是该管道的经济出站油温 T_{RJ}，即图 9 – 1 中 A 点所对应的出站油温 T_{RJ}。但是该出站油温是否是真正的经济出站油温，还要视输油泵站是否存在节流损失而定。当泵站配有高效调节装置，则可以消除节流损失，这时的经济出站油温就是 T_{RJ}。

当泵站没有配置高效调节装置，在上述经济出站油温下，油品在管道中流动时产生的压降不一定与输油站所提供的扬程相匹配。如果两者匹配，则按上述方法确定的经济出站油温 T_{RJ} 就是真正的经济出站油温，但这种巧合很少。通常，此经济出站油温下，泵站运行会发生节流损失。这种情况下，总能耗费用就不能简单的表示成管道输送所需要的热力费用和动力费用之和，还应包括节流损失对应的动力费用。因此，该经济出站油温就不经济了。如果在该温度下，管道压降处在 n 与 $n+1$ 台泵所提供的扬程之间，可用下述几种方法弥补由于节流带来的运行费上升，见图 9 – 2。

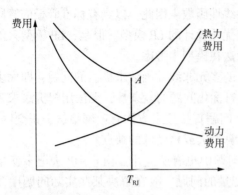
图9-1 经济出站油温与能耗费用的关系

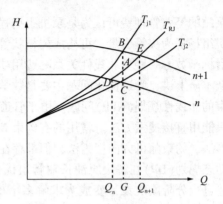
图9-2 消除节流的几种运行方案

(1)当保持输量不变时,降低出站油温增加原油在管道中的摩阻损失,使其刚好等于 $n+1$ 台泵所提供的扬程,如图9-2中的 B 点。这实际上用节流的那部分压能弥补油温降低所增加的摩阻损失,而热力费用降低了,整体费用较低。因而该方案比在温度 T_{RJ} 下使用 $n+1$ 台泵的方案要经济。此时对应的出站油温为 T_{j1}。

(2)保持输量不变的情况下运行 n 台泵,提高出站温度降低管道压降,使得输送管线摩阻等于 n 台泵的扬程,即对应 C 点,此时与节流输送方案比,增加的热力消耗与节流损失相当,但动力费用降低,整体费用较低。此时对应的出站油温为 T_{j2}。

(3)保持出站油温为按照无节流情况确定的经济出站油温不变,采用不同输量组合法,即在输送任务期内按一定比例天数采用 $n+1$ 台泵和 n 台泵交替输送,并正好完成上级下达的总输送任务。运行 $n+1$ 台泵时管道系统对应工作点为 E,流量为 Q_E,运行 n 台泵时管道系统对应工作点为 D,流量为 Q_D。假设输送任务期为 N 天,$n+1$ 台泵运行 N_1 天,n 台泵运行 N_2 天,N_1 和 N_2 的确定可通过求解下述方程组求得:

$$\begin{cases} N_1 + N_2 = N \\ N_1 Q_E + N_2 Q_D = NQ \end{cases} \tag{9-9}$$

求解该方程组可得:

$$N_1 = N(Q - Q_D)/(Q_E - Q_D) \tag{9-10-a}$$

$$N_2 = N(Q_E - Q)/(Q_E - Q_D) \tag{9-10-b}$$

以上3种方案究竟哪种方案更经济,应通过分析比较确定。对于第一种和第二种方案,一般来说,工作点靠近 A 点的方案为较优方案。这两种方案在选择时要考虑出站油温的允许加热范围,如第一种方案中降低出站油温要考虑下站进站油温是否低于凝点;第二种方案中提高出站油温要考虑防腐层所允许的油温。第三种方案中 n 与 $n+1$ 台交替的天数受首末站罐容量的影响,若罐容量小,交替频繁,则泵启停频繁。总之各种方案都有优缺点,在具体选择时,要全面周详地考虑,确定运行方案。

(二)热油管道的间歇输送方案

对于低输量的原油输送管道而言,加剂综合处理能够降凝、降黏,改善原油低温流变性。但当输量低至一定程度时,管中流动原油的温度急剧下降,要求降凝幅度增大,则可能出现两个问题:①加剂量过大,影响管道经济效益;②降凝幅度有限,难以达到管输要求。当然此时可以通过增加源头输量的方式避免上述情况的发生,但当一定时间内的输送任务确定后,管道日输送量提升不了,此时只有采用间歇输送的方法,增加运行时的输量并改善管

第九章 系统优化节能技术

道沿线的热力条件。如果在原低输量下，存在节流，输量增加后还可部分或全部利用原来节流损失掉的压力能，提高管道经济效益。

但间歇输送涉及到管道的停输再启动问题，为保证管道运行的安全性，必须注意：

(1)该方案应与降凝剂措施配合使用，及改善原油低温流变性，也可降低停输再启动难度；

(2)在准确掌握土壤传热规律和油品黏温规律的基础上，合理控制停输时间；

(3)合理解决停输再启动程序造成的未加热到最佳热处理温度的冷油进入管道对加剂综合处理效果造成的影响；

(4)密切观察管道启动后的输量和压力变化，确保管道安全。

(三)原油储罐加热方案的确定

为防止罐内原油凝固，需要对罐内原油适时进行加热或倒罐。原油储罐加热问题的优化主要涉及两个内容，一个是加热方法的确定；另一个是加热周期的确定。

加热方式有两种。第一种是维持原油温度，即维温。常用的维温方式是持续给油罐供热，不间断。第二种是提高原油温度，即升温。常用的升温方式是当常温储存条件下原油温度降至最低允许温度时，对原油进行加热，加热到一定温度后继续常温储存；发油时提前对罐内原油进行加热。

加热方式选择的同时还要考虑加热周期。加热周期太短，会浪费大量能源，加热周期太长又会导致凝油危险，为了科学确定加热间隔或倒罐周期，必须掌握罐内原油的温度变化。罐内原油温度变化一般根据油罐的热力计算来确定。

在具体确定每种原油的加热方案时，需要通过热力计算确定罐加热器的加热面积，还要对不同加热方式进行经济比较。

(四)翻越点问题及其优化

大落差管道与普通管道相比，最大不同之处在于存在翻越点，如图9-3所示。在考虑沿程摩阻的同时，还要考虑翻越点的问题。当压头不能翻越时，一般采用串联泵的方法提高压头，解决问题，如图9-4所示。

（a）大落差管道　　　　　　　　　　　（b）普通管道

图9-3　大落差管道与普通管道比较图

这样虽然解决了翻越点问题，但带来了一定的能量损失(如图9-4中所示"h"的压头损失)，不能合理利用富余压力，造成浪费，很不经济，所以需要进行优化。

有两种较理想的优化方案可供选择：

(1)加入适量的减阻剂。当用一台泵正常输送时，不能翻越线路最高点，通过调节流量又无法到达终点，这时可考虑加入适量的减阻剂，以改变油品摩阻系数。与此同时，对流量进行相应调节，就可达到既能翻越最高点，又能节能的双重效果，如图9-5所示。

(2)进行流量调节。当投用一台泵不能翻越最高点时，若不加减阻剂，需用两台泵，为

173

考虑节能优化，则可采用调节流量的方法来达到此目的，如图9-5所示。

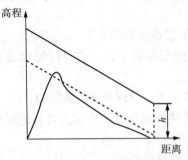

图9-4 用串联泵方法解决翻越点问题

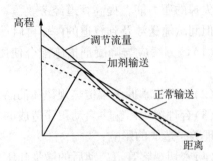

图9-5 加入适量减阻剂并辅以流量调节图示

第三节 矿场油气集输系统的优化节能

一、集油管网系统优化运行

(一)集输系统优化运行的数学模型

集油管网系统的运行优化是在集油管网的布置和站址的位置基本确定的基础上，主要通过调整各运行参数，得出最佳运行工况下的参数组合。

下面以常见的双管掺水流程为例，介绍集油管网系统运行优化的基本步骤和方法。

1. 集输系统优化目标函数的建立

在双管掺水集输系统投入运行后，其动力与热力消耗是集输系统运行费用的重要组成部分。显然，尽量降低系统运行费用也就成了优化设计的主要追求目标。在双管掺水集输系统中，取该系统的总能量损失，包括热力损失和压力损失，并将其折合成热力费用 S_r 和动力费用 S_p，寻求能耗最小的运行参数的最优组合。

以集输管网向外界散失的能量折合成能耗费为目标函数，建立如下目标函数

$$minS = S_r + S_p \qquad (9-11)$$

式中 S——单位能耗费用，元/h；

   S_r——单位热力费用，元/h；

   S_p——单位动力费用，元/h。

(1)热力费用的计算。通过对双管掺水系统的分析，系统的热力损失主要是介质沿管线向前输送的过程中，不断地向管外散热而产生的。这里的介质指油井产出液和所掺入的水。这样，热力费用可用下式计算

$$S_r = \frac{Gc\Delta T}{\eta_j Q_r} \times 3600 \times P_r \qquad (9-12)$$

式中 G——所需掺水量的质量流量，kg/s；

   c——水的比热容，J/(kg·℃)；

   ΔT——掺水起点温度与中转站分离水温度的差值，℃；

   η_j——加热炉的效率，取0.85；

   Q_r——天然气的发热值，kJ/m^3，取35000kJ/m^3；

   P_r——为天然气的价格，元/m^3，取0.5元/m^3。

（2）动力费用的计算。通过对双管掺水系统的分析，系统的动力损失主要是指流动介质在管道内的压力损失。这样，动力费用可按下式计算。

$$S_p = \frac{GHg}{100\eta_b\eta_d}P_e \tag{9-13}$$

式中　G——水的质量流量，kg/s；

$\quad\quad H$——所选泵的扬程，m；

$\quad\quad G$——重力加速度，N/kg；

$\quad\quad P_e$——电的价格，元/kW·h，取 0.5 元/kW·h；

$\quad\quad \eta_b$——所用泵的效率（取 0.75）；

$\quad\quad \eta_d$——电机的效率（取 0.95）。

2. 约束条件的建立

（1）井口回压约束

为保证系统具有一定的集油半径，井口应具有一定的回压。对于集油管线，井口回压应小于许用值，即

$$p_{Oqi} \leq [p_O] \quad \forall i \in s_{OP} \tag{9-14}$$

式中　$[p_O]$——井口回压许用值；

$\quad\quad s_{OP}$——井口回压约束节点集合。

（2）掺水压力约束

为保证掺水的正常进行，掺水管线在井口处的压力应大于许用值，即

$$p_{Mmi} \geq [p_M] \quad \forall i \in s_{MP} \tag{9-15}$$

式中　$[p_M]$——掺水压力许用值，一般应高于井口回压 0.2~0.4MPa；

$\quad\quad s_{MP}$——掺水压力约束节点集合。

（3）集油管线进站温度约束

为了保证原油的正常生产，防止在集输过程中发生凝固，集油管线进站温度应高于原油凝固点 3~5℃，即满足

$$T_{Omi} \geq [T_O] \quad \forall i \in s_{OT} \tag{9-16}$$

式中　$[T_O]$——原油许用进站温度；

$\quad\quad s_{OT}$——原油进站温度约束节点集合。

（4）掺水温度约束。热水出供热站温度应在一定的范围之内，即

$$T^d \leq T \leq T^u \tag{9-17}$$

式中　T^u、T^d——分别为热水出供热站温度约束的上、下限。

（5）掺水量约束。各井口掺水量应在一定的范围值之内，即

$$G_M^d \leq G_M \leq G_M^u \tag{9-18}$$

式中　G_M^u、G_M^d——分别为井口掺水量约束的上、下限。

（6）掺水泵扬程约束。

为了保证泵（包括输油泵和掺水泵）的正常运转，其工作扬程应在允许的范围之内，即

$$H^d \leq H \leq H^u \tag{9-19}$$

式中　H^u、H^d——分别为泵工作扬程约束的上、下限。

（二）单井集油工艺简化技术

实践发现，对于运行中的集输系统而言，仅是优化参数所起的作用有限，需要对现有加

热集油工艺作出改进的基础上进行参数优化，才能取得集油整体能耗的较大降低。但要注意的是，工艺流程改进所需的投资不能太大，具体改进方案的确定要在考虑改进投资和运行管理费用之和的基础上通过经济技术比较来确定。

集输系统通过简化单井集油流程，关停并转部分计量站、接转站，并对部分站库功能进行转换，可减少天然气和电的消耗，最终达到降低运行成本、节能降耗的目的。

1. 单井集油流程简化方式

单井集油流程简化主要是结合单井管线更换或新井投产，将目前的单井双管掺水流程简化成环状流程，具体分为单环和双环两种，见图9-6。

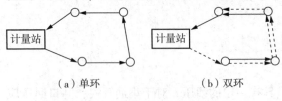

（a）单环　　　　　（b）双环

图9-6　单井集油流程简化方式

（1）单环：计量站掺水到达第一口井后与单井产液混合，然后流向下一口井，接着与下一口井的产液混合。依次类推，最后混合液回到计量站。单井的产液以串联方式连接于环上。

（2）双环：集油、掺水两条管线在所挂的几口井中分别成环，单井之间的集油、掺水管线以并联的方式连接于环上。

初步估算，单环环状流程加计量车量油模式与双管掺水流程模式相比，投资节省20%左右，而且单井掺水量下降。双环与单环相比，多一条环的管线投资，但双环可以实现单井低压热洗。

对于零星分布的管线更换或新井投产，比较适合采用双环流程，需换管线井或新井的管线直接挂在相邻井的集油、掺水管线上，现场可根据单井与计量站的相互位置关系具体决定选择在井口还是管线中部连接。

对于成片的管线更换或新井投产，两种环状方式都可以，主要根据单井的洗井要求以及已建的热洗系统的能力决定结环方式如果单井热洗周期长且已建热洗系统能力满足不了需要，则选择单环相对较好，反之则选双环较好。

即将投入开发的某区块三次加密井，同样不再新建计量站、接转站，站外集油系统采用"两就近"和环状流程相结合的集油工艺，即距老井近则与老井挂接，距计量站近就采用单管环状集油流程串接进计量站，个别离计量站比较近又比较独立的井采用双管集油流程。通过简化流程，极大地降低了地面投资。

2. 单井流程简化后配套技术

单井集油采用环状流程后，无法用原有的计量设备进行计量，同时单环方式无法实现低压热洗，为此单井流程简化后需进行配套技术完善。

（1）对于采用环状流程的单井计量，需配备软件量油仪或计量车。对产液稳定且气油比低的抽油机井采用软件量油仪在井口进行单井计量，对产液波动大、产气量高的抽油机井和其他举升方式的油井采用计量车计量。

软件计量技术的应用取消了计量站计量，从而大幅度降低了一次性投资。软件计量有两种，液面恢复法量油和功图法量油。液面恢复法量油把油套环空作为计量容器，在井口利用回声记录仪测出油井生产时的液面和停井后单位时间的液面，把液面在单位时间内的恢复高度折算成体积，进而求得油井产液量。功图法量油的原理是深井泵正常工作时，每个冲程的抽汲量等于有效冲程内泵筒的体积。目前使用较多的是功图法软件量油，它虽然只能用于抽油机井，但对于低产、少气(气油比在20m³/t内)的油井具有较好的适应性。

软件量油和计量车量油两种计量方式比较，计量车计量系统简单、可靠，适应性好，对于工况不稳定、油井间歇出油、气量较大的油井不影响使用效果，但是计量投入较大。

（2）对于采用单环流程集油的单井，由于无法正常低压热洗，因此需根据热洗要求配备高压蒸汽热洗车组，保证单井正常的热洗工作。

3. 计量站布局调整思路

随着集油工艺的简化和配套技术的应用，计量站的布局调整势在必行。调整前，计量站通常主要面临以下状况：

（1）单站平均实际管辖井数少；

（2）油田进入高含水开发后期，低产低效井比例逐年增加，个别计量站总的液量偏低；

（3）对严峻的节能形势，今后对低产低效油井采取提捞等生产方式是采油工程的一个节能方向，这样计量站的平均管辖井数将进一步减少；

（4）单井采用环状流程后，单井计量主要采用软件量油和计量车量油，对于没有采用环状流程的油井同样可以采用软件或计量车量油，计量站的单井计量功能正在被减弱。

计量站布局负荷调整可参考以下思路：

（1）功能转换，计量站变阀组间。在计量站改造或新建计量站时，将那些单井已全部实施环状流程的计量站或未全部实施环状但需要计量的井数较少的计量站，直接转换功能，将计量站变为阀组间。

（2）通过合并减少计量站数量。结合计量站改造，对计量站区域性的整体布局进行调整。主要是根据计量站管辖井数、总产液量，将使用年限长、管辖井数少的计量站进行报废，并将其所辖单井调整到相邻的计量站里。

（3）产能建设中新建与利旧相结合。在新建产能建设中，应充分利用已建计量站能力，新井按照不同的驱油方式分别进入相应的水驱、聚驱、三元驱计量站，控制新建计量站数量。

4. 接转站优化调整思路

（1）当单井实施简化流程，并对计量站实施调整后，由于总掺水量的减少，接转站内部掺水炉、掺水泵的能力需要相应地调整。

（2）计量站调整过后，接转站的设计规模与实际规模可能偏差较大，部分接转站负荷率偏高或偏低，这时就需要将使用年限长且负荷率低的接转站报废，并将计量站所属接转站关系进行重新调整，达到负荷率适中的目的。

（3）新建产能充分利用已建设施能力，达到降低投资，优化已建系统运行状况的目的。

（4）聚驱结束后的后续水驱阶段的接转站优化调整，应对区域接转站负荷进行重新调整，充分利用聚驱开发新建系统的剩余能力，减少改造投资。

二、联合站系统的优化运行

整个联合站系统要受到很多因素的影响，这包括：站内各种设备的效率（泵效率、加热炉效率、分离器效率、脱水器效率、站内管网效率、存储设备效率、沉降设备效率等）、介质（油品）的物理化学性质等。多种因素共同的作用决定了整个联合站系统的能耗水平。联合站系统的优化节能就是在对联合站进行水力、热力计算的基础上，结合能量分析结果，以生产合格原油所需费用最少作为目标函数，建立优化设计的数学模型，并采用适当的方法求解，最后给出集输系统最佳运行参数。

由于站内设施和管线大小已定，则运行费用包括药剂费用和能耗费用（包括燃料费用和电力费用），联合站的运行费用可以表示为

$$F(\vec{x}) = F_{yj} + F_{rl} + F_d \qquad (9-20)$$

式中　F_{yj}——脱水原油的药剂费用；

　　　F_{rl}——脱水原油的燃料费用；

　　　F_d——脱水原油的动力费用；

　　　F——联合站的总运行费用。

按以下的过程和步骤实现优化目标：

（1）经过现场调研，与现场技术人员、操作人员深入交流，掌握联合站系统及其设备的运行情况，并取得系统运行数据及动力设备、热力设备、分离设备、脱水设备等各类设备的现场数据，对联合站进行水力、热力计算。

（2）在现场调研和取得的现场数据的基础上，分析设备的能耗影响因素，确定优化变量，这是优化设计的关键之一。正常运行的联合站内的各种设备包括大量的操作运行参数，这么多参数是否都要作为优化变量，这需要对设备作能耗分析，并分析操作参数对运行费用的影响而确定。

（3）建立运行费用与优化变量之间的关系。确定要优化的运行参数与目标函数的关系，只有建立起确定的函数关系，才能进行优化计算。

（4）确定优化变量的约束条件。现场的操作参数都必须满足一定的工艺要求和指标，比如规定外输管线进入首站温度和压力有要求，进入电脱水器的含水量有限制等。

（5）根据数学模型的特点，选择合适的优化方法进行编程求解。

（6）分析优化计算结果，给出相应的结论，从而指导现场生产。

当然，如果要做到油气集输系统的整体优化，最好建立整个油气集输系统的优化目标函数，确定约束条件，选取算法求解目标函数，最后根据优化计算结果指导集输系统的整体运行，但是这样问题的复杂性增加。因此，可以在各子系统优化分析结果的基础上相互协调，从而达到油气集输整体优化的效果。

以上优化节能技术运用时涉及到各种参数的采集、控制和调节，因此其应用的前提保障是系统配备有自动化控制系统。目前用于对集输系统和长输系统进行集散控制的自动化系统有 SCADA、DCS 等。

参 考 文 献

[1] 俞伯炎等. 石油工业节能技术[M]. 北京：石油工业出版社，2000.

[2] 华自强. 工程热力学(第四版)[M]. 北京：高等教育出版社.2009.

[3] 华贲. 工艺过程用能分析及综合[M]. 北京：烃加工出版社.1989.

[4] 鲁新宇，刘建兰，冯鸣. 物理化学[M]. 北京：化学工业出版社.2008.

[5] 冯叔初. 油气集输与矿场加工[M]. 北京：中国石油大学出版社，2006.

[6] 李传宪. 原油流变学[M]. 山东：中国石油大学出版社.2008.

[7] 严大凡. 输油管道设计与管理.[M]. 北京：石油工业出版社.1986.

[8] 茹慧灵. 输油管道节能技术[M]. 北京：石油工业出版社，2000.

[9] 张润霞，肖继昌. 企业热平衡与节能技术[M]. 北京：石油工业出版社，1993.

[10] 黄素逸. 能源与节能原理[M]. 北京：中国电力出版社，2004.

[11] 傅秦生. 能量系统的热力学分析方法[M]. 西安交通大学出版社.2005.

[12] 项新耀. 工程㶲分析方法[M]. 北京：石油工业出版社.1990.

[13] 邓志安，赵会军，陈弘. 泵与压缩机[M]. 北京：石油工业出版社，2008.

[14] 蔡乔芳. 加热炉[M]. 北京：冶金工业出版社.2007.

[15] 离心泵设计基础编写者. 离心泵设计基础[M]. 北京：机械工业出版社.

[16] 苗承武. 高效油气集输与处理技术(第1版)[M]. 北京：石油工业出版社.1999.

[17] SY/T 6393—1999 原油长输管道工程设计节能技术规定[S].

[18] 李崇祥. 节能原理与技术[M]. 西安：西安交通大学出版社，2004.

[19] 杨筱蘅，张国忠著. 输油管道设计与管理[M]. 东营：石油大学出版社，2002.

[20] 吴高峰. 蒸汽节能应用技术及实施方案[M]. 北京：机械工业出版社，2008.

[21] 王子瑜. 大庆石化炼油厂实施能量优化降低能耗的应用研究[D]. 清华大学，2008.

[22] 王建林. 某中速机热力循环的能量平衡分析和㶲分析[D]. 武汉理工大学，2010.

[23] 谢敏坚. 节能利能与可再生能源[J]. 重庆大学学报(自然科学版)，2002，25(8).

[24] 刘慰检等. 工业节能技术[M]. 北京：中国环境科学出版社，1989.

[25] 张鹏. 在役联合站集输系统主体设备节能降耗改进方法研究[D]. 西南石油大学，2006.

[26] 牟介钢. 离心泵现代设计方法研究和工程实现[D]. 浙江大学，2005.

[27] 寇玮. 三相分离器内部构件试验研究[D]. 中国石油大学(华东)，2005.

[28] 杨扬，史占华，韩飞等. 输油泵站节能的理论分析与实践[J]. 油气储运，2009，28(9)：38－40.

[29] 邹龙庆，韩国有，宁利. 油田注水集输系统离心泵调速节能研究[J]. 石油机械，2001，29(6).

[30] 黄翼虎. 长输原油管道加热炉自动控制技术的研究[D]. 浙江大学，2005.

[31] 薛毅. 最优化原理与方法[M]. 北京工业大学出版社，2004.

[32] 张鸿仁. 油田原油脱水[M]. 北京：石油工业出版社，1990.

[33] 徐邦裕，陆亚俊，马最良. 热泵[M]. 中国建筑工业出版社，1988.

[34] Jose F. Correa, Paulo C. G. Carvalho, et al, Fuzzy Analysis for Progressing Cavity Pump. SPE 90110.

[35] 郭跃平. 切割叶轮对管道输量的影响[J]. 油气储运，2001，20(3).

[36] 王光炳，韩东劲. 差动液黏调速器的结构机理[J]. 流体传动与控制，2005，(4).

[37] 赵利. 风机和泵类负载调速变频器的选择[J]. 水利电力机械，2007，29(4).

[38] 淳永忠，蔡光节，赵琦等. 潜油电泵变频节能分析[J]. 节能，2006，(6).

[39] 郑志强. 液力耦合器的节能应用与选型[J]. 节能，2006，(4).

[40] 谷昭军，杨前明，许梁. 液体黏性调速离合器与液力耦合器调速优缺点的分析比较[J]. 现代制造技术与装备，2006，(6).

[41] 吴少路，张宏文，张兆华．油田注水系统用液体黏性调速离合器[J]．石油机械．2006，34(8)．

[42] Jacques Dumont, Marie – Christine Duzan, etal. Information System Optimization for Operations. SPE89915.

[43] V. N. Matveenko et al. Rheology of highly paraffinaceous crude oil. Colloids And Surfaces A：Physicoche. Eng. Aspects, 1995, 101：1 – 7.

[44] 马维纲．无机导热元件在油田加热炉的应用技术研究[D]．大庆石油学院，2006．

[45] 张文清．高压变频调速节能技术在输油管道上的应用[J]．节能环保，2006，(1)．

[46] 鲍时付，张灯贵．DZS250×340×4型输油泵机组改造分析[J]．油气储运，2005，24(8)．

[47] 何立新，靳新卫．KDY型输油泵运行故障及改进措施．油气储运，2007，26(9)．

[48] Michael Zettlitzer. Successful field application of chemical flow improvers in pipeline transportation of highly paraffinic crude oil in Kazakhstan. SPE 65168.

[49] A. Kirsanov, V. Remizov. Application of the Casson model to thixotropic waxy crude oil. Rheol Acta, 1999, 38：172 – 176.

[50] 关晓晶，王志国．输油泵效率测试的不确定度分析及其应用[J]．流体机械，2005，33(4)．

[51] 李关，相军，高族国．泵优化运行问题的回归模型[J]．油气储运，2004，23(2)．

[52] I. M El – Gamal. Combined effects of shear and flow improvers the optimum solution for handling waxy crudes below pour point. Colloids And Surfaces A：Physicoche. Eng. Aspects, 1998, 135：283 – 291.

[53] 张国权，吴显洪：输油泵变频节能技术分析与运用[J]．油气储运，2008，27(3)．

[54] 支激扬，朱长春等．东黄复线输油泵运行的合理匹配[J]．油气储运，2002，21(12)．

[55] 曾茹，王本汉，周灌中．黄岛油库输油泵技术改造[J]．石油规划设计，2005，16(5)．

[56] 魏安河，时建辰等．降低泵站油电消耗的可行性分析[J]．油气储运，2001，20(10)49 – 50，59．

[57] 董辉：鲁宁管道输油泵机组改造的节能分析[J]．油气储运，2004，23(5)37 – 40．

[58] 戴群．影响离心输油泵变频调速节能效果的主要因素[J]．油气田地面工程．2007，26(5)．

[59] 钟卫晋，叶建军，慕进良等．梯森鲁尔管道输油泵的结构特点及应用[J]，石油机械．2004，32(7)．

[60] 赵建新．输油泵站的㶲平衡分析与测试[J]，2000，19(6)．

[61] 张亮军，陈猛．原油直接式加热炉过剩空气系数的合理选用[J]．油气储运，2009，28(2)．

[62] 闵希华．含蜡原油管道加剂运行优化研究[D]．西南石油学院，2004．

[63] 李荣晖，刘凯．输油泵站的㶲平衡与能量平衡[J]．节能．2001，(4)．

[64] 冯海东，徐烈，师祥洪等．微温差法测量输油泵效率的误差分析[J]．油气储运，2004，23(4)．

[65] 王娜．联合站的运行优化[D]．中国石油大学，2008．

[66] 周勇．长距离输油管线运行优化[D]．江苏工业学院，2007．

[67] 李清方，张国忠，张建等．油田水套炉的结构优化[J]．中国石油大学学报(自然科学版)，2007，31(3)．

[68] 琚泽庆．分体相变加热装置研制与应用[D]．中国石油大学(华东)，2010．

[69] 历丽．油田用小型真空加热炉性能与可靠性分析[D]．中国石油大学(华东)，2010．

[70] 金宏达．引射式辐射管燃气燃烧器热工特性的试验研究[D]．哈尔滨工业大学，2007．

[71] 刘颖杰．燃气燃烧器特性评价的研究[D]．辽宁科技大学，2007．

[72] 张伟，迟进华，徐明海．原油加热炉变工况运行热效率[J]．油气储运，2011，30(5)．

[73] 吴新亚．油气水集输系统运行管理优化研究[D]．天津大学，2002．

[74] 元福香．特高含水期原油集输系统能量最优利用研究[D]．大庆石油学院，2008．

[75] 袁永惠．油气集输能量系统的热力学评价与分析[D]．大庆石油学院，2009．

[76] 朱珊珊．兰—成—渝成品油输油管线生产运行方案优化[D]．西南石油学院，2005．

[77] 梁永图，宫敬，康正凌等．成品油管道优化运行研究[J]．石油大学学报(自然科学版)，2004，28(4)．

180